採用最新植物分類系統APG IV

台灣原生植物

Illustrated Flora of Taiwan

全圖鑑

第七卷 苦苣苔科──忍冬科

呂福原 ◎ 總審定　曾彥學、謝宗欣 ◎ 審定　鐘詩文 ◎ 著

貓頭鷹

台灣原生植物全圖鑑第七卷：
苦苣苔科──忍冬科

作　　　者	鐘詩文
總　審　定	呂福原
內文審定	曾彥學、謝宗欣
責任主編	李季鴻
特約編輯	胡嘉穎
協力編輯	林哲緯、趙建棣
校　　　對	黃瓊慧
版面構成	張曉君
封面設計	林敏煌
影像協力	吳佳蓉、許盈茹、張靖梅、廖于婷、劉品良
繪　　　圖	林哲緯
特別感謝	沈慈孝、張東君、許嘉宏、楊淳凱、楊懿如、福田將矢、劉世強、謝長富、 國立臺灣大學數位人文研究中心
總　編　輯	謝宜英
行銷業務	鄭詠文、陳昱甄

出　版　者　貓頭鷹出版

發　行　人　涂玉雲

發　　　行　英屬蓋曼群島商家庭傳媒股份有限公司城邦分公司
　　　　　　104台北市民生東路二段141號11樓

劃撥帳號：19863813；戶名：書虫股份有限公司

城邦讀書花園：www.cite.com.tw購書服務信箱：service@cite.com.tw

購書服務專線：02-25007718～9（週一至週五上午09:30～12:00；下午13:30～17:00）

24小時傳真專線：02-25001990～1

香港發行所　城邦（香港）出版集團　電話：852-25086231／傳真：852-25789337

馬新發行所　城邦（馬新）出版集團　電話：603-90563833／傳真：603-90576622

印　製　廠　中原造像股份有限公司

初　　　版　2018年8月／二刷　2020年2月

定　　　價　新台幣2800元／港幣933元

ISBN　978-986-262-358-9

貓頭鷹

讀者意見信箱　owl@cph.com.tw

投稿信箱　owl.book@gmail.com

貓頭鷹知識網　www.owls.tw

貓頭鷹臉書　facebook.com/owlpublishing

歡迎上網訂購；大量團購請洽專線(02)2500-1919

國家圖書館出版品預行編目(CIP)資料

台灣原生植物全圖鑑. 第七卷, 苦苣苔科-忍
冬科 / 鐘詩文著. -- 初版. -- 臺北市：貓頭鷹
出版：家庭傳媒城邦分公司發行, 2018.08
464面；21×28公分
ISBN 978-986-262-358-9(精裝)
1.植物圖鑑 2.台灣

375.233　　　　　　　　　　107010672

目次

如何使用本書

本書為《台灣原生植物全圖鑑》第七卷，使用最新APG IV分類法，依照親緣關係，由苦苣苔科至忍冬科為止，收錄植物共26科716種。科總論部分詳細介紹各科特色、亞科識別特徵，並以不同物種照片，清楚呈現該科辨識重點。個論部分，以清晰的去背圖與豐富的文字圖說，詳細記錄植物的科名、屬名、拉丁學名、中文別名、生態環境、物種特徵等細節。以下介紹本書內頁呈現方式：

❶ 科名與科描述，介紹該科共同特色。
❷ 以特寫圖片呈現該科的識別重點。

❶ 苦苣苔科 GESNERIACEAE

草本、灌木或有時為木質藤本，稀喬木。葉對生、互生、輪生或蓮座狀基生。花單生或通常成聚繖狀，稀總狀，腋生、頂生或假頂生；花萼離生或合生，二或三唇形；花冠略呈二唇形，稀輻射對稱，通常五裂；雄蕊著生於花冠，通常4枚，2長2短，或其中2枚退化，稀5枚；蜜腺與子房基部合生或分離；子房上位、半下位或下位，多為1室，稀2室。果實為蒴果或漿果。

❷ 特徵

花冠輻射對稱者（苦苣苔）

雄蕊通常4枚，2長2短，或其中2枚退化。（角桐草）

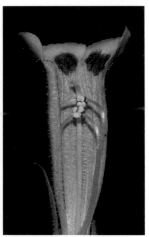

雄蕊通常4枚，2長2短。（俄氏草）

花冠略呈二唇形，通常五裂。（雙心皮草）

果實為蒴果者（角桐草）

果實為漿果者（錐序蛛毛苣苔）

❸ 屬名與屬描述，介紹該屬共同特色。

❹ 本種植物在分類學上的科名。

❺ 本種植物的中文名稱與別名。

❻ 本種植物在分類學上的屬名。

❼ 本種植物的拉丁學名。

❽ 物種介紹，包括本種植物的詳細形態說明與分布地點。

❾ 本種植物的生態與特寫圖片，清晰呈現細部重點與植物的生長環境。

❿ 清晰的去背圖片，以拉線圖說的方式說明本種植物的細部特色，有助於辨識。

---

❹ 苦苣苔科 · 23

❸ 俄氏草屬 TITANOTRICHUM

多年生草本，地生。葉對生。總狀花序假頂生，花冠長 2.6～3.7 公分，黃色。蒴果卵形，長約 8 公釐，淡褐色。單種屬。

❺ 俄氏草（台閩苣苔）

❻ 屬名　俄氏草屬

學名　*Titanotrichum oldhamii* (Hemsl.) Solereder ❼

❽ 葉對生，常一大一小，上部者偏互生，橢圓至狹卵形，長達 27 公分，紙質，漸尖至銳尖頭，楔基，略波緣至粗鋸齒緣或細齒緣，疏被細柔毛或糙毛。花冠呈筒狀，先端唇形，唇外黃色，唇內深褐色。

　　產於中國南部及琉球，在台灣分布於低至中海拔之潮濕岩石上及小山溝旁。

❿

❾

花冠呈筒狀，先端唇形，唇外黃色，唇內深褐色。

雄蕊 4，2 長 2 短。

葉對生，常一大一小。生於潮濕岩石上及小山溝旁。

玉玲花屬 WHYTOCKIA

多年生草本，地生，有莖。葉對生，極不等大；正常葉短柄或無柄，膜質，歪基；縮小的葉無柄，歪基。聚繖花序腋生或假頂生；花冠白、淡紅或紫色；二強雄蕊內藏。蒴果近球形、球形或扁球形。

玉玲花（台灣異葉苣苔）特有種

屬名　玉玲花屬

學名　*Whytockia sasakii* (Hayata) B.L. Burtt

莖斜立，漸無毛，先端被淡褐色細柔毛。正常葉無柄或近無柄，卵形至卵狀長橢圓形，長 1.8～10.5 公分，漸尖頭，基部一側圓至近心形，另一側楔形，上表面及下表面脈上疏被細柔毛。花冠白色，二唇形，上唇二裂，下唇三裂，外無毛，內部有黃色毛狀物；萼片外具毛。果實近球形，徑約 4 公釐。

　　特有種，分布於台灣低至中海拔潮濕森林及小山溝中。

花冠白色，二唇形，上唇二裂，下唇三裂，內部有毛狀物。

葉對生，極不等大；第二邊不等長。生於潮濕森林及小山溝中。

推薦序

台灣地處歐亞大陸與太平洋間，北回歸線橫跨本島中部，加以海拔高度變化甚大，植被自然分化成熱帶、亞熱帶、溫帶及寒帶等區域，小小的一個島上，孕育了多達4,000餘種的維管束植物，是地球上重要的生物資科庫。

台灣的植物愛好者眾，民眾從圖鑑入門，識別植物，乃是最直接途徑；坊間雖已有各類植物圖鑑，但無論種類之搜集或編排之系統性，均尚有缺憾。有鑑於此，鐘詩文君，十年來披星戴月，奔走於全島原野與森林，親自觀察、記錄、拍攝所有植物的影像，並賦予正確的學名，已達4,000餘種，且加以詳細描述撰寫，真可謂工程浩大，毅力驚人。

這套台灣原生植物的科普圖鑑，每個物種除描述其最易識別的特徵外，並佐以清晰的照片，既適合初學者，也是專業研究人員不可或缺的參考書；作者更特別貼心的為讀者標出每一物種與相似種的差異，讓初學者更易入門。本書為了完整性及完備性，作者拍攝了每一種植物的葉及花部特徵，並鑑之分類文獻及標本，以力求每一物種學名之正確性。更加難得的是，本圖鑑有許多台灣文獻上從未被記錄的稀有植物影像，對專業研究人員來說也是極珍貴的參考資料。

在我們生活的周遭，甚或田野、海邊、山區，到處都有植物，認識觀察它們，進而欣賞它們，透過植物自然美，你會發現認識植物也是個身心安頓的良方。好的植物圖鑑，可以讓你容易進入植物的世界，《台灣原生植物全圖鑑》完整呈現台灣原生的各種植物，內容詳實，影像拍攝精美，栩栩如生，躍然紙上，故是一套值得您永遠珍藏擁有的圖鑑。

歐辰雄

國立中興大學森林學系

教授　歐辰雄

作者序

在小學二年級之前，南投中寮的小山村，就是我孩提時代的縮影。那時，我常常在山上悠晃，小西氏石櫟的種子，是林子內隨手可得的玩具，無患子則撿拾作為吹泡泡及洗衣服之用，當然了，不虞匱乏的朴樹子，便權充竹管槍的子彈，消磨在與玩伴的戰爭中；已經忘記最初從哪聽聞，那時，我已嫻熟於採摘魚藤，搗碎其根部後放置水中毒魚，不時帶回家中給母親料理。

稍長，舉家移居台中太平，彼時，房屋周遭仍圍繞著荒野，從小自由慣了的我，成天閒逛戲耍，有時或會採擷荒草中的龍葵及刺波（懸鉤子台語）生食；而由住家望出，巷外濃蔭的苦楝樹，盛花期籠罩著霧紫的景象，啟蒙了我的園藝想像，那時，我已喜愛種植花草，常一得閒，便四處搜括玫瑰或大理花；而有了腳踏車之後，整個後山就形同我的祕密花園，流連忘返……。一一回憶起我的童年，竟是如此縈繞著植物，密不可分；接續其後，半大不小的國中時代，少年的我仍到處探尋山林谷壑的神祕，並志讀森林系，心想着日後隱於山中，鎮日與草木為伍；這段時期，奠定了我往後安身立命的依歸。

及長，一如當初的理想，進入森林系，在其中，我僅僅念通了一門學科——樹木學，這門課，也是我記憶中唯一沒有蹺課的科目；課堂前後經歷了恩師呂福原及歐辰雄老師的授課，讓我初窺植物分類學的精奧與妙趣，也自許以其為志業。歐老師讓我在大三時，自由往來研究室；在這之前，我對所有的植物充滿了興趣，已開始滿山遍野的植物行旅，但那時，如何鑑定名稱相當困難，坊間的圖鑑甚少，若有，介紹的植物種類也不多，心中時常充滿了許多未解的疑問，於是我開始頻繁的，直接敲歐老師的門請教；敲了那扇門，慢慢的，等於也敲開了屬於我自己的門，在研究室，我不僅可請教植物相關問題，也開始隨著老師及學長們於台灣各山林調查採集，最長的我們曾走過十天的馬博橫斷、九天的八通關古道，而大小鬼湖、瑞穗林道、拉拉山、玫瑰西魔山、玉里、中橫、雪山及惠蓀，也都有我們的足跡，這段求學期間的山林調查，豐富了我植物分類的根基。

接著，在邱文良老師的引薦下，我進入了林試所植物分類研究室，在這兒，除了最喜愛的學術研究外，經管植物標本館也是我的工作項目之一，經常需要至台灣各地蒐集標本。在年輕時，我是學校的田徑隊，主攻中長跑，在堪夠的體力支持下，我常自己或二、三人就往高山去，一去往往就是五、六天，例如玉山群峰、雪山群峰、武陵四秀、大霸尖山、南湖中央尖、合歡山、秀姑巒山、馬博拉斯山、北插天山、加里山、清水山、塔關山、關山、屏風山、奇萊、能高越嶺、能高安東軍等高山，可說走遍台灣的野地。長久下來，讓我對台灣的植物有了比較全面性的認知，腦中隱然形成一幅具體的植物地圖。

2006年，我出版了《台灣野生蘭》一書，《菊科圖鑑》亦即將完稿，累積了許多的植物影像及田野資料，這時，我想，我應該可以做一個大夢，那就是完成一部台灣所有植物的大圖鑑。人生，總要試試做一件大事！由此，就開始了我的探尋植物計畫。起先，我列出沒有拍過照片的植

物名單，一一的將它們從台灣的土地上找出來，留下影像及生態記錄。為了出版計畫，台灣植物的熱點之中，蘭嶼，我登島近廿次；清水山去了六次；而浸水營及恆春半島就像自己家的後院一般，往還不絕。

我的這個夢想，出版《台灣原生植物全圖鑑》，想來是個吃力也未必討好的工作，因為完成這件事的難度太高了。

第一，台灣有4,000餘種植物，如何將它們全數鑑定出正確的學名，就是一件極為困難的事情。十年來，我為了植物的正名，花了許多時間爬梳各類書籍、論文及期刊，對分類地位混沌的物種，也慎重的觀察模式標本，以求其最合宜的學名，這工作的確不容易，也相當耗費時力。

第二，要完成如斯巨著，必得撰述大量文字，就如同每種都要為它們一一立傳般，4,000餘種植物之描述，稍加統計，約64萬餘字，那樣的工作量，想來的確有點駭人。

第三，全圖鑑，當然就是所有植物都要有生態影像，並具備其最基本的葉、花、果及識別特徵，這是此巨著最大的挑戰。姑且不論常見之種類，台灣島上存有許多自發表後，百年或數十年間未曾再被記錄的、逸失的夢幻物種，它們具體生長在何處？活體的樣貌如何？如同偵探般，植物學家也需要細細推敲線索，如此，上窮碧落下黃泉，老林深山披荊斬棘，披星戴月的早出晚歸，才有可能竟其功啊！

多年前蘇鴻傑老師曾跟我說過：「一個優秀的分類學家，要有在某個地點找到特定植物的能力及熱忱」；也曾說：「找蘭花是要鑽林子，是要走人沒有走過的路」。老師的話我記住了；也是這樣的信念，使得至今，我的熱忱依然強烈，也繼續的走著沒人走過的路。

鐘詩文

作者簡介

中興大學森林學博士，現任職於林業試驗所，專長為台灣植物系統分類學與蘭科分子親緣學，長期從事台灣之植物調查，熟稔台灣各種植物，十年來從未間斷的來回山林及原野，冀期完成台灣所有植物之影像記錄。

目前發表期刊論文共64篇，其中15篇為SCI的國際期刊，並撰寫*Flora of Taiwan*第二版中的菊科：千里光族及澤蘭屬。發表物種包括蘭科、菊科、木蘭科、樟科、山柑科、野牡丹科、蕁麻科、茜草科、豆科、繖形科、蓼科等，共22種新種，3新記錄屬，30種新記錄，21種新歸化植物及2種新確認種。

著作共有：《台灣賞樹春夏秋冬》、《台灣野生蘭》、《台灣種樹大圖鑑》之全冊攝影，以及貓頭鷹出版的《臺灣野生蘭圖誌》。

《台灣原生植物全圖鑑》總導讀

一、植物分類學，是一門歷史悠久的科學，自17世紀成為一門獨立的學科後，迄今仍持續發展。傳統的植物分類學，偏重於使用植物之解剖形態特徵，而現今由於分子生物工具的加入，使得植物分類研究在近年內出現另一層面的發展，即是利用分子系統生物學，通過對生物大分子（蛋白質及核酸等）的結構、功能等等之研究，闡明各類群間的親緣關係。由於生物大分子本身即是遺傳信息的載體，以此為材料進行分析的結果，相對於傳統工具，更具可比性和客觀性。本套書的被子植物分類，即採用最新的APG IV系統（Angiosperm Phylogeny IV；被子植物親緣組織分類系統第四版），蕨類及裸子植物的分類系統則依據最近研究之成果排序。被子植物親緣組織（APG，Angiosperm Phylogeny Group）是一個非官方的國際植物分類學組織，該組織試圖將分子生物學的資訊應用到被子植物的分類中，企圖尋求能得到大多學者共識的分類系統。他們所提出的系統，大異於傳統的形態分類，其主要是依據植物的三個基因編碼之DNA序列，以重建親緣分枝的方式進行分類，包括兩個葉綠體基因（*rbc*L和*atp*B）和一個核糖體的基因編碼（nuclear 18S rDNA）序列；雖然該分類系統主要依據分子生物學的資訊，但亦有其它資料或訊息的加入，例如參考花粉形態學，將真雙子葉植物分枝，和其他原先分到雙子葉植物中的種類區分開來。由於這個分類系統不屬於任何個人或國家而顯得較為客觀，所以目前已普遍為世界上大多數分類學者所認同及採用，本書同步使用此一系統，冀期為台灣民眾打開新的視野。

二、本書在各「目」之下的「科」，係依照科名字母順序排列；種論亦以字母順序為主要原則，每種介紹多以半頁至全頁為一篇，除文字外，以包含根、莖、葉、花、果及種子之彩色照片完整呈現其識別特徵，並以生態照揭示其在生育地之自然生長狀態。

三、植物的學名、中名以《台灣維管束植物簡誌》、《台灣植物誌》（*Flora of Taiwan*）及《台灣樹木圖誌》為主要參考，形態描述除自撰外亦參據前述文獻之書寫。

四、書中大部分文字及照片由鐘詩文博士執筆及拍攝，惟蘭科、莎草科及穀精草科全由許天銓先生主筆及拍攝，陳志豪先生負責燈心草科之文圖，禾本科則由陳志輝博士及吳聖傑博士共同執筆及攝影，蕨類部分交由陳正為先生及洪信介先生合作撰述。本套書包含8卷，共收錄4,000餘種的台灣植物，每一種皆有清楚的照片供讀者參考，作者們從10萬餘張照片中，精挑約15,000張為本套巨著所用，除少數於圖片下署名者係由其他人士提供之外，未特別註明者，皆為鐘博士本人或該科作者所攝影。

五、本套書收錄的植物種類涵蓋台灣及附屬離島之原生及歸化的所有植物，並亦已儘量納入部分金門、馬祖及東沙群島的特殊類群。

第七卷導讀（苦苣苔科──忍冬科）

　　本卷是種子植物的最終卷，包括唇形目、冬青目、菊目、繖形目及川續斷目，始於苦苣苔科，終於忍冬科，共5目26科，多達716種，從親緣樹上來看，這些植物屬於演化上較晚出現的類群。

　　唇形目大部份的類群，花為兩唇形或兩唇化，其花瓣分為上下兩部分，類似「唇」形，在台灣是一個很大的目，包括苦苣苔科、唇形科、母草科、狸藻科、通泉草科、木犀科、列當科、泡桐科、蠅毒草科及車前科，大約380餘種；其中以唇形科為最大科，將近100種。這一科的植物全株皆有芳香味，自古以來即是有名的香料及藥用植物，如仙草、薄荷、薰衣草、紫蘇、迷迭香、黃芩、夏枯草、藿香、羅勒、益母草及筋骨草等等；台灣的唇形科有很多是稀有的類群，作者花了多年的時間及心血，方悉數蒐羅，冀期台灣本科的資料能趨近完整。

　　依最新親緣分類學的研究，將玄參科的許多屬及水馬齒科改隸為車前科，致使台灣的車前科一躍成為近51種的大科，其中的石龍尾屬及婆婆納屬，分類地位混沌不明，而成為學術論文研究的類群，可見它們是一群難以分類的植物，吾人收集了許多的資訊，期望能將這二屬的全貌獻給眾讀者；半寄生及全寄生的列當科植物與沉水或漂浮的狸藻科植物中，有一半的成員為台灣紅皮書的名列珍稀植物，也是本卷的亮點。

　　2016年的APG IV 分類系統中，冬青目包含了五個科，在台灣共有冬青科、心翼果科（柿葉茶茱萸）、青莢葉科（台灣青莢葉）及金檀木科（呂宋毛蕊木）等四科。冬青科在台灣有23種及1變種，素為最難區別的科別之一，且多生於山區森林內。經數年奔赴各山地，終成就了本科大部份的影像記錄，希望讀者對這一群喬木有更多的認識。

　　菊目中包括了菊科、桔梗科、草海桐科、睡菜科及花柱草科等五個科，其中的菊科為雙子葉植物中的最大科，多達 330餘種以上，如大家熟知的菊花、蒲公英、薊、艾、紫菀、艾納香、茼蒿、昭和草、向日葵等中藥或蔬菜及為數不少的野花野草，可說是每個人每天都會遇到的植物，如此龐大的科別，野生的菊科植物對許多人卻極其陌生。我們爬梳了許多的文獻，以多年來在野外的踏查，完成了本科在台灣的完整圖鑑，在完整的影像及圖說下，我們相信對菊科的分類研究有不少的幫助。

　　繖形目轄下在台灣有繖形科、五加科及海桐科三科。繖形科在台灣約有35種，包括了當歸屬、芹屬、柴胡、濱防風、山薰香、水芹菜、山芹菜等等，這些聽起來像中藥及蔬菜的繖形科植物，皆收錄在本卷當中。

　　最後的川續斷目有五福花科及忍冬科二科，APG IV中將接骨木屬和莢蒾屬從忍冬科轉隸為五福花科。而忍冬科則納含了原來的該科的忍冬族、北極花族（台灣有六道木一屬）和本屬於敗醬科的雙參族及敗醬族；這二科大都生於北溫帶，在台灣大部份的家族成員也生於中、高海拔，多年來吾人深入山中完整的記錄了它們的美麗之處。

APG分類系統第四版（APG IV）支序分類表

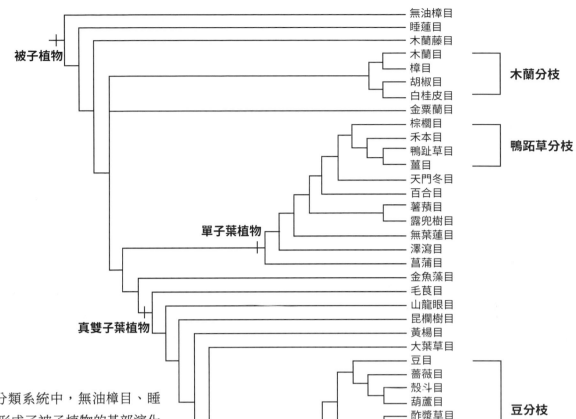

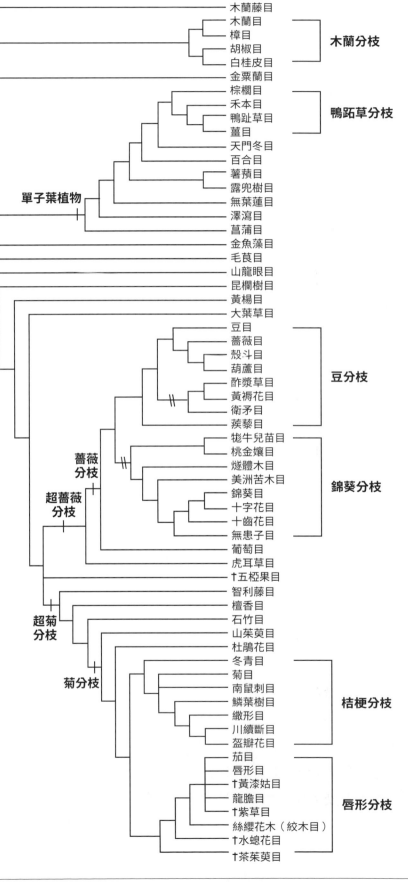

　　在APG IV分類系統中，無油樟目、睡蓮目及木蘭藤目形成了被子植物的基部演化級，而木蘭分枝、單子葉植物及真雙子葉植物則形成了被子植物的核心類群，其中金魚藻目是真雙子葉植物的姊妹群，金粟蘭目則未確定是否為木蘭類的姊妹群。

　　在單子葉植物中，鴨跖草分枝為其核心類群；而在真雙子葉植物中，薔薇分枝及菊分枝則是核心真雙子葉植物最主要的兩大分枝。其中，薔薇分枝的核心類群主要由豆類分枝（即APG II裡的真薔薇I）及錦葵類分枝（真薔薇II）組成，但 COM clade（衛矛目、酢漿草目、黃褥花目）由不同片段推演的結果不同，可能包含在豆分枝之中，或是與錦葵分枝成為姊妹群，推測COM clade有可能是遠古薔薇與菊分枝發生雜交所造成的結果；菊分枝的核心則由唇形分枝（真菊I）及桔梗分枝（真菊II）組成。

●圖中直線及名稱表示由該處為始的單系群為該類群，例如單子葉植物。
●雙斜線（\\）表示COM clade在不同基因組的結果中衝突的位置。
●†符號表示該目為本系統（APG IV）新加入的目。

苦苣苔科 GESNERIACEAE

<big>草</big>本、灌木或有時為木質藤本，稀喬木。葉對生、互生、輪生或蓮座狀基生。花單生或通常成聚繖狀，稀總狀，腋生、頂生或假頂生；花萼離生或合生，二或三唇形；花冠略呈二唇形，稀輻射對稱，通常五裂；雄蕊著生於花冠，通常4枚，2長2短，或其中2枚退化，稀5枚；蜜腺與子房基部合生或分離；子房上位、半下位或下位，多為1室，稀2室。果實為蒴果或漿果。

特徵

花冠輻射對稱者（苦苣苔）

雄蕊通常4枚，2長2短，或其中2枚退化。（角桐草）

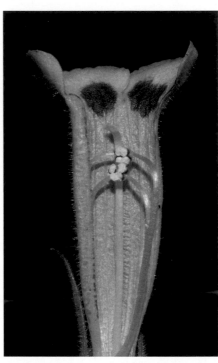

雄蕊通常4枚，2長2短。（俄氏草）

花冠略呈二唇形，通常五裂。（雙心皮草）

果實為蒴果者（角桐草）

果實為漿果者（雄胞囊草）

長果藤屬 AESCHYNANTHUS

附 生或岩生的灌木或藤本。葉對生或 3～4 枚輪生，革質或肉質。花單生或成聚繖花序，腋生或假頂生；花冠鮮紅色，二唇形；雄蕊 4，常突出冠筒。蒴果線形，2 或 4 瓣。

長果藤（芒毛苣苔）

屬名	長果藤屬
學名	*Aeschynanthus acuminatus* Wall. *ex* A. DC.

莖無毛。葉對生，革質，披針形至橢圓形或狹倒披針形，稀長橢圓形，長 4.5～12 公分，先端漸尖，全緣，無毛。花序有花 1～3 朵；花冠長 1.5～2.2 公分，外無毛，邊緣有毛，唇瓣基部內有細柔毛；雄蕊 4，2 長 2 短，伸出，花絲著生於花冠筒中部稍下處，長 1.2～2.2 公分；雌蕊線形，長 1.6～2 公分，無毛。蒴果長達 16 公分。

產於中國南部、緬甸、泰國、馬來西亞、寮國、越南及印度；在台灣分布於低至中海拔潮濕森林中，著生樹上或石上。

雄蕊四枚，2 長 2 短，雄蕊花粉散出後，雌蕊才開始成熟伸出，而雄蕊由直立轉為彎下。

蒴果長達 16 公分

葉對生，革質。

唇柱苣苔屬 CHIRITA

多 年生稀一年生草本，地生或附生。常具根莖。葉基生或於莖上對生，稀 3 枚輪生或互生，常被絨毛，基部常心形。花序繖形狀，由一至多朵花的聚繖花序構成。苞片 2 枚。花萼自基部五裂，裂片相等或不相等。花冠紫色至藍色、白至黃色、粉紅色或紫紅色，內部被毛，漏斗管狀至鐘形或圓筒狀。冠簷 2 唇形，上唇 2 裂，下唇三裂，先端圓。雄蕊 2 枚，生於花冠筒中段左右，藥室分歧，先端黏合，縱向開裂。退化雄蕊 0～3。花盤環形。子房線形，1 室，柱頭單一，倒三角形至長橢圓形，瓣狀、倒梯形或薄片狀，二裂或不裂。蒴果直，縱向開裂，果瓣 2 或 4。種子不具附屬物。

雙心皮草（光萼唇柱苣苔）

屬名	唇柱苣苔屬
學名	*Chirita anachoreta* Hance

一年生草本，具莖，莖無毛或有少數毛。葉對生，狹卵形或橢圓形，長 3～13 公分，先端銳尖，歪基，細齒緣，上表面具疏毛，下表面脈上疏生毛。花序有花 1～3 朵；花冠白或淡紫色，內有黃色雙條紋，長達 6 公分，外有細柔毛，內無毛。果實長達 12 公分。

產於越南北部、泰國北部、寮國及中國南部；在台灣分布於中、南及東部之低海拔潮濕山谷或小山溝石壁上。

花亦有白色者

花冠白或淡紫色，內有黃色雙條紋。

葉歪基

苦苣苔屬 CONANDRON

屬 特徵同種描述。
單種屬。

苦苣苔 |

屬名	苦苣苔屬
學名	*Conandron ramondioides* Sieb. & Zucc.

多年生草本，地生或岩生，無莖，根莖密生黃褐色曲柔毛。葉基生，單一或數枚，膜質至薄紙質，狹橢圓或近圓形，長 18～24 公分，寬 4.5～14.5 公分，漸尖頭，葉基下延形成翼狀物。聚繖花序二至四回分枝；花冠紫或白色，外無毛；雄蕊 5，花藥合生成筒狀，包圍花柱。蒴果狹橢圓至狹長橢圓形，長約 1 公分。

　　產於日本及中國東部，在台灣分布於低至中海拔之潮濕岩石上。

蒴果狹橢圓至狹長橢圓形，長約 1 公分。

花藥合生成筒狀，包圍花柱。

葉單一或數枚，具下延翼。

偽苦苣苔屬 CYRTANDRA

地生灌木，稀草本或小喬木。葉對生、輪生或互生。花腋生，單生或成聚繖狀；花冠白、黃、淡紅或帶紫色，鐘形至高杯狀；雄蕊孕性者 2 枚，通常內藏。漿果肉質或革質。

雄胞囊草（漿果苣苔）

屬名	偽苦苣苔屬
學名	*Cyrtandra umbellifera* Merr.

灌木，莖密生淡褐色直柔毛，高 1 ～ 1.5 公尺。葉對生，橢圓至寬倒披針形，長達 36 公分，漸尖頭，楔基，細鋸齒緣，上表面漸無毛，脈上有細柔毛，下表面無毛或疏披細柔毛。聚繖狀花序，花冠白色，長 1 ～ 1.3 公分，花冠上及花萼上具毛狀物。果實橢圓形，長約 8 公釐，具宿存花柱。

產於菲律賓及台灣，生長於海拔 50 ～ 400 公尺之遮陰處岩石上，在台灣僅分布於離島蘭嶼及綠島。

雄花花葯紅色

聚繖狀花序，花冠白色。

葉對生，橢圓形至寬倒披針形。

果橢圓形，長約 8 公釐，具宿存花柱。

地生灌木，可長至 1 公尺餘。

盾座苣苔屬 EPITHEMA

或多年生柔弱多汁草本，地生，有莖。葉 1 枚至少數，近基部的葉互生，上部者通常對生。蠍尾狀聚繖花序腋生或假頂生；花冠藍、淡紅或白色；雄蕊孕性者 2 枚，內藏。蒴果球形。

錫蘭苣苔

屬名	盾座苣苔屬
學名	*Epithema ceylanicum* Gardner

莖高 5 ～ 15 公分，1 或 2 節，分枝或不分枝，有細柔毛及鉤毛。下部的葉長橢圓形，長 4 ～ 10 公分，膜質，被毛；上部的葉對生，寬卵形或長橢圓形，長 2 ～ 4 公分，基部楔形至心形。花密生近似頭狀花序，花梗密生毛；花冠淡紅色至白色，唇形瓣近中央處常有淡紅斑，萼片被毛狀物。蒴果球形，密生毛。

產於印度、斯里蘭卡、緬甸、泰國、寮國、越南及菲律賓；在台灣生於美濃雙溪母樹林。

花冠淡紅色至白色，唇形瓣近中央處常有淡紅斑。

生於美濃雙溪母樹林

台灣苣苔 特有種

屬名	盾座苣苔屬
學名	*Epithema taiwanensis* S. S. Ying

莖高 2 ～ 7 公分，1 或 2 節，不分枝，有細柔毛。下部的葉心形或寬心形，長 2 ～ 6 公分，膜質，被細柔毛；上部的葉寬卵形，長 0.4 ～ 3 公分，基部近心形。花冠淡粉紅至紫色，外無毛，長約 4.5 公釐，萼片被長柔毛；子房及果實無毛或先端有直毛。果徑約 1.5 公釐。

特有種，分布於台灣南部低海拔之潮濕岩石上。

子房及果無毛或先端有直毛

下部的葉心形或寬心形，上部的葉寬卵形。在《台灣植物誌》中名列 2 個分類族群：模式種於嘉義觀音山的台灣苣苔，以及產於高雄柴山、大崗山的密花苣苔（var. *faciculata*），惟經比較二族群的子房和果實頂端被直毛的形態差異不大，故在此二者合併為同一類群。

花有淡紫色者

角桐草屬 HEMIBOEA

多年生草本，地生，具走莖，莖上常有褐色或紫色斑。葉對生。聚繖花序腋生或假頂生；花冠漏斗形筒狀，白、粉紅、紫或黃色；孕性雄蕊 2 枚，內藏。蒴果線狀披針形，多少略彎曲。

角桐草(台灣半蒴苣苔)

屬名	角桐草屬
學名	*Hemiboea bicornuta* (Hayata) Ohwi

莖具暗紫色斑，無毛。葉長橢圓狀披針形、倒披針形或披針形，稍呈鐮刀狀，長 7 ～ 20 公分，寬 2.5 ～ 5 公分，兩端均漸尖，略波狀鈍齒緣，近無毛或疏生毛。花冠外面白色，內為淡黃色，雜有紫紅色斑紋，長達 4.5 公分，喉口密生長毛；孕性雄蕊 2，內藏，花絲彎曲。果實長約 2.5 公分，多少略彎曲。

產於台灣及琉球，在台灣分布於全島低至中高海拔潮濕處。

蒴果開裂

花冠喉口密生長毛

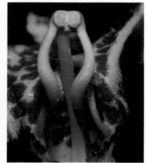
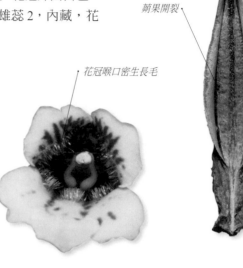

蒴果線狀披針形，多少略彎曲。

孕性雄蕊 2 枚，內藏，花絲彎曲。

葉長橢圓狀披針形，稍呈鐮刀狀。

石吊蘭屬 LYSIONOTUS

亞 灌木或木質攀緣藤本，附生，稀岩生或地生。葉通常多數，對生或輪生，稀互生。聚繖花序腋生；花冠紫、淡紅、白或黃色，漏斗形至筒狀。蒴果線形。

石吊蘭（吊石苣苔）

屬名	石吊蘭屬
學名	*Lysionotus pauciflorus* Maxim. var. *pauciflorus*

莖無毛或被細柔毛。葉輪生、對生或4～7枚假輪生，線形、寬橢圓、倒披針至倒卵形，稀披針至卵形，長達7公分，先端銳尖至鈍圓，先端近全緣，基部狹至寬楔形，無毛，稀具細柔毛。花冠白至淡紫色，長達5.5公分，二唇形，下唇片有二淡黃色隆起龍骨，無毛。果實長達13公分。

　　廣布於日本、中國及越南北部；在台灣於低至中海拔山谷的樹上或岩上著生。

花二唇形，下唇瓣有二淡黃色隆起龍骨。　蒴果線形，長可達13公分。

蘭嶼石吊蘭（蘭嶼吊石苣苔）　特有種

屬名	石吊蘭屬
學名	*Lysionotus pauciflorus* Maxim. var. *ikedae* (Hatusima) W. T. Wang

與承名變種（石吊蘭，見本頁）之差別在本種莖及葉無毛，葉亦較短，花冠下部外表有細柔毛。

　　特有變種，分布於離島蘭嶼，生長於低海拔樹上。

與石吊蘭相較，本變種的花冠較為純白。

莖及葉無毛，葉長亦較小些。

特有變種，生於蘭嶼低海拔樹上。

旋莢木屬 PARABOEA

蓮座狀草本或有莖的多年生草本或小灌木。葉對生或互生，上表面通常有薄蛛網狀毛，常漸無毛或粗糙，下表面的毛常密集交織且有分枝。聚繖花序腋生或形成頂生圓錐花序；花冠白、藍或紫色，鐘形。蒴果線形，旋扭狀裂開。

旋莢木（錐序蛛毛苣苔）

屬名	旋莢木屬
學名	*Paraboea swinhoii* (Hance) Burtt

小灌木，高 30 ～ 60 公分，莖密被褐色綿毛。葉對生，長橢圓狀披針形或倒披針形，長達 14 公分，銳尖至漸尖頭，基部圓或楔形，全緣或鋸齒緣，上面疏被灰色綿毛，下面密被褐色綿毛。花冠白色，長 4 ～ 6 公釐。雄蕊 2，於花冠近部合生，光滑，花絲大約 2 公釐。雌蕊光滑，子房 2.5 公釐，柱頭頭狀。果實長 2 ～ 3 公分。

　　廣布於泰國、越南、中國南部及菲律賓；在台灣生於低至中海拔小山溝之岩石上。

蒴果線形，旋扭狀裂開。

分布於台灣低至中海拔小山溝岩石上

尖舌草屬 RHYNCHOGLOSSUM

多汁草本，有莖。葉互生，膜質，歪基。蠍尾狀聚繖花序假頂生或腋生，後來漸呈總狀；花冠藍或紫色；二強雄蕊均孕性或僅前方的 2 枚孕性。蒴果橢圓形，2 瓣。

尖舌草（全唇尖舌苣苔）

屬名	尖舌草屬
學名	*Rhynchoglossum obliquum* Blume var. *hologlossum* (Hayata) W. T. Wang

一年生草本，高 18 ～ 50 公分，莖無毛或疏被細柔毛。葉狹卵形，長 3 ～ 13.7 公分，寬 1.3 ～ 6 公分，漸尖頭，基部一側近楔形，另側近耳形，全緣，上表面無毛或近緣處疏被細柔毛，下表面無毛。花冠淡藍色，長約 6 公釐，外無毛，近口部有細柔毛。果實長 3 ～ 4 公釐。

　　產於中國及台灣；在台灣分布於低至中海拔林緣、洞穴或潮濕岩壁。

葉基歪心形

花冠藍或紫色

同蕊草屬 RHYNCHOTECHUM

亞 灌木或小灌木，幼嫩部密被螺絲狀毛。葉對生，稀互生，長橢圓或橢圓形。聚繖花序腋生，二至四回分枝；花冠白或淡紅色，無毛；孕性雄蕊 4 枚，內藏。漿果近球形。

短梗同蕊草（短梗線柱苣苔） 特有種

屬名	同蕊草屬
學名	*Rhynchotechum brevipedunculatum* J.C. Wang

莖上部密被褐色貼伏之綿毛。葉對生，長橢圓形，短漸尖或尖銳頭，基部楔形，細齒緣，葉脈明顯隆起。花梗短，花白色，花瓣 5 枚，雄蕊 4 枚內藏。果實近球形，白色，被細柔毛。

特有種，分布於台北近郊及恆春半島山區。

花梗短，花白色，花瓣 5 枚。

果熟時萼片會增長

莖上部密被褐色貼伏之綿毛

同蕊草(異色線
柱苣苔)

屬名　同蕊草屬
學名　*Rhynchotechum discolor* (Maxim.) Burtt var. *discolor*

亞灌木，莖上部密被褐色貼伏的螺絲狀毛。葉互生，有時下部者對生，長橢圓
狀倒披針形至狹橢圓形，長6.5～16公分，寬2.5～5公分，銳尖頭，基部漸細，
不規則齒緣。萼片線形，被褐色螺絲狀毛；花冠白色；雄蕊4，花絲彎曲。果
實卵形，長約5公釐，白色，被細柔毛。

　　產於中國、日本南部、琉球及菲律賓北部；在台灣分布於低至中海拔森林
中之小山谷。

孕性雄蕊4枚，
花絲彎曲。

漿果近球形，白色。

莖幼嫩部密被絲毛

羽裂同蕊草(羽裂線
柱苣苔)

屬名　同蕊草屬
學名　*Rhynchotechum discolor* (Maxim.) Burtt var. *incisum* (Ohwi) Walker

與承名變種（同蕊草，見本頁）之差別在葉緣具裂片或具少數粗齒牙。
　　產於日本南部（沖繩）及台灣；在台灣僅見於屏東滿州南仁山區。

果枝

與同蕊草之差別在葉緣具裂片或具少數粗齒牙

蓬萊同蕊草(台灣線
柱苣苔)

屬名　同蕊草屬

學名　*Rhynchotechum formosanum* Hatusima

亞灌木,莖上部密被褐色貼伏的綿毛。葉對生,通常橢圓形,偶長橢圓形或狹倒卵形,長 13 ～ 26 公分,寬 6.5 ～ 12 公分,短漸尖或銳尖頭,基部楔形,細齒緣。花冠白紅色。果實近球形,長 6 ～ 8 公釐,白色,被細柔毛,宿存萼片常為紫紅色。

　　產於中國及台灣,在台灣分布於北部低海拔森林中。

花冠白紅色

果近球形,長 6 ～ 8 公釐,白色;萼片紫紅色。

開花植株

葉脈明顯隆起

俄氏草屬 TITANOTRICHUM

多 年生草本，地生。葉對生。總狀花序假頂生，花冠長 2.6 ～ 3.7 公分，黃色。蒴果卵形，長約 8 公釐，淡褐色。單種屬。

俄氏草 (台閩 苣苔)

屬名	俄氏草屬
學名	*Titanotrichum oldhamii* (Hemsl.) Solereder

葉對生，常一大一小，上部者偶互生，橢圓至狹卵形，長達 27 公分，紙質，漸尖至銳尖頭，楔基，略波緣至粗鋸齒緣或細齒緣，疏被細柔毛或糙毛。花冠呈筒狀，先端唇形，唇外黃色，唇內深褐色。

　　產於中國南部及琉球，在台灣分布於低至中海拔之潮濕岩石上及小山溝旁。

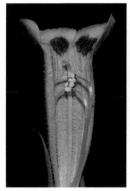

花冠呈筒狀，先端唇形，唇外黃色，唇內深褐色。

雄蕊 4，2 長 2 短。

葉對生，常一大一小。生於潮濕岩石上及小山溝旁。

玉玲花屬 WHYTOCKIA

多 年生草本，地生，有莖。葉對生，極不等大；正常葉短柄或無柄，膜質，歪基；縮小的葉無柄，歪基。聚繖花序腋生或假頂生；花冠白、淡紅或紫色；二強雄蕊內藏。蒴果近球形、球形或扁球形。

玉玲花 (台灣異 葉苣苔) 特有種

屬名	玉玲花屬
學名	*Whytockia sasakii* (Hayata) B.L. Burtt

莖斜立，漸無毛，先端被淡褐色細柔毛。正常葉無柄或近無柄，卵形至卵狀長橢圓形，長 1.8 ～ 10.5 公分，漸尖頭，基部一側圓至近心形，另一側楔形，上表面及下表面脈上疏被細柔毛。花冠白色，二唇形，上唇二裂，下唇三裂，外無毛，內部有黃色毛狀物；萼片外具毛。果實近球形，徑約 4 公釐。

　　特有種，分布於台灣低至中海拔潮濕森林及小山溝中。

花冠白色，二唇形，上唇二裂，下唇三裂，內部有毛狀物。

葉對生，極不等大；葉二邊不等長。生於潮濕森林及小山溝中。

唇形科 LABIATAE (LAMIACEAE)

草本或亞灌木、灌木或喬木，稀藤本，通常被芳香之毛茸，莖通常四方形。單葉，三出複葉或羽狀複葉，常十字對生，偶輪生，無托葉。花序聚繖、圓錐或總狀，稀頭狀，具苞片，花兩性；萼片 4 ～ 5 枚，合生，輻射對稱或不整齊；花瓣 5 枚，合生，輻射對稱或略至明顯 2 側對稱，通常二唇形；雄蕊 2 或 4，常著生花冠上；心皮 2，合生，子房上位，通常四裂，花柱通常基生，偶頂生。果實為離果，通常 4 枚小堅果。

特徵

花瓣 5 枚，合生，通常二唇形。（黃花鼠尾草）

離果，通常 4 小堅果。萼片 5，合生，不整齊。（掌葉野藿香）

單葉，通常十字對生，無托葉。草本或灌木。（鈴木草）

花瓣 5 枚，合生，通常二唇形。（台灣假糙蘇）

雄蕊 2 或 4（蠻大紫珠）

頂頭花屬 ACROECPHALUS

一年生直立草本。頂生或腋生密集覆瓦狀排列聚繖花序；苞片扇形；花萼壺形，被腺點，二唇形，上唇較大，下唇四裂；花冠筒狀，稍二唇化，上唇二裂，下唇三裂；雄蕊4，二強，花藥2室；子房深四裂，花柱基生。小堅果卵形，乾時微皺，具網紋。

頂頭花（團花草）

屬名	頂頭花屬
學名	*Acroecphalus hispidus* (L.) Nicholson *et* Sivadesen

一年生直立草本，莖及花梗被密毛。葉披針形或卵圓形，長2～5公分，基部有下延翼，鋸齒緣，約5～6個鋸齒，葉背脈上被短毛。花序頭花狀，花序下有4枚苞片，花冠白色，長約2公釐，二唇形，上唇4枚；二裂，下唇三裂；雄蕊4枚；花柱二淺裂。小堅果長橢圓形，黑褐色、光滑。

　　產於中國、緬甸、印尼、泰國、馬來西亞及台灣；在台灣分布於台南烏山頭低海拔之野地。

莖及花梗被密毛。葉片橢圓形，長3～6公分。（郭明裕攝）

花序頭花狀，花序下有4枚大苞片。（郭明裕攝）

葉鋸齒緣，5～6個鋸齒，葉基有下延翼。（郭明裕攝）

藿香屬 AGASTACHE

多 年生直立草本。頂生總狀輪繖花序；花萼鐘形，被微毛及腺點，5 齒，前 2 齒稍短；花冠筒狀，上唇凹缺，下唇三裂，中裂片最大且凹缺；雄蕊 4，二強，花葯 2 室；子房深四裂，花柱基生。

藿香

屬名	藿香屬
學名	*Agastache rugosa* (Fisch. & C. A. Mey.) Kuntze

葉卵形，長 4 ～ 10 公分，寬 2 ～ 6 公分，基部心形，粗鋸齒緣，上表面無毛，下表面脈上被毛，葉柄長 1 ～ 3 公分。花冠淡紫藍色。小堅果橢圓形，三稜，上端微毛。

　　產於日本、韓國、台灣、越南及中國中部；在台灣曾被紀錄於新竹五指山及埔里，野外族群甚少，亦見於栽培。

葉卵形，長 4 ～ 10 公分，寬 2 ～ 6 公分，粗鋸齒緣，基部心形。（謝宗欣攝）　　被紀錄於新竹五指山及埔里，野外族群甚少。（謝宗欣攝）

筋骨草屬 AJUGA

多 年生草本。花序腋生；花萼鐘形，外被曲柔毛，5 齒，近整齊；花冠假單唇，上唇極短，二淺裂，下唇三裂，中裂片較長，倒心形，側裂片長圓形；雄蕊 4，二強，花葯 2 室；子房四裂，花柱近頂生。小堅果倒卵狀三稜形。

匍匐筋骨草

屬名	筋骨草屬
學名	*Ajuga decumbens* Thunb. *ex* Murray

莖匍匐。基生葉較莖生葉大，倒披針形至匙形，長 3 ～ 9 公分，寬 1 ～ 2.5 公分，粗鋸齒緣至波狀緣，兩面疏被毛。花大多腋生，花冠藍色至紅紫色，內面近基部具毛環。

　　廣布於日本、韓國、中國；在台灣歸化於奮起湖附近山區。

本種在台灣的花冠藍色至紅紫色　　粗鋸齒緣至波狀緣，兩面疏被毛。

網果筋骨草(禿筋骨草)

屬名　筋骨草屬

學名　*Ajuga dictyocarpa* Hayata

莖直立或斜上。無基生葉，葉卵形或菱狀卵形，長 3 ～ 6 公分，寬 2 ～ 5 公分，粗鋸齒緣，葉緣鋸齒大小不一，兩面被短毛，葉柄長 1 ～ 4 公分。花冠淡藍白色或粉紅色。

　　產於琉球北部、台灣、中國及越南；在台灣分布於北部低海拔之開闊潮濕地。

子房四裂

花冠淡藍白色或淡粉紅色

葉卵形

莖直立或斜上，無基生葉。

日本筋骨草

屬名　筋骨草屬
學名　*Ajuga nipponensis* Makino

莖直立或斜上，被密毛。葉大多為基生葉，橢圓形至橢圓狀狹卵形（寬處在葉中央），長4～7公分，寬1～2.5公分，粗鋸齒狀牙齒緣，被長柔毛。花冠白色，內面近基部具毛環。

　　廣布於日本、台灣及中國；在台灣分布於苗栗至新竹沿海沙地。

花冠白色（許天銓攝）　　　　本種花序較長（許天銓攝）　　　　莖密被毛（謝宗欣攝）

矮筋骨草（矮金瘡草）

屬名　筋骨草屬
學名　*Ajuga pygmaea* A. Gray

植株具走莖。僅具基生葉，葉倒披針形至長橢圓狀倒披針形，長2～4公分，寬0.5～1公分，波狀鋸齒緣，疏被長柔毛，葉柄長1.5～3公分。花冠藍紫色，內面近基部具毛環。

　　產於日本、琉球及台灣；在台灣分布於三芝及石門的海邊岩石或砂地上。

花冠藍紫色

雄蕊4，二強雄蕊，花藥2室。　　　　　　　分布於三芝及石門的海邊岩石或砂地上

台灣筋骨草

屬名　筋骨草屬
學名　*Ajuga taiwanensis* Nakai *ex* J. Murata

莖直立及斜上。具基生葉及莖生葉，葉匙形（最寬處在葉端），長 6 ～ 15 公分，寬 1 ～ 4 公分，波狀緣，被短毛。花冠淡藍紫色至淡紅紫色。

　　產於琉球、台灣、中國廣東及菲律賓；在台灣分布於中、低海拔地區。

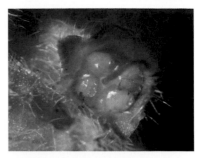

子房四裂

花冠淡藍紫色至淡紅紫色

葉匙形

金劍草屬 ANISOMELES

多年生直立草本。穗狀花序頂生或植株上部腋生；花萼鐘形，被腺毛及腺點，5 齒，相等；花冠呈筒狀，先端二唇形，下唇三裂，中裂片凹缺；雄蕊 4，二強，一對花藥 2 室，另一對 1 室；子房深四裂，花柱基生。小堅果近圓形，光亮。

金劍草(魚針草)

屬名　金劍草屬
學名　*Anisomeles indica* (L.) Kuntze

葉片寬三角狀卵形或卵形，長 5 ～ 12 公分，寬 2 ～ 7 公分，基部近心形至淺楔形，粗鋸齒緣，上表面被短伏毛，下表面被白色短絨毛，葉柄長 1 ～ 4 公分。穗狀花序頂生；花冠下部淡紫色，上部白色，中部表面具毛狀物。

　　廣布於菲律賓、中國、台灣、印尼之爪哇及蘇門答臘；在台灣分布於中、低海拔之林緣或荒廢地。

花冠被毛

花冠下部淡紫色，上部白色。

葉片寬三角狀卵形或卵形，穗狀花序頂生。

小冠薰屬 BASILICUM

直立草本。輪繖花序頂生或植株上部腋生；花萼二唇化，5 齒，上方最寬，2 側齒最小；花冠呈筒狀，先端二唇形，上唇三裂，中裂片稍大；雄蕊 4，稍二強，花葯 2 室；子房深四裂，花柱基生。小堅果近橢圓形，光亮。

小冠薰 (假零陵香)

屬名	小冠薰屬
學名	*Basilicum polystachyon* (L.) Moench.

高可達 100 公分，莖四角形，稜上有毛。葉片披針狀至三角狀卵形，長 3 ~ 7 公分，寬 1 ~ 3 公分，基部楔形，鋸齒緣，兩面無毛，葉柄長 1.5 ~ 3.5 公分。花冠白色或粉紅色，管狀，長 2.5 公釐，先端二唇形，上唇三裂，中裂片較大，卵圓形，全緣。

　　廣布於非洲熱帶地區及亞洲熱帶地區至澳洲；在台灣分布於南部、小琉球海邊之荒廢地。

花冠白色或粉紅色

葉片披針狀至三角狀卵形，長 3 ~ 7 公分。

毛葯花屬 BOSTRYCHANTHERA

多年生直立草本。腋生疏聚繖花序；花萼鐘形，10 脈，5 齒，其中 1 齒稍小；花冠漏斗狀，筒部內面被毛，先端二唇形，上唇凹缺，下唇三裂，中裂片最大，寬卵形；雄蕊 4，二強，花絲被毛，花葯 2 室，葯室上端具叢毛；子房深四裂，花柱基生。小堅果圓形，核果狀。

毛葯花

屬名	毛葯花屬
學名	*Bostrychanthera deflexa* Benth.

株高可達 1 公尺。葉近無柄，狹橢圓形，長 8 ~ 20 公分，寬 2 ~ 3 公分，基部楔形，鋸齒緣，兩面疏被毛，脈上毛茸較密。花向下俯傾，花冠淡紫紅色。

　　產於中國；在台灣分布於中部及北部中、低海拔山區密林中。

花冠紫紅色

葉狹橢圓形，長 8 ~ 20 公分。

花葯上有毛

小堅果 4 個

紫珠屬 CALLICARPA

灌木或喬木，被腺毛、單毛或分枝狀毛。葉對生，偶三葉輪生，齒緣，稀全緣，通常被毛及腺點。聚繖花序腋生；花輻射對稱，4 數；花萼宿存；花冠多粉紅色至紫色；花藥縱裂或孔狀開裂；子房 4 室，花柱頂生。核果，具 4 小分核。

長葉紫珠（*C. longissima* (Hemsl.) Merr.），列為疑問種。

杜虹花（台灣紫珠）

屬名	紫珠屬
學名	*Callicarpa formosana* Rolfe var. *formosana*

灌木。新葉多黃綠色，葉形變異頗大，多為卵形、倒卵形或橢圓形，長 7 ～ 18 公分，寬 3 ～ 11 公分，密被星狀毛，正面幾無腺點。花序 6 ～ 10 次分枝；花粉紅色，稀白色；花絲細長，花藥長 0.6 ～ 1 公釐，黃色；子房光滑，僅在頂端具腺點。果實球形，紫色，寬 2 ～ 4 公釐。

廣布於中國東南部至南部、菲律賓及日本（沖繩）；在台灣分布於低至中海拔之路旁、破壞地及次生林中。

葉背密被星狀毛

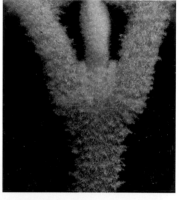

枝條之星狀毛較大型

花白色者

花 4 數，萼片密生毛。

果球形，紫色。

葉形變異頗大，多為卵形、倒卵形或橢圓形。

六龜粗糠樹 特有種

屬名 紫珠屬

學名 *Callicarpa formosana* Rolfe var. *glabrata* Tien T. Chen, S. M. Chaw & Yuen P. Yang

灌木，新葉紅棕色，小枝刺狀物明顯。葉卵形、倒卵形或橢圓形，長9～23公分，寬3～9公分，成熟葉除中肋外，正面近無毛，背面僅在脈上疏被毛，正面極少腺點或無。花序6～8次分枝，花藥長約1公釐。果實近球形，寬3～4公釐。

特有變種，產於南橫至南迴公路之間的低海拔山區。

葉下表面僅在脈上疏被毛

果序

成熟葉除中肋外，上表面近無毛。

花序

產於南橫至南迴公路之間的低海拔山區

長葉杜虹花（長葉粗糠樹）

特有種

屬名　紫珠屬
學名　*Callicarpa formosana* Rolfe var. *longifolia* Suzuki

落葉性灌木。葉狹橢圓形至長倒披針形，長 10 ～ 18 公分，寬 1.5 ～ 4 公分，基部楔形至漸狹，被毛僅沿葉脈分布，兩面明顯具腺點。花序（4）5 ～ 7（8）次分枝，花淡粉紅色，萼片被腺點。果實球形，寬 2 ～ 3 公釐。

　　特有變種，分布於台灣北部及東北部的中、低海拔山區。

被毛僅沿葉脈分布，葉兩面明顯具黃色腺點。

花序

枝條的星狀毛較台灣紫珠小

萼片被腺點，少毛。

葉狹橢圓形至長倒披針形

灰背葉紫珠(裡白杜虹花) 特有種

屬名	紫珠屬
學名	*Callicarpa hypoleucophylla* W.F. Lin & J.L. Wang

常綠灌木。葉披針形，長 7 ～ 20 公分，寬 1 ～ 4 公分，先端長尾狀漸尖，全緣或疏鋸齒緣，葉背被極密的灰白色短星狀毛。花序 6 ～ 9 次分枝；花小，花絲細長，白色或偶淡粉紅色；子房上半部具腺點和星狀毛或偶光滑。果實球形，紫色或偶白色，寬 2 ～ 3 公釐。

　　特有種，分布於南橫至南迴公路之間，海拔 1,000 公尺左右之山區。

葉背被極密的灰白色短星狀毛

分布於南橫至南迴公路之間，海拔約 1,000 公尺左右之山區。

朝鮮紫珠(蘭嶼女兒茶)

屬名	紫珠屬
學名	*Callicarpa japonica* Thunb. var. *laxuriaus* Rehder

常綠或落葉灌木，幼枝被腺點及星狀毛，植物體被毛易落性。葉橢圓形或倒卵形，長 5 ～ 20 公分，寬 3 ～ 10 公分，鈍齒緣。花序 4 ～ 6（～ 8）次分枝；花萼杯狀至鐘狀，先端截形或略齒狀；花冠長 5 ～ 7 公釐，粉紅色，花冠裂片外側幾無毛；花藥長約 3 公釐；子房全面被腺點，無毛。果實球形，紫色，寬 4 ～ 8 公釐。

　　產於中國、韓國、日本及琉球；在台灣分布於彭佳嶼、基隆嶼、龜山島、綠島、馬祖及蘭嶼等離島，不產於台灣本島。

花冠裂片外側幾無毛

分布於彭佳嶼、基隆嶼、龜山島、綠島、馬祖及蘭嶼。

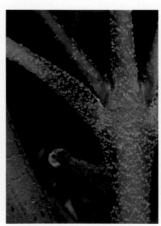

幼枝被腺點及星狀毛

南竿的結果植株

鬼紫珠(枇杷葉 紫珠)

屬名 紫珠屬

學名 *Callicarpa kochiana* Makino

常綠灌木，植株密被長毛。葉橢圓形或倒卵形至倒披針形，長 15～35公分，寬6～10公分。花序緊密，苞片常呈葉狀；花無柄；花萼管狀，深裂，裂片狹三角形至近線形；花冠外側密被毛；花藥紫色；子房密布腺點及毛。果實球形，白色。

　　產於中國南部、越南及日本；在台灣分布於中、北部低海拔山區林緣。

葉背密生褐色毛茸

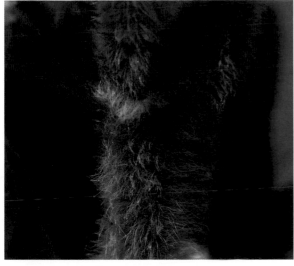

莖上的毛

花萼密生毛

植株

細葉紫珠（紅面將軍）特有種

屬名　紫珠屬
學名　*Callicarpa pilosissima* Maxim.

果球形，成熟時由紫轉白色。

常綠灌木，小枝、花序及葉柄具長的多細胞單毛及腺毛，枝細長。葉披針形至長橢圓狀披針形，長 9 ～ 20 公分，寬 1 ～ 5 公分，先端長漸尖，基部圓鈍或心形，葉柄短於 1 公分。花序約 6 次分枝，花大多為紅色，偶見白色，子房密布腺點。果實球形，成熟時由紫轉白色，寬約 3.5 公釐。

　　特有種，分布於台灣低至中海拔之路旁或次生林中。

花大多為粉紅色

偶見花白色者

巒大紫珠（大葉紫珠）特有種

屬名　紫珠屬
學名　*Callicarpa randaiensis* Hayata

落葉灌木。葉狹橢圓形或披針形，長 4 ～ 15 公分，寬 1 ～ 4 公分，細鋸齒緣，葉柄短於 1 公分。花序 2 ～ 4 次分枝；花萼齒狀，略被毛；花冠粉紅色；花藥長 2 ～ 3 公釐；子房密布腺點，無毛。果實球形，紫色，寬 4 ～ 6 公釐。

　　特有種，分布於台灣中海拔山區之森林中，喜生於雲霧帶。

花萼齒狀，略被毛。

葉狹橢圓形或披針形

疏花紫珠 特有種

屬名 紫珠屬
學名 *Callicarpa remotiflora* W. F. Lin & J.L. Wang

常綠灌木。對生的葉常不等大，葉狹倒卵形至倒披針形，長 6 ～ 13 公分，寬 2 ～ 4 公分，齒緣，兩面具略密集的腺點。花萼鐘形，略齒狀；花冠近白色；花絲與花瓣近等長；子房密布腺點及疏被毛。果實扁球形，疏被星狀毛，紫色，寬 4 ～ 6 公釐。

特有種，產於大漢山以南海拔約 1,000 公尺以下之山區。

花冠近白色（呂順泉攝）

對生的葉常不等大。花序小，花數少。

疏齒紫珠(恆春紫珠) 特有種

屬名 紫珠屬
學名 *Callicarpa remotiserrulata* Hayata

常綠灌木，新葉及嫩枝暗紫紅色。葉近革質，長橢圓形或狹橢圓形，長 6 ～ 12 公分，寬 2 ～ 4 公分，疏齒緣，除葉柄及中肋外，近無毛及腺點。花萼略被毛，花冠粉紅色至白色，子房極少腺點或無。果實橢球形，紫色，寬約 3 公釐。

特有種，產於大漢山以南海拔約 1,000 公尺以下之林緣或次生林中。

除葉柄及中肋外，近無毛及腺點。

花冠粉紅色至白色

果橢球形，紫色，寬約 3 公釐。

葉疏齒緣

銳葉紫珠 特有種

屬名 紫珠屬

學名 *Callicarpa tikusikensis* Masam.

半落葉性灌木。葉倒卵形或長橢圓狀倒卵形，長6～15公分，寬1～4公分，基部楔形或略呈心形，鋸齒緣，葉背密生毛。花萼鐘形，先端齒狀；花瓣外側被毛明顯，淡紫色；子房於上半部被腺點及星狀毛。果實球形，紫色，寬約3公釐。

　　特有種，分布於台灣北部及東北部中、低海拔山區。

果球形，紫色，寬約3公釐。

雄蕊及花柱伸出花冠筒外

葉背密生星狀毛

葉寬較台灣紫珠窄小

分布於台灣北部及東北部中低海拔山區

蕕屬 CARYOPTERIS

草本或灌木。葉對生，常具小腺點。花序腋生；花萼五裂；花冠略成二唇形，下方的裂片較大；二強雄蕊，著生花冠筒頂端；子房 4 室。蒴果呈 4 小分核。

台灣有 1 種。

灰葉蕕

屬名	蕕屬
學名	*Caryopteris incana* (Thunb. *ex* Houtt.) Miq.

草本，植株密被毛。葉卵形或長橢圓形，長 1.5 ～ 4.5 公分，寬 1.2 ～ 2 公分，葉柄長 5 ～ 13 公釐。聚繖花序呈繖房狀；花萼杯狀，外被粗毛；花冠淡籃紫色，五裂，兩面被毛，較大的裂片邊緣細裂狀；花藥藍色；子房被毛。果實倒卵球形，被粗毛。

產於中國、韓國及日本；在台灣分布於低海拔之路旁或荒廢地。

果被粗毛

花冠淡藍紫色，五裂，較大的裂片邊緣細裂狀；花藥藍色。

草本，植株密被毛。

海州常山屬 CLERODENDRUM

灌木或小喬木，小枝多具四稜，通常具腺點、盤狀腺體或毛。單葉對生，稀輪生。聚繖花序頂生或腋生；花萼通常有色澤且花後膨大；花冠筒細長；雄蕊4，突出花冠外；子房4室，柱頭二岔。果實為核果。

花蓮海州常山（*C. ohwi* Kaneh. & Hatus.）為疑問種。

白毛臭牡丹

屬名 海州常山屬
學名 *Clerodendrum canescens* Wall. *ex* Walpers

灌木，小枝被淡褐色毛。葉闊卵形或略呈心形，長8～16公分，寬4～9公分，兩面被柔毛，葉柄長3～10公分。花序密集成球狀；苞片葉狀，卵形；萼片卵形或闊卵形且長於果實，無盾狀腺體，由綠轉紅；花冠白色，被短毛；雄蕊4，突出花冠外。果實近球形，深藍色或黑色。

產於印度、越南及中國；在台灣分布於中、北部及部分東部地區。

花冠白色，被短毛；雄蕊4，突出花冠外。

葉闊卵形或略呈心形，兩面被柔毛。

臭茉莉

屬名 海州常山屬
學名 *Clerodendrum chinense* (Osbeck) Mabberley

灌木，小枝漸無毛。葉闊卵形或淺心形，長4～15公分，寬3.5～10公分，兩面被毛，葉柄長3～10公分。花序頂生，頭狀；花萼五深裂，披針形或線狀披針形；花冠白或玫瑰色，重瓣，花冠筒與花萼等長；萼片線狀披針形或披針形且短於果實，具盾狀腺體。果實球形。

產於南亞，目前廣泛栽植於亞洲熱帶及副熱帶地區；台灣多為栽植者，偶見於野外。

花冠白或玫瑰色，重瓣。

葉闊卵形或淺心形，具長柄。花序頂生，頭狀。

大青

屬名　海州常山屬
學名　*Clerodendrum cyrtophyllum* Turcz.

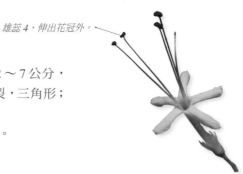

雄蕊 4，伸出花冠外。

灌木，枝葉深綠色。葉揉之有臭味，長卵形或長橢圓形，長 5 ～ 16 公分，寬 2 ～ 7 公分，全緣或疏齒緣，疏被毛，葉柄長 3 ～ 10 公分。花序鬆散，苞片線形；花萼五裂，三角形；花冠白色，外側被毛及腺毛。果實球形，藍紫色。

　　產於馬來西亞、越南、中國及韓國；在台灣分布於全島低至中海拔地區。

果球形，藍紫色。

葉揉之有臭味，長卵形或長橢圓形。

苦林盤 (白花苦／林盤)

屬名　海州常山屬
學名　*Clerodendrum inerme* (L.) Gaertn.

果倒卵形至近球形

攀緣狀灌木，小枝被毛。葉革質，光滑，卵形或橢圓形，長 3 ～ 8 公分，寬 1.5 ～ 4 公分，兩端銳至鈍。聚繖花序通常具 3 朵花；花萼先端淺齒狀；花白色，花冠筒長約 2 公分；花絲先端紫紅色，近基部白色。果實倒卵形至近球形。

　　產於南亞及東南亞、澳洲、中國、琉球；在台灣分布於全島低地及沿海地區。

花絲上半端紫紅色，下半端白色。

葉革質，光滑。

龍船花

屬名　海州常山屬
學名　*Clerodendrum kaempferi* (Jacq.) Sieb. *ex* Steud.

灌木，小枝在節上具長毛。葉闊卵形或近心形，長 5 ～ 18 公分，寬 5 ～ 16 公分，近全緣或三至五角狀淺裂，疏齒緣或近全緣，葉背密布盾狀腺體。花序軸紅色（紅花者）或綠色（白花者），圓錐狀花序頂生，無毛；花萼深裂；花冠紅或橘紅色，偶白色，外側被微毛。果實藍綠色。

產於印度、斯里蘭卡、馬達加斯加島、馬來西亞、印尼及中國南部；在台灣分布於全島低海拔地區。

花亦有白色者

葉近全緣或三至五角狀淺裂

海州常山(山豬枷)

屬名　海州常山屬
學名　*Clerodendrum trichotomum* Thunb. var. *trichotomum*

灌木至小喬木，小枝被白色毛。葉卵形至三角形，長 6 ～ 20 公分，寬 3.5 ～ 12 公分，基部截形、淺心形或楔形，全緣或疏齒緣，疏或密被毛。複聚繖花序 2 ～ 3 次分枝；花萼淡紅色；花冠白色，芳香。果實球形，藍色。

產於印度、東南亞、中國、韓國及日本；在台灣分布於全島低至中海拔地區。

果熟時青藍色

葉卵形至三角形。花萼淡紅色。

小枝的毛不為褐色

花冠白色，芳香。

法氏海州常山（恆春海州常山）

屬名　海州常山屬
學名　*Clerodendrum trichotomum* Thunb. var. *fargesii* (Dode) Rehder

與承名變種（海州常山，見前頁）之區別，葉較小且光滑（長 6 ～ 12 公分，寬 2 ～ 6 公分），近光滑之枝及花序，以及較狹且銳、淡綠色之萼。

　　產於中國、日本及台灣南部。

果為藍色；萼片呈綠色，僅微微的淡紅。

葉背光滑

與海州常山相比，本變種的葉光滑，葉較小。

具較狹且銳、淡綠色之萼片。

小枝的毛不若海州常山的毛密

銹毛海州常山　特有種

屬名　海州常山屬
學名　*Clerodendrum trichotomum* Thunb. var. *ferrugineum* Nakai

小枝及花序具鏽色毛。葉長 5 ～ 10 公分，寬 2 ～ 3 公分，密被鏽色毛絨。花萼淡紅色。

　　特有變種，產於台灣中、高海拔山區。

小枝具鏽色毛

花萼紅色

葉小，長 5 ～ 10 公分，寬 2 ～ 3 公分。

風輪菜屬 CLINOPODIUM

草本，莖基部匍匐生根。葉卵形至寬卵形，鋸齒緣。輪繖花序頂生及植株上部腋生；花萼呈筒狀，先端二唇形，被毛，脈上被長柔毛，上唇3齒，下唇2齒，較長，刺尖或錐狀延伸；花冠呈筒狀，13脈，先端二唇形，上唇凹缺，下唇三裂，中裂片較大；雄蕊4，二強；子房深四裂，花柱基生。小堅果近球形，具稜。

伏生風輪菜

| 屬名 | 風輪菜屬 |
| 學名 | *Clinopodium brownei* (Sw.) Kuntze |

莖匍匐。葉寬卵形至圓形，先端圓鈍，基部心形，葉緣疏鋸齒，葉脈明顯，具葉柄。兩性花，輪繖花序，數朵簇生，腋生，花梗長，具苞片；花萼合生成管狀，先端二唇形，上唇3齒裂，下唇2齒裂；花冠淡紫色或白色，喉部有紫色斑。

　　分布於美國東南部佛羅里達、德州至南卡羅來納州、墨西哥、中美洲、南美洲及西印度群島的海岸濕地；歸化台灣各地。

花淡紫色或白色，喉部
有紫色斑及毛狀物。

葉先端圓鈍，基部心形。

風輪菜

| 屬名 | 風輪菜屬 |
| 學名 | *Clinopodium chinense* (Benth.) Kuntze |

多年生草本，高30～50公分。葉片長2～4公分，寬1.5～3公分，基部楔形至圓形，兩面密被長曲毛，上面較密，下面疏，葉柄長5～10公釐。花序半球形；萼齒先端刺尖，外表密生毛；花冠紫紅色。

　　產於日本、中國、台灣、馬來西亞及印度；在台灣分布於中、低海拔之荒地及路旁。

萼齒先端刺尖，外表密生毛。

花二唇形

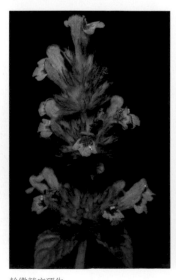

輪繖花序頂生

葉片長2～4公分，寬1.5～3公分，兩面被長柔毛。

光風輪(塔花)

屬名　風輪菜屬
學名　*Clinopodium gracile* (Benth.) Kuntze

一年生或多年生草本。葉片長 1 ～ 3 公分，寬 0.8 ～ 1.5 公分，基部圓形或截形，兩面無毛，脈上疏被短毛，背面具黃色腺點，葉柄長 5 ～ 10 公釐。花序疏離於花序梗上；萼齒先端錐狀；花冠白色或紫紅色；花梗苞片 1 公釐，比花梗短。

　　產於日本、韓國、中國、台灣、馬來西亞、緬甸及印度；在台灣分布於中、低海拔之路旁及草地。

葉被毛情況變異大，
無毛至疏被毛，有時
僅脈上有毛。

花冠白色或紫紅色（謝宗欣攝）

開花植株，花序疏離於花序梗上。（謝宗欣攝）

疏花風輪菜 特有種

屬名 **風輪菜屬**

學名 *Clinopodium laxiflorum* (Hayata) Mori var. *laxiflorum*

多年生草本。葉片長 0.5 ～ 2 公分，寬 3 ～ 9 公釐，基部鈍至截形，無毛，背面脈上疏被糙毛及腺點，葉柄長 1 ～ 3 公釐。花序半球形；萼齒先端刺尖；花冠紫紅色，長 8 ～ 15 公釐；花梗長 1.5 ～ 2 公釐。

　　特有種，生於台灣中高海拔路旁。

萼齒先端刺尖

葉兩面無毛

花冠紫紅色，花長 8 ～ 15 公釐。

台灣風輪菜 特有種

屬名 **風輪菜屬**

學名 *Clinopodium laxiflorum* (Hayata) Mori var. *taiwanianum* T.H. Hsieh & T.C. Huang

與承名變種（疏花風輪菜，見本頁）相較，葉較大，花數少，花較小（花長 7 ～ 8 公釐），花梗較長（約 3 公釐）。

　　特有變種，分布於台灣海拔 2,000 ～ 3,500 公尺之山路旁。

花數少、花梗較長（謝宗欣攝）

本變種葉片較大（謝宗欣攝）

小鞘蕊花屬 COLEUS

草本，莖基部匍匐生根。葉卵形至寬卵形，鋸齒緣。頂生總狀輪繖花序；花萼鐘形，先端二唇狀，上唇三裂，中裂片特大，寬卵形，側裂片短圓形，下唇長橢圓形，先端二岔；花冠漏斗狀，先端二唇狀，下唇延長，船形，上唇三裂，中裂片二裂；雄蕊 4，花藥 2 室，下半部花絲在下唇中合生成鞘；子房深四裂，花柱基生。小堅果橢圓形，平滑。

蘭嶼小鞘蕊花

屬名	小鞘蕊花屬
學名	*Coleus formosanus* Hayata

小草本。葉卵形，長 3 ～ 5 公分，寬 1.5 ～ 4 公分，基部鈍，被短毛，背面具腺點，葉柄長 5 ～ 25 公釐。頂生總狀聚繖花序；花萼鐘形，先端二唇狀，上唇三裂，中裂片特大，寬卵形，側裂片短圓形，下唇長橢圓形，先端二岔；花冠紫紅色，漏斗狀，下唇船形，上唇三裂，中裂片二岔；雄蕊 4。小堅果橢圓形。

產於琉球、台灣及班頓島；在台灣分布於台東海岸和離島蘭嶼海濱之珊瑚礁岩上。

花冠紫紅色，漏斗狀，下唇船形。　　花序甚長　　　　　　　　　分布於蘭嶼及台東海濱珊瑚礁岩上

小鞘蕊花

屬名	小鞘蕊花屬
學名	*Coleus scutellariodes* (L.) Benth.

多年生草本，莖基部匍匐生根，全株被腺毛。葉卵形至寬卵形，葉基鈍至心形，圓齒緣。頂生總狀花序；花萼鐘形，先端二唇狀，上唇三裂，中裂片最大，下唇先端二岔；花冠長靴狀，二唇，下唇延長呈船形，上唇三裂，中裂片先端凹入，藍紫色，帶白色；雄蕊 4，二強。

分布於印度、馬來西亞至玻里尼西亞；在台灣產於南部及東南部之山徑路邊，如大漢山林道及紅石林道等地。

葉卵形至寬卵形，葉基鈍至心形。　　　　　花冠長靴狀，二唇，下唇延長呈船形，上唇三裂，中裂片先端凹入，藍紫花，帶白色。

綿穗蘇屬 COMANTHOSPHACE

木質化多年生草本，被單毛及白色星狀毛。頂生穗狀聚繖花序，苞片心形；花萼鐘形，5 齒，前 2 齒較短；花冠呈筒狀，先端二唇形，上唇二裂，下唇三裂，中裂片最大；雄蕊 4，二強，花葯 1 室；子房四深裂，花柱基生。小堅果圓筒狀，三稜，具腺點。

台灣白木草 特有種

屬名	綿穗蘇屬
學名	*Comanthosphace formosana* Ohwi

多年生草本，最高可至 1.5 公尺，莖木質化，被單毛及白色星狀毛。葉片橢圓形至卵形，長 15 ～ 20 公分，寬 6 ～ 10 公分，鋸齒緣，基部楔形，漸窄至莖。花序穗狀，頂生，花冠紫紅色，花萼外表有密毛；雄蕊 4，花絲紅色。小堅果具腺點。

特有種，分布於台灣中、北部中海拔山區之草叢及溪旁。

雄蕊 4，二強雄蕊。

花序穗狀，頂生，花冠紫紅色，花萼外表有密毛。

多年生草本，高可達 1.5 公尺，莖木質化。

香薷屬 ELSHOLTZIA

草本、亞灌木或灌木。葉具齒,無柄或具柄。花序頂生,長橢圓形之密集穗狀;花萼呈筒狀,5齒,約略等長;花冠呈筒狀,先端二唇形,上唇凹缺,下唇三裂,中裂片最大;雄蕊4,二強,花藥2室;子房四深裂,花柱基生。小堅果倒卵形,平滑。

香薷

屬名	香薷屬
學名	*Elsholtzia ciliata* (Thunb. *ex* Murray) Hylander

一年生草本,被短毛。葉片卵形,長2～4公分,寬1～2公分,基部楔形,鋸齒緣,葉柄長0.5～2公分。花冠淡紫色,外表被有許多長曲紫毛。

　　產於韓國、日本、中國及歐洲西部;在台灣往昔有多次於北部採集的紀錄,目前僅發現於觀霧山區。

花冠淡紫色,外表被有許多長曲紫毛。

葉片卵形,長2～4公分,寬1～2公分。

莖直立多分枝

球花香薷

屬名	香薷屬
學名	*Elsholtzia strobilifera* Benth.

一年生草本,被白色長柔毛。葉片卵形,長0.5～2.5公分,寬0.3～2公分,基部寬楔形,細鋸齒緣,葉柄長2～12公釐。由許多扇形苞片集成長橢圓形花序,花由小苞片內長出,花冠白色。

　　產於印度、尼泊爾、中國及台灣;在台灣見於塔山、塔塔加及玉山前峰至排雲山莊之山徑上。

由許多扇形苞片集成長橢圓形花序,花由小苞片長出。

葉片卵形,長0.5～2.5公分,寬0.3～2公分。

金錢薄荷屬 GLECHOMA

多年生草本，通常具匍匐莖，逐節生根及分枝。葉具長柄，對生，葉片通常為圓形、心形或腎形，薄紙質。花 1～3 朵腋生；花萼鐘形，被柔毛及腺點，15 脈，5 齒，約略相等，先端尾狀；花冠呈筒狀，先端二唇形，上唇卵形，二裂，下唇三裂，中裂片凹缺；雄蕊 4，二強，花葯 2 室；子房深四裂，花柱基生。小堅果橢圓形，平滑。

台灣有 1 種。

金錢薄荷（大馬蹄草）

屬名	金錢薄荷屬
學名	*Glechoma hederacea* L. var. *grandis* (A. Gray) Kudo

多年生草本，莖直立或匍匐。葉腎形至寬卵形，長 1.5～2.5 公分，寬 1.8～2.5 公分，基部心形，淺圓裂緣，兩面被毛。花冠淺紅紫色，下唇有深色斑點，內面被毛。

產於日本、韓國及台灣；在台灣分布於高海拔之荒地。

花冠淺紅紫色，下唇有深色斑點，內面被毛。

葉腎形至寬卵形，淺圓裂緣。

錐花屬 GOMPHOSTEMMA

木質化多年生草本，全株被星狀毛。腋生繖形狀聚繖花序；花萼鐘形，10脈，5齒，約略相等；花冠漏斗狀，先端二唇形，上唇帽狀，下唇三裂，中裂片最大；雄蕊4，二強，花藥2室；子房深四裂，花柱基生。小堅果核果狀，具網紋。台灣有1種。

台灣錐花（楔冠草、紫珠葉千日紅）特有種

屬名	錐花屬
學名	*Gomphostemma callicarpoides* (Yamamoto) Masamune

木質化多年生草本，可長至1公尺，全株被星狀毛。葉片橢圓形至寬卵形，長4～10公分，寬1～5公分，鋸齒緣。花序從植株基部長出；花冠白色，漏斗狀，先端二唇形，上唇帽狀，下唇三裂，中裂片最大。

　　特有種，產於台灣南部低海拔地區。

花冠漏斗狀，二唇，上唇帽狀，下唇三裂，中裂片最大。

花冠及萼片被毛

花序從植株基部長出，花冠白色。

香苦草屬 HYPTIS

多年生草本，基部多少木質化。兩性花，頭狀花序、穗狀花序、聚繖花序或輪繖花序；花萼合生，鐘形，10脈，五齒裂，略等長，宿存；花冠呈筒狀，先端二唇形，上唇二裂，下唇三裂，中裂片最大，突下反折，緣加厚；雄蕊4，二強雄蕊，著生花冠筒喉部；雌蕊心皮2枚，合生，四裂，花柱基生；子房上位，四深裂，中軸胎座。小堅果4粒。

短柄香苦草

屬名	香苦草屬
學名	*Hyptis brevipes* Poir.

植株高可達1公尺，全株具曲柔毛。葉無柄或近無柄，狹卵形，長3～8公分，寬1～2公分，先端銳尖，基部楔形，兩面被短毛至曲柔毛，葉背具腺點。頭狀花序頂生或腋生，花序梗短於1公分，花冠白色。

　　產於熱帶美洲、亞洲及非洲；在台灣分布於低海拔平野。

花冠白色（郭明裕攝）

葉兩面被短毛至曲柔毛。花序梗短於1公分。（郭明裕攝）

植株高可達1公尺

櫛穗香苦草

屬名	香苦草屬
學名	*Hyptis pectinata* (L.) Poit.

植株高1～2公尺，莖多分枝。葉具芳香，卵形至闊卵形，長2～8公分，寬2～7公分，兩面具腺點，上表面略被毛或無毛，下表面密被毛。輪狀聚繖花序，花6～15朵呈梳子狀排列；花冠粉紅色或白色帶藍紫色，喉部具毛狀物。

　　原產熱帶美洲，歸化台灣全島各地。

葉卵形至闊卵形

花冠粉紅色或白色帶藍紫色，喉部具毛狀物。

植株高1～2公尺，莖多分枝。

頭花香苦草（白冇骨消）

屬名　香苦草屬
學名　*Hyptis rhomboidea* M. Martens & Galeotti

多年生草本，基部多少木質化，莖四稜。葉片卵形至橢圓形，長 5 ～ 10 公分，寬 2 ～ 5 公分，先端銳尖，基部楔形，兩面被短毛，背面具腺點，葉柄長 1 ～ 4 公分。頭狀花序頂生或腋生，花序梗長 5 ～ 10 公分；花冠白色，有紫斑。

　　廣布於熱帶地區，在台灣生於低海拔山區。

花冠白色，有紫斑。

葉片卵形至橢圓形，葉柄長 1 ～ 4 公分。

穗花香苦草

屬名　香苦草屬
學名　*Hyptis spicigera* Lam.

大草本，多分枝。葉片橢圓形至狹卵形，長 3 ～ 10 公分，寬 1 ～ 4 公分，先端銳尖，基部楔形，兩面被短毛和腺點，葉柄長 0.5 ～ 2 公分。頂生密集筒狀總狀花序，花序梗短於 4 公分。

　　產於熱帶地區；在台灣曾被紀錄於新店龜山及屏東 Paiwan，皆為日治時代之紀錄，80 年來未有新紀錄，直至近年於台南野地再度被發現。

頂生密集筒狀總狀花序，花序梗短於 4 公分。（郭明裕攝）

葉片橢圓形至狹卵形（郭明裕攝）

香苦草（狗母蘇、假走馬風、山香）

屬名　香苦草屬

學名　*Hyptis suaveolems* (L.) Poit.

葉片卵形至寬卵形，長 2 ～ 8 公分，寬 2 ～ 6 公分，先端鈍，基部近心形，兩面被短毛和腺點，葉柄長 1 ～ 2 公分。腋生疏離聚繖花序，總花梗短於 1 公分；萼筒有 10 脈，隆起，被長柔毛及內色腺點，5 個裂齒錐尖，直立；花冠二唇形，藍色，長 6 ～ 8 公釐，上唇二圓裂，裂片外反，下唇三裂，側裂片與上唇裂片相似，中裂片囊狀。

　　產於熱帶地區，在台灣分布於低海拔山區。其種子即為山粉圓的原料。

上唇二圓裂，下唇三裂，側裂片
與上唇裂片相似，中裂片囊狀。

花萼筒有 10 脈，隆起，被長柔毛及肉色腺點，5 個裂齒錐尖。　　葉片卵形至寬卵形。種子可做成山粉圓飲品。

香茶菜屬 ISODON

多年生草本，根莖木質化。葉鋸齒緣。輪繖花序總狀或圓錐狀；花萼鐘形，5齒，果時相等或二唇狀，前二齒較大；花冠呈筒狀，花冠筒近基部上面淺囊狀，先端二唇形，上唇四裂，反折，下唇較大，船形；雄蕊4，二強，下彎，藏於下唇內，花藥2室；子房深四裂，花柱基生。小堅果 suborbicular 或長橢圓形或卵形，平滑至有毛。

香茶菜

屬名	香茶菜屬
學名	*Isodon amethystoides* (Benth.) Hara

葉片卵形，長1～11公分，寬0.5～3.5公分，先端銳尖至鈍，基部漸狹，上表面被短毛，有時近無毛，下表面疏被短柔毛，有時近無毛，但密被腺點，葉柄長0.2～2.5公分。圓錐花序頂生，疏散，花序梗長1～4公分；花萼外疏被毛或近無毛，密被腺點，前二齒稍長；花冠白色帶紫藍色，二唇形，上唇四裂，反折，下唇較大，船形。果時萼直立。

產於台灣及中國南部，在台灣分布於東北部及北部低山林下或草叢。

花冠白色，帶紫藍色。

葉片卵形

花多數

大萼香茶菜

屬名 香茶菜屬
學名 *Isodon macrocalyx* (Dunn) Kudo

葉片卵形，長 5 ～ 15 公分，寬 2 ～ 8 公分，先端長漸尖，基部楔形至楔狀漸狹，兩面被伏毛，葉柄長 2 ～ 6 公分。圓錐花序頂生或植株上部腋生，花序梗長 2 ～ 4 公釐；花萼外被毛，前二齒較寬長；花冠紫色。果萼下傾。

　　產於台灣及中國南部，在台灣分布於中部及東部山區。

果具 4 小堅果

花序梗短於 4 公釐

葉片卵形，具長柄。

鋸葉香茶菜

屬名 香茶菜屬
學名 *Isodon serra* (Maxim.) Kudo

葉片卵形、卵狀披針形至披針形，長 3.5 ～ 10 公分，寬 1.5 ～ 4.5 公分，先端漸尖，基部楔形，兩面沿脈被柔毛，葉柄長 0.5 ～ 1.5 公分。圓錐花序頂生，疏鬆，花序梗長 5 ～ 15 公釐；花萼外被白柔毛夾具腺點，萼齒約等長；花冠紫白色。果萼直立。

　　產於韓國、台灣及中國南部；在台灣分布於北部低海拔山區林下及草地。

花冠紫白色（謝宗欣攝）

圓錐花序頂生，疏鬆，花序梗長 5 ～ 15 公釐。（謝宗欣攝）

偏穗花屬 **KEISKEA**

多年生木質化高大草本。葉鋸齒緣。總狀花序頂生或腋生,單邊;花萼鐘形,先端二唇形,前二齒較長;花冠呈筒狀,先端二唇形,上唇二裂,下唇三深裂,中裂片較大,內面被毛;雄蕊4,二強雄蕊,花藥2室;子房深四裂,花柱基生。小堅果球形,有網紋。

大苞偏穗花 (大萼霜 / 桂花草) 特有種

屬名	偏穗花屬
學名	*Keiskea macrobracteata* Masam.

多年生木質化高大草本。葉片卵形至寬卵形,長4～9公分,寬3～5公分,鋸齒緣,兩面被毛,背面具腺點,葉柄長2～4公分。總狀花序,偏生單邊;花梗及花冠被毛,雄蕊花絲及雌蕊花柱粉紅色。

特有種,產於台灣東部太魯閣石灰岩山區。

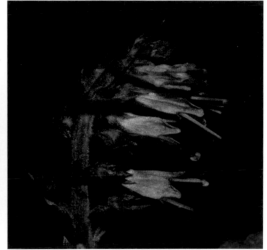

雄蕊花絲及雌蕊花柱粉紅色

總狀花序,偏生單邊。

多年生木質化高大草本,葉鋸齒緣。

野芝麻屬 LAMIUM

草本。輪繖花序腋生；花萼鐘形至筒狀，5脈，5齒，等長，先端刺尖，密被毛；花冠呈筒狀，先端二唇形，上唇直立，下唇平伸，三裂，中裂片較大，基部縮小；雄蕊4，二強雄蕊，花藥2室；子房深四裂，花柱基生。小堅果三稜形，平滑。

寶蓋草（野芫麻、抱莖葉）

屬名	野芝麻屬
學名	*Lamium amplexicaule* L..

小堅果常有白斑

株高10～50公分，莖直立。葉片圓形或腎形，長1～2公分，寬0.8～1.8公分，兩端心形或近圓形，鈍鋸齒緣或偶淺裂，兩面被毛，上部的葉子無柄。輪繖花序，二至數朵腋生，幾無梗。花萼管狀，被細長毛，頂端五齒裂；花冠管狀細長，粉紅至紫紅色，外部被毛，喉部擴張，頂端唇形，上唇直立，盔形，下唇三裂。金門產的寶蓋草單一純粉紅色，無深紫紅斑；在台灣中高海拔產的寶蓋草有白唇，上有深紫紅斑。

產於歐洲及亞洲；在台灣分布於路邊及草地上。

本種最早由奧德漢於1846年採自淡水（Ohdham 356, K），在1998年的植物誌中僅有一份來自金門的引證標本。目前於思源及梨山發現的植株都在田中或住家附近，極有可能是隨外國來的肥料或有機土而引入。

金門產的寶蓋草純粉紅色，無深紫紅斑。

葉片圓形或腎形，上部的葉子無柄。

台灣中高海拔產的寶蓋草有白唇，上有深紫紅斑。

雜種野芝麻

屬名	野芝麻屬
學名	*Lamium hybridum* Vill.

葉卵形，先端圓鈍，基部截形，鋸齒緣，兩面有毛，具葉柄。花無柄，萼筒鐘狀，被毛，五裂，裂片狹三角形，等長；花冠紅紫色，管狀，二唇形，上唇頭盔狀，下唇三裂，側裂片三角形，先端尖，中裂片扇形；雄蕊4，二強雄蕊；葉狀苞片三角形，齒緣先端尖。

原產於歐洲，歸化於台灣中部中海拔山區。

下唇三裂，側裂片三角形，先端尖。

葉先端圓鈍，基部截形，鋸齒緣。

圓齒野芝麻

屬名 野芝麻屬
學名 *Lamium purpureum* L.

一年生草本，高可達 25 公分；莖方形，基部分枝。葉片卵形，長可達 2 公分，基部截形，葉緣圓齒狀，兩面有毛，葉柄長約 5 公分。輪繖花序，花無梗，花冠紫紅色，管狀，長 1.5 ～ 2 公分。

原產歐洲，歸化於澳洲、日本及北美；在台灣歸化於中部中海拔林道邊緣，如能高越嶺古道。

葉緣圓齒狀

塊莖小野芝麻

屬名 野芝麻屬
學名 *Lamium tuberiferum* (Makino) Ohwi

多年生草本，莖基匍匐生根。葉片卵形，長 1 ～ 3 公分，寬 0.7 ～ 2 公分，先端漸尖或鈍，基部截狀楔形，圓鋸齒緣，兩面被白色伏毛。輪繖花序腋生；花冠白底具紫紅或淡紅色塊斑及斑紋，上唇淺盔狀，下唇平伸，三裂，中裂片較大。

產於中國及台灣，在台灣分布於北部低海拔之路旁或草地。

上唇淺盔狀，下唇平伸，三裂，中裂片較大。

具塊莖

小堅果表面平滑

葉片卵形，長 1 ～ 3 公分。腋生輪繖花序。

益母草屬 LEONURUS

一年生或多年生直立草本。輪繖花序腋生，花近無梗；花萼呈筒狀，5 脈，5 齒，約略相等，先端刺尖；花冠呈筒狀，先端二唇形，上唇直立，背面被柔毛，下唇三裂，中裂片較大，先端倒心形。小堅果三稜形，平滑或被微毛。

益母草

屬名	益母草屬
學名	*Leonurus japonicus* Houtt.

葉輪廓為卵形，長 3 ～ 10 公分，寬 2 ～ 8 公分，先掌狀三全裂，裂片再分裂成條狀小裂片，兩面被短毛。輪繖花序腋生，花近無梗，花紫色或白色。

　　產於中國、韓國、日本及琉球；在台灣分布於低海拔路旁及荒地。

生於彭佳嶼的植株

葉片先掌狀三全裂，裂片再分裂成條狀小裂片。

白花草屬 LEUCAS

多年生草本至亞灌木。葉卵形，粗鋸齒緣。腋生輪繖花序，苞片線形；花萼呈筒狀，10 脈，10 齒，約略相等，萼齒狹三角形；花冠呈筒狀，花藥 2 室；子房深四裂，先端截形，花柱基生。小堅果三稜形，平滑。

白花草

屬名	白花草屬
學名	*Leucas chinensis* (Retz.) R. Br.

葉片長 1 ～ 3 公分，寬 0.5 ～ 2 公分，先端鈍，基部鈍至楔形，兩面被白色伏生絹狀毛，葉柄長 0.5 ～ 2 公分。花萼呈筒狀，10 齒，約略相等，萼齒狹三角形；花冠白色，二唇形，上唇盔狀，背面被長柔毛，下唇三裂，中裂片較大。

　　產於中國、台灣及緬甸；在台灣分布於中低海拔灌叢、草地及海濱。

花萼筒狀，10 脈，10 齒，約略相等，萼齒狹三角形。

葉兩面被白色伏生絹狀毛

花冠二唇形，上唇盔狀，背面被柔毛。

地筍屬 LYCOPUS

多年生草本，根莖頂部膨大成圓柱形，具鱗葉或肥大之側生莖。葉近無柄。疏生輪繖花序腋生；花近無梗；花萼鐘形，5齒，狹三角形，約略等長；花冠呈筒狀，不明顯二唇，上唇先端微凹，下唇三裂，中裂片稍長；雄蕊4，前方一對孕性，花藥2室，後方一對為棒狀假雄蕊；子房深四裂，花柱基生。小堅果倒卵圓狀三角形，平滑。

地筍

屬名	地筍屬
學名	*Lycopus lucidus* Turcz.

葉橢圓形至狹卵形，長6～7公分，寬1.5～2.5公分，先端漸尖，基部楔形，鋸齒緣，兩面被短毛，背面被凹腺點，葉近無柄。疏生輪繖花序腋生，花近無梗，花冠白色，不明顯二唇，上唇先端微凹，下唇三裂，喉部有毛。

　　產於日本、韓國、台灣、中國及俄羅斯之薩哈林、烏蘇里江、阿穆爾等地；在台灣分布於北部低海拔之沼澤地及水邊。

花不明顯二唇，上唇先端微凹，下唇三裂，喉部有毛。

花甚小，密生葉腋。

葉近無柄。腋生疏生輪繖花序，花近無梗。

蜜蜂花屬 MELISSA

多年生草本，具根莖。腋生輪繖花序；花萼呈筒狀，13脈，先端二唇形，約略等長，上唇3齒，下唇2齒，齒裂較深；花冠呈筒狀，先端二唇形，上唇微凹，下唇三裂，中裂片較大，稍波狀緣；雄蕊4，花藥2室；子房深四裂，花柱基生。小堅果倒卵形。

蜜蜂花（山薄荷、蜂草）

屬名	蜜蜂花屬
學名	*Melissa axillaris* Bakh. f.

葉片卵形，長1～4公分，寬0.5～2公分，先端銳尖，基部楔形，鋸齒緣，上表面疏被毛，下表面脈上被毛，葉背具腺點，葉柄長5～15公釐。萼片上唇3齒，下唇2齒，外表具長毛；花冠白色或淡紅色，二唇形，上唇微凹，下唇三裂，中裂片較大；雄蕊4，不伸出花冠外。小堅果卵圓形，無毛。

　　產於日本、中國、台灣、喜馬拉雅山區及爪哇；在台灣分布於中、高海拔路旁、林下及坡地。

花二唇，上唇微凹，下唇三裂，中裂片較大。

花亦有白色者

萼片上唇3齒，下唇2齒。

葉片卵形，具長柄。

薄荷屬 MENTHA

多 年生草本。葉鋸齒緣。腋生聚繖花序密集，球形；花萼鐘形，5齒，約略相等，先端針刺狀；花冠呈筒狀，不明顯二唇，上唇凹缺，下唇三裂，等大；雄蕊4，約等長，花葯2室；子房深四裂，花柱基生。小堅果卵球形，平滑。

薄荷

屬名	薄荷屬
學名	*Mentha arvensis* L. subsp. *piperascens* (Malinv.) Hara

葉片橢圓形、狹卵形至卵形，長2～8公分，寬0.2～2公分，先端銳尖，基部楔形，兩面脈上密被毛，餘疏毛或近無毛，葉柄長0.2～2公分。花冠淡紫色。

　　產於日本、韓國及庫頁島；在台灣分布於低海拔潮溼地。

腋生聚繖花序密集，球形。（楊曆縣攝）

仙草屬 MESONA

一 年生草本。頂生狹圓錐狀輪繖花序；花萼鐘形，宿存，具明顯橫脈及小凹穴，先端二唇形，上唇三裂，中裂片最長，下唇船形；花冠呈筒狀，先端二唇形，上唇三裂，中裂片較寬，下唇船形；雄蕊4，稍二強，上方一對花絲近基部具附屬物；子房深四裂，花柱基生。小堅果倒卵形，具線條。

仙草

屬名	仙草屬
學名	*Mesona chinensis* Benth.

一年生草本，莖上密生毛狀物。葉片橢圓形至卵形，長3～7公分，寬1～3公分，先端銳尖，基部楔形，鋸齒緣，被細毛或僅背面脈上被毛；葉柄長0.2～1.5公分，具毛。頂生狹圓錐狀輪繖花序，花冠白色或淡紅色。

　　產於台灣及中國；在台灣分布於全島山區之沙質地草叢中，偶見於森林邊緣。

花冠白色或淡紅色

常生於草原上，頂生狹圓錐狀輪繖花序。

乾汗草屬 MOSLA

一年生直立草本。葉疏散淺鋸齒緣。頂生假總狀花序，花萼鐘形，5 齒；花冠呈筒狀，先端二唇形，上唇凹陷，下唇三裂，中裂片較大，非常寬卵形，小鈍齒緣；雄蕊 4，後面上方一對孕性，前面下方一對退化；子房深四裂，花柱基生。小堅果近球形，網紋具凹陷。

乾汗草

屬名	乾汗草屬
學名	*Mosla chinensis* Maxim.

葉片線狀披針形至線狀長橢圓形，長 1.2 ～ 3.2 公分，寬 2 ～ 4 公釐，兩面疏被短柔毛和黃棕色凹陷腺點，葉柄長 3 ～ 5 公釐。萼片約略等長，萼齒先端刺尖狀；花冠紫紅色至白色；苞片較花長。

產於日本、南韓、台灣及中國；在台灣分布於北部低海拔草坡或林下，金門亦產。

花冠邊緣具毛

葉片線狀披針形至線狀長橢圓形。稀有。

粗鋸齒薺薴

屬名	乾汗草屬
學名	*Mosla dianthera* (Buch.-Ham. *ex* Roxb.) Maxim.

葉片卵形至寬卵形，長 1.2 ～ 3.5 公分，寬 5 ～ 18 公釐，葉緣具 4 ～ 7 對齒，無毛或近無毛，背面具凹陷腺點，葉柄長 3 ～ 18 公釐。花萼二唇形，上唇淺三裂，裂不過萼長三分之一，中齒稍短，下唇深二裂，萼齒先端銳尖或漸尖；花冠淡紫色；苞片與花約等長或稍短，卵形。

產於中國、日本、韓國、印度及馬來西亞；在台灣分布於中北部低海拔及中海拔之坡地和水邊。

花萼鐘形；二唇，上唇三淺裂，裂片卵狀三角形，通常不超過萼長三分之一，花梗上的小苞片披針形，花莖通常無毛。（許嘉宏攝）

莖近無毛，葉卵形至菱狀卵形。

石薺薴

屬名　乾汗草屬
學名　*Mosla scabra* (Thunb.) C.Y. Wu & H.W. Li

一年生直立草本，高 30 ～ 70 公分。葉片卵形至狹卵形，長 1.5 ～ 3.5 公分，寬 1 ～ 1.7 公分，葉緣具 5 ～ 10 對齒，無毛，被凹陷腺點，葉柄長 3 ～ 16 公釐。花萼五深裂，略呈二唇形，上唇三深裂，裂過萼長之半，萼齒狹三角形；花冠粉紅色或白色；苞片與花約等長或稍短。

　　產於日本、韓國、台灣、中國及越南；在台灣分布於中、低海拔山區之坡地及水邊。

葉緣具 5 ～ 10 對齒

花序具毛，苞片卵形。

花萼二唇形，上唇淺三裂。

一年生直立草本，高 30 ～ 70 公分。

羅勒屬 OCIMUM

草本至亞灌木。頂生或腋生假總狀疏散輪繖花序；花萼鐘形，先端二唇形，上唇 3 齒，先端尾狀，中齒最大，邊緣下延，下唇 2 齒，狹披針形；花冠呈管狀，先端二唇形，上唇四裂，中二裂片最長，下唇凹入；雄蕊 4，上端（後面）一對近基部處具附屬物；子房深四裂，花柱基生。小堅果卵球形。

羅勒（九層塔、零陵香）

屬名	羅勒屬
學名	*Ocimum basilicum* L.

葉片橢圓形至卵形，長 3 ～ 5 公分，寬 1.5 ～ 2 公分，先端銳尖，基部楔形至鈍形，疏鋸齒緣，兩面無毛，被腺點，葉柄長 1 ～ 1.5 公分。花萼下唇中裂，上側齒先端漸尖；花冠淡紫色或淡白紅色；後對雄蕊基部附屬物橫棒狀，上被黃毛。

產於東半球熱帶地區，在台灣全島低海拔栽植及逸出。

花冠淡紫色或淡白紅色

台灣全島低海拔栽植及逸出

美羅勒（印度零陵香）

屬名	羅勒屬
學名	*Ocimum gratissimum* L.

草本至亞灌木，高可達 1 公尺餘，莖四方形，密生毛狀物。葉片橢圓形至卵形，長 5 ～ 15 公分，寬 2 ～ 4 公分，先端銳尖至漸尖，基部楔形，鋸齒緣，兩面疏被短毛及腺點，葉柄長 1 ～ 4 公分。花萼下唇微凹缺，上側齒先端漸尖，被白毛；花冠白色或白黃色；後對雄蕊基部附屬物橫棒狀，上被白毛。

產於熱帶地區，在台灣全島低海拔栽植及逸出。

花序密生毛

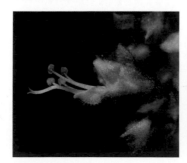
雄蕊 4，花柱二岔。

葉片橢圓形至卵形，兩面疏被短毛。

神羅勒（零陵香、蕙草）

屬名	羅勒屬
學名	*Ocimum sanctum* L.

葉片長橢圓狀橢圓形，長 2～6 公分，寬 1～3 公分，基部及先端圓形至鈍，鋸齒緣，兩面被微毛及腺點，葉柄長 0.5～1.5 公分。花萼下唇中裂，上側齒先端芒尖；後對雄蕊基部具叢毛。

　　產於熱帶地區，在台灣全島低海拔栽植及逸出。

花序疏鬆，花紫紅色。（謝宗欣攝）

葉先端圓至鈍（謝宗欣攝）

野薄荷屬 ORIGANUM

多年生草本。頂生聚繖圓錐花序；花萼鐘形，5 齒，約略相等，密被毛；花冠呈筒狀，先端二唇形，上唇凹缺，下唇三裂，中裂片較大；雄蕊 4，二強雄蕊，花藥 2 室；子房深四裂，花柱基生。小堅果扁卵形，平滑。

野薄荷

屬名	野薄荷屬
學名	*Origanum vulgare* L.

葉片卵形或長橢圓形，長 5～20 公釐，寬 5～10 公釐，先端銳尖至鈍，基部鈍，全緣，兩面被微毛及腺，葉柄短於 5 公釐。小苞片綠色或帶紅暈；花萼內面喉部具毛環；花冠紫紅色至白色，筒狀，先端二唇形，上唇凹缺，下唇三裂，中裂片較大；雄蕊 4，二強雄蕊。

　　廣布於溫帶地區；在台灣分布於高海拔之路旁、土坡及林下。

花冠呈筒狀，先端二唇形，上唇凹缺，下唇三裂，中裂片較大；雄蕊 4，二強雄蕊。

頂生聚繖圓錐花序。葉大都不超過 2 公分。

貓鬚草屬 ORTHOSIPHON

多年生直立草本，基部木質化。頂生疏離假總狀輪繖花序；花萼鐘形，先端二唇形，上唇寬卵形，邊緣下延，下唇 4 齒，萼齒三角形，最底一對較窄；花冠呈筒狀，先端二唇形，上唇三裂，中裂片凹缺，下唇內凹；雄蕊 4，二強雄蕊，花絲細長，伸出花冠外甚遠，花藥 2 室；子房四深裂，花柱基生。小堅果球形，具網紋。

貓鬚草(化石草、腎草)

屬名	貓鬚草屬
學名	*Orthosiphon aristatus* (Bl.) Miq.

株高可達 100 公分，多分枝。葉片菱形，長 5 ～ 12 公分，寬 2 ～ 5 公分，鋸齒緣，兩面被短毛，葉柄長 0.5 ～ 2 公分。花序頂生；花萼鐘形，先端二唇形，上唇寬卵形，邊緣下延，下唇 4 齒，萼齒三角形，最底一對較窄；花冠呈筒狀，白色至淡紫色，先端二唇形，上唇三裂，中裂片凹缺，下唇內凹；雄蕊 4，二強雄蕊，花絲細長，伸出花冠外甚遠，花藥 2 室；子房四深裂，花柱基生。

　　產於東南亞及澳洲北部，在台灣平地栽植及逸出。

葉片菱形。花絲細長，伸出花冠外甚遠。

假糙蘇屬 PARAPHLOMIS

草本至亞灌木，具根莖。葉鋸齒緣。腋生密集輪繖花序；花萼鐘形，5 齒，約略相等，先端尾狀；花冠呈筒狀，筒下部具毛環，先端二唇形，上唇直立，下唇平伸，三深裂，中裂片較大，多少波狀；雄蕊 4，二強雄蕊，花藥 2 室；子房深四裂，先端截狀，花柱基生。小堅果倒卵形，底部三稜狀，平滑。

台灣假糙蘇 特有種

屬名	假糙蘇屬
學名	*Paraphlomis formosana* (Hayata) Hsieh & Huang

多年生草本。葉片橢圓形至卵形，長 5 ～ 18 公分，寬 2 ～ 5 公分，先端漸尖，基部漸狹或長楔形帶翼下延，明顯鋸齒緣，表面疏被微毛，背面被腺點，葉柄長 1 ～ 4 公分。萼齒近三角形；花冠白色，二唇形，上唇直立，下唇平伸，三深裂。

　　特有種，產於台灣全島中、低海拔山區之林下及潮濕地。

果實。萼片狹三角形。

花冠白色

葉橢圓形至卵形，本種為台灣產假糙蘇屬中葉片較窄者。

假糙蘇

屬名　假糙蘇屬
學名　*Paraphlomis javanica* (Bl.) Prain

多年生草本。葉片橢圓形、橢圓狀卵形至長橢圓狀卵形，長5～20公分，寬2～10公分，先端漸尖，基部鈍至圓形，不明顯鈍鋸齒緣，無毛或脈上被伏毛，葉柄長2～8公分。萼齒寬卵形，微毛，先端尾狀；花冠黃色、淡黃色或近乎白色，花絲有毛。果實成熟時黑色。

　　產於喜馬拉雅山區東部至泰國、印度、中國南部、台灣及馬來西亞；在台灣分布於全島中、低海拔之山區林下。

花萼近光滑，花也有白色者。

果實成熟時黑色

花冠黃色，葉先端鈍。

絨萼舞子草 特有種

屬名　假糙蘇屬
學名　*Paraphlomis tomentosocapitata* Yamamoto

多年生草本至亞灌木。葉片橢圓形至卵形，長12～20公分，寬6～12公分，先端銳尖，基部鈍或圓形，鈍齒緣，表面被短柔毛或近無毛，背面脈上被微毛，葉柄長1～5公分。花萼密被絨毛，萼齒寬卵形；花冠灰黃色；花絲光滑。

　　特有種，分布於台灣全島中、低海拔山區之林下。

花萼密被絨毛（謝宗欣攝）

葉片橢圓形至卵形，先端銳尖。（謝宗欣攝）

紫蘇屬 PERILLA

一年生草本，常被長柔毛。輪繖花序 2 朵花，形成頂生或腋生總狀花序，常偏一側；花萼鐘形，5 齒，二唇，上唇三裂，中稍短，下唇二裂，較長；花冠呈筒狀，先端二唇形，上唇卵形，凹缺，下唇三裂，中裂片較大，微凹；雄蕊 4，二強雄蕊，花藥 2 室；子房深四裂，花柱基生。小堅果球形，具網紋。

紫蘇(白紫蘇)

屬名	紫蘇屬
學名	*Perilla frutescens* (L.) Britt.

植株高可達 1.5 公尺，莖常紫色。葉片卵形至寬卵形，長 4～12 公分，寬 3～8 公分，側脈 5～7 對，先端漸尖至尾狀，基部楔形至鈍，鋸齒緣，兩面被短毛或疏柔毛，背面被腺點，葉柄長 1～4 公分。花冠紫紅色或粉紅色至白色；小苞片寬卵形，先端尾尖。

產於中國；台灣分布中、低海拔林緣。

花冠紫紅色或粉紅色至白色

葉兩面被短毛或疏柔毛

莖常紫色。葉片卵形至寬卵形。

刺蕊草屬 POGOSTEMON

草本或亞灌木。頂生或腋生穗狀輪繖花序，密集或稍疏離；花萼鐘形，5 齒，約略相等，外被短柔毛；花冠呈筒狀，四裂，近相等，或稍二唇而上唇三裂，中裂片較大；雄蕊 4，稍二強，花絲被毛，花藥 1 室；子房深四裂，花柱基生。小堅果近球形，平滑。

耳葉刺蕊草(密花節)(節紅)

屬名	刺蕊草屬
學名	*Pogostemon auricularia* (L.) Hassk.

一年生草本，植株高可達 50 公分，被黃色平展長硬毛。葉對生，橢圓形至長橢圓狀卵形，長 2～7 公分，寬 1～2 公分，先端銳尖，基部楔形，規則鋸齒緣，兩面被曲柔毛，背面被腺點，近無柄或短柄。花序密集；花冠淡紫色至白色，筒狀，先端四裂，近相等；雄蕊 4，花絲被毛。

產於東南亞；在台灣分布於全島中、低海拔山區之疏林下或沼澤地。

花冠呈筒狀，先端四裂，近相等；雄蕊 4，花絲被毛。

花序密集

台灣刺蕊草（尖尾鳳、節節紅） 特有種

屬名　刺蕊草屬
學名　*Pogostemon formosanus* Oliv.

多年生草本至亞灌木，高可達 1 公尺。葉對生，卵形至寬卵形，先端銳尖，基部楔形，不規則缺刻緣或三裂，表面疏被微毛，背面被腺點及脈上被微毛，長柄。花序鬆散；花冠紫紅色，裂片約相等；雄蕊紫紅色。

特有種，分布於台灣全島中、低海拔山區。

花冠紫紅色，雄蕊紫紅色。

葉不規則缺刻緣或三裂

水虎尾

屬名　刺蕊草屬
學名　*Pogostemon stellatus* (Lour.) Kuntze

多年生草本。葉 3 ～ 4 枚輪生，狹橢圓形，長 3 ～ 8 公分，寬 1.5 ～ 5 公釐，先端漸尖，基部漸狹至楔形，鋸齒緣，兩面主脈被微毛和腺點，無柄。花序頂生密集；花冠裂片約略相等，紫色。

產於日本、中國、台灣、印度、馬來西亞及澳洲；在台灣分布於全島低海拔山區，不普遍。

花序

葉 3 ～ 4 枚輪生，狹橢圓形，無柄。

魚臭木屬 PREMNA

灌木或喬木。單葉,對生。花序頂生,聚繖狀、圓錐狀、繖房狀或簇生;花萼鐘狀,先端平截狀或二至五齒緣;花冠呈管狀,裂片相等或略二唇形;子房 2 或 4 室,花柱二岔。核果,通常具 4 小分核。

恆春臭黃荊 特有種

屬名	魚臭木屬
學名	*Premna hengchunensis* S. Y. Lu & Yuen P. Yang

灌木或小喬木,小枝漸無毛。葉卵形至橢圓形,長 4 ～ 7 公分,寬 2 ～ 4 公分,先端略波狀或疏齒緣,側脈 5 ～ 7 對,脈上被短毛,葉柄被毛。繖房狀聚繖花序頂生;花萼二唇形,四至五裂;花冠淡綠白色,外側無毛,內側被絨毛。果實球形,暗紫色。

　　特有種,產於恆春半島之海岸線的林緣或草原上。

花淡綠白色,內側具絨毛。　　葉卵形至橢圓形,小於 7 公分。

臭黃荊(小葉臭魚木)

屬名	魚臭木屬
學名	*Premna microphylla* Turcz.

小喬木。葉卵形至長橢圓形,長 5 ～ 7 公分,寬 1.8 ～ 3.5 公分,葉基下延,上半部疏鋸齒緣或全緣,光滑無毛。花黃白色,外側密被腺毛,喉部具毛。果實球形,暗紫色。

　　產於中國、日本及琉球;在台灣分布於東部及北部的森林中。

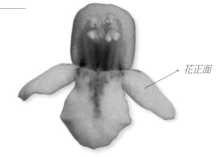

花正面

花黃白色,喉部具毛。　　葉基下延,葉上半部疏鋸齒緣或全緣。

八脈臭黃荊

屬名　魚臭木屬

學名　*Premna octonervia* Merr. & Metc.

小喬木，高可達 6 公尺，小枝漸無毛。葉卵形至橢圓狀卵形，長 8 ～ 13 公分，寬 3 ～ 6 公分，全緣，側脈 6 ～ 8 對，脈上略被短毛。花序頂生，繖房狀，略被毛；花萼略四至五裂；花冠淡綠白色，外側無毛，內側被絨毛。果實球形，暗紫色。

　　產於中國海南，在台灣局限分布於南仁山山區及滿州里德山區。

果球形

花序頂生，繖房狀。（郭明裕攝）

葉卵形至橢圓狀卵形，全緣，側脈 6 ～ 8 對。（郭明裕攝）

毛魚臭木

屬名　魚臭木屬
學名　*Premna odorata* Blanco

小喬木，小枝被柔毛。葉卵形至倒卵狀長橢圓形，長 10 ～ 12 公分，寬 6 ～ 7 公分，全緣或細鈍齒緣，密被柔毛。花萼四至五裂，花冠淡綠白色。果實球形，暗紫色。

　　產於菲律賓，在台灣分布於本島南部地區。

果球形，暗紫色。（郭明裕攝）

葉密被柔毛（郭明裕攝）

花冠淡綠白色（郭明裕攝）

臭娘子

屬名　魚臭木屬
學名　*Premna serratifolia* L.

灌木或小喬木，小枝近無毛。葉長橢圓形至長橢圓狀卵形，長 6 ～ 12 公分，寬 4 ～ 6 公分，中肋略被毛，下表面具腺點，側脈 4 ～ 7 對。花萼二唇形，四至五裂；花冠淡綠白色，外側無毛，內側被絨毛。果實球形，暗紫色。

　　產於中國、琉球、馬來西亞、菲律賓、澳洲及台灣；在台灣分布於全島沿海地區。

花冠管狀，裂片相等。

初果白色

葉革質或亞革質，基部圓或略呈心形。

夏枯草屬 PRUNELLA

多年生草本。6 朵花成輪繖花序，再聚集成頂生卵球形穗狀花序；花萼鐘形，先端二唇形，上唇扁平，先端截形，3 短齒，齒先端芒刺狀，下唇二中裂；花冠呈筒狀，一邊腫大，先端二唇形，上唇船形，下唇三裂，中裂片較大，細牙齒緣；雄蕊 4，二強雄蕊，花葯 2 室；子房深四裂，花柱基生。小堅果橢圓形，平滑。

夏枯草

屬名	夏枯草屬
學名	*Prunella vulgaris* L. subsp. *asiatica* (Nakai) Hara var. *asiatica*

葉片卵形，長 1.5 ～ 6 公分，寬 0.8 ～ 2 公分，先端銳尖至鈍，基部楔形，鋸齒緣或近全緣，兩面微被短毛。花冠紫、藍紫或紅紫色，二唇形，上唇船形，下唇三裂，中裂片較大，細牙齒緣。

產於中國、韓國、日本及澳洲；在台灣分布於北部海拔 1,500 公尺以下地區。

初生小堅果

植株疏被毛或近無毛

下唇三裂，中裂片較大，具細牙齒緣。

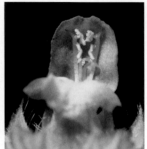

雄蕊頂端具尖形附屬物

高山夏枯草 特有種

屬名	夏枯草屬
學名	*Prunella vulgaris* L. subsp. *asiatica* (Nakai) Hara var. *nanhutashanensis* S. S. Ying

葉大多貼地而生，與夏枯草（*P. vulgaris* L. var. *asiatica*，見本頁）之區別在於植株全株較小，密被毛。花萼鐘形，先端二唇形，上唇扁平，先端截形，3 短齒，齒先端芒刺狀。

特有變種，產於南湖大山山區及其它高海拔山區。

花萼鐘形，二唇，上唇扁平，先端截形，3 短齒，齒先端芒刺狀。

生於南湖大山的植株。葉大多貼地而生，葉密被毛。

花紫色，中間常為淡白色。

野藿香屬 RUBITEUCRIS

一年生草本。葉卵形至寬卵形，通常掌狀三裂，裂片菱狀卵形。頂生疏鬆總狀輪繖花序，小苞片甚小；花萼鐘形，先端二唇形，裂過半，3 齒，下唇 2 齒；花冠呈筒狀，先端二唇形，上唇二裂，大致直立，下唇三裂，中裂片較大，倒卵狀匙形；雄蕊 4，二強雄蕊；子房淺四裂，花柱頂生。小堅果卵形，具網紋。

單種屬。

掌葉野藿香(裂葉苦草)

屬名	野藿香屬
學名	*Rubiteucris palmata* (Benth. *ex* Hook. f.) Kudo

高可達 40 公分。三出複葉或掌狀三裂，葉長 5 ～ 7 公分，寬 6 ～ 8 公分，兩面疏被毛。花梗、花被被毛，花冠白色，筒狀，先端二唇形，上唇二裂，大致直立，下唇三裂，中裂片較大，倒卵狀匙形；雄蕊 4，二強雄蕊。

產於中國；在台灣分布於中部中高海拔針葉林中或小徑旁，稀有。

花梗、花被被毛，花冠白色，下唇三裂，中裂片較大。　花萼二唇，裂過半，上唇 3 齒，下唇 2 齒；花萼內具 4 小堅果。　三出複葉

鼠尾草屬 SALVIA

草本或灌木。輪繖花序，合生成頂生總狀或圓錐花序，有時形成獨立花莖。花冠二唇形，上唇二裂，下唇三裂，中裂片較寬大；可孕雄蕊 2 枚，生於花冠筒喉部的前方，藥隔延長成丁字形，上臂頂端著生有花粉的藥室；退化雄蕊 2 枚，1 室。

阿里山紫花鼠尾草(阿里山紫緣花鼠尾草、阿里山紫參) 特有種

屬名	鼠尾草屬
學名	*Salvia arisanensis* Hayata

葉基生，一回至二回羽狀複葉，上表面疏被短毛，下表面無毛或脈上被毛，頂羽片卵形或三角狀卵形，邊緣不規則缺刻，基部楔形至鈍形。花冠白色帶紫色緣，下唇中裂片二裂，花冠筒內具毛環；孕性雄蕊花絲近基部具附屬物。

特有種，分布於台灣全島中、高海拔山區。

花冠白色帶紫色緣　　花莖及萼片上有腺毛　　羽狀複葉

紅花鼠尾草

屬名	鼠尾草屬
學名	*Salvia coccinea* Juss. *ex* Murr.

草本，可達 80 公分高。葉莖生，單葉，卵形，長 2～4 公分，寬 1.5～3 公分，先端銳尖至鈍，基部心形至截形，鋸齒緣，兩面微被毛。花冠紅色，花冠筒內無毛環；孕性雄蕊花絲近基部具附屬物。小堅果橢圓形，光華，大約 1.5 公釐長。

　　產於北美洲南部、墨西哥、西印度群島及熱帶美洲；在台灣歸化於全島低、中海拔地區。

花冠紅色

初生果實

開花植株

蕨葉紫花鼠尾草

屬名	鼠尾草屬
學名	*Salvia filicifolia* Merr.

多年生草本，莖直立或上升直立，單一或多分枝。二至三回羽狀複葉，不規則缺刻緣，小葉十分細長。花絲及花冠花冠深紫色，花外表密生腺毛。

　　產於中國廣東、湖南；在台灣分布於中北部中海拔地區。

花冠深紫色

二至三回羽狀複葉。花序特長。

早田氏鼠尾草（白花鼠尾草、羽葉紫參）　特有種

屬名　鼠尾草屬
學名　*Salvia hayatana* Makino *ex* Hayata

葉基生，一至二回羽狀複葉，兩面無毛或疏被微毛，葉鈍尖；頂羽片卵形，邊緣不規則缺刻，基部楔形至淺心形。萼片無毛；花冠白色，花冠筒內不具毛環；孕性雄蕊花絲上方具附屬物。

特有種，分部於烏來、宜蘭、基隆、花蓮太魯閣等低海拔山區。

花冠外被毛

花冠白色，萼片無毛。

花柱二岔，伸出花冠外。

頂羽片卵形，葉鈍尖。

日本紫花鼠尾草(台灣紫花鼠尾草、南丹參)

屬名	鼠尾草屬
學名	*Salvia japonica* Thunb. *ex* Murray

葉基生和莖生，一回至二回羽狀複葉，表面被短毛，背面脈上被毛或疏柔毛；頂羽片橢圓形、卵形至寬卵形，邊緣規則鋸齒，基部楔形至淺心形。花冠深紫色，筒內具毛環；孕性雄蕊花絲近基部具附屬物。

　　產於中國華南、華西、日本及台灣；在台灣分布於北部中海拔地區，如陽明山、太平山等。

花冠淺紫色

花冠外被毛

葉單葉至羽狀複葉，花冠深紫色。

隱蕊鼠尾草(溪頭紫參) 特有種

屬名	鼠尾草屬
學名	*Salvia keitaoensis* Hayata

葉基生，稀莖生，一回羽狀複葉，兩面無毛或背面脈上被微毛；頂羽片卵形至寬卵形，基部心形，先端尖。萼片有毛；花冠淺紫色，花冠筒內具毛環；孕性雄蕊甚短，內藏，花絲近基部具附屬物。

　　特有種，產於台灣東部及南部海拔 1,000～1,500 公尺山區。

花冠白色，萼片有毛。

頂羽片卵形，邊緣不規則缺刻。

黃花鼠尾草(台灣日
紫參) 特有種

屬名	鼠尾草屬
學名	*Salvia nipponica* Miq. var. *formosana* (Hayata) Kudo

葉莖生，單葉，戟形，先端長漸尖至銳尖，牙齒狀粗鋸齒緣，上表面被微毛，下表面無毛或脈上被微毛及腺點。花冠黃色，花冠筒內具毛環；雄蕊藥隔彎曲成弧形。

　　特有變種，產於台灣西北部低海拔山區。

雄蕊4，上方一對為假雄蕊，
下方一對為孕性雄蕊。

花正面

葉莖生，單葉，戟形。

節毛鼠尾草(薺薴蛤蟆草、
賴斷頭草)

屬名	鼠尾草屬
學名	*Salvia plebeia* R. Br.

葉莖生，單葉，卵形、狹卵形至披針形，先端銳尖，基部楔形，不明顯淺鋸齒緣或淺鈍齒緣，表面疏被微毛，背面無毛或脈上被微毛。花冠小，4～6公釐，淺紫色；雄蕊藥隔下臂連合。

　　產於中國、日本、韓國、菲律賓、馬來西亞及澳洲；在台灣普遍分布於低海拔地區。

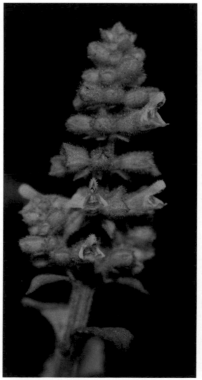

花冠淺紫色，花冠小。

葉莖生，單葉，卵形。

卵葉鼠尾草(菌柱紫參)

屬名　鼠尾草屬
學名　*Salvia scapiformis* Hance

葉基生，單葉至偶一回羽狀複葉，寬卵形，先端圓，基部心形，規則圓鈍齒緣，兩面無毛，葉柄無毛。花萼內部微毛，毛短於1公釐（其它種長於1.5公釐）；花冠淺紫色。

產於中國及台灣北部低山。

花冠淺紫色

葉先端圓

田代氏鼠尾草 特有種

屬名　鼠尾草屬
學名　*Salvia tashiroi* Hayata

基部常具走莖。葉基生及莖生，單葉或三出複葉，基生葉柄較長，6～9公分，葉片卵圓形至卵狀橢圓形，先端鈍或銳尖，單葉者葉長4～7公分，寬2.7～4公分，三出葉者頂小葉較大。花冠淡藍或白色，長筒狀，外被短柔毛及腺毛，筒內具毛環，先端二唇形，上唇先端略凹，下唇三裂，中裂片寬橢圓形，先端凹入。

特有種，1896年採於恆春，近於高雄六龜及苗栗淺山再發現。

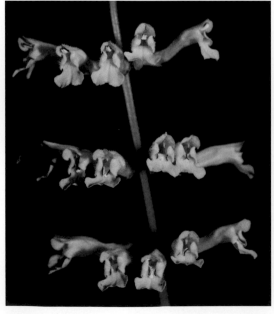

花長筒狀，先端二唇形，上唇先端略凹，下唇三裂，中裂片寬橢圓形，先端凹入。

基部常具走莖。單葉或三出複葉。

黃芩屬 SCUTELLARIA

多年生草本。葉多鈍圓鋸齒緣。穗狀或總狀輪繖花序；花萼呈筒狀，稍二唇或先端近平截，上方具一明顯盾片；花冠呈筒狀，近基部膝曲，先端二唇形，上唇非常寬卵形，凹缺，下唇三裂，中裂片較大；雄蕊4，二強雄蕊，花藥一對2室，另一對1室；子房深四裂，花柱基生。小堅果球形。

南台灣黃芩 特有種

屬名	黃芩屬
學名	*Scutellaria austrotaiwanensis* T.H. Hsieh & T.C. Huang

葉片三角狀寬卵形，長寬各 1 ～ 2.2 公分，先端鈍至圓，基部截形，淺鈍齒緣，僅葉背脈上有毛，葉柄長 4 ～ 6 公釐。花冠藍紫色，花冠筒長 1.5 ～ 1.8 公分。

　　特有種，產於台南至恆春半島山區之林緣或陡坡。

葉僅下表面脈上有毛，葉柄長 4 ～ 6 公釐。

果被宿存萼片包住

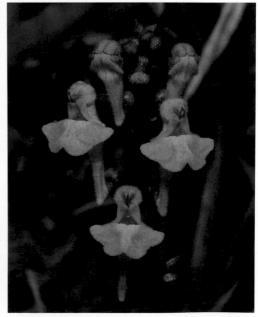

產於台南至恆春半島山區林緣或陡坡

花冠藍紫色，花冠筒長 1.5 ～ 1.8 公分。

向天盞（台北黃芩）

屬名	黃芩屬
學名	*Scutellaria barbata* D. Don

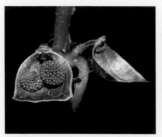
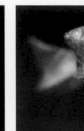

小堅果　　　　　　　　　　果裂露出堅果

葉片狹卵形至闊卵形，長 1～3 公分，寬 5～10 公釐，先端銳尖至鈍，基部截形至鈍，植株下半部葉鋸齒緣，往上轉成全緣，兩面無毛，被腺點，無柄至葉柄長 5 公釐。花冠淡紅紫色。

　　本種與台北黃芩（*S. taipeiensis*）過往以種子形態分成 2 個種，但是藉由分子遺傳多樣性分析結果顯示，2 個種在種的層級上並無顯著分歧，故支持將 2 種處理為同一物種。

　　產於中國及喜馬拉雅山區，在台灣分布於全島低海拔水邊或濕草地。

葉片卵形至闊卵形

葉狹卵形，窄於 1 公分，無毛。

花藍色或紅紫色

長葉黃芩 特有種

屬名	黃芩屬
學名	*Scutellaria hsiehii* T.H. Hsieh

多年生草本；莖纖細，匍匐，四方形，微被毛。葉對生，厚紙質，葉柄長 5～9 公釐，微被毛；葉片卵形至披針狀卵形，長（2.0）2.5～4.3 公分，寬 1.3～2.0（2.3）公分，先端銳尖至鈍尖，具 3～5 對鋸齒；上表面微被毛，下表面於脈上微被毛。花序頂生或腋生，總狀，直立，長 4～10 公分，花序軸微被毛。花對生，小花梗扭轉至近同一平面；花二唇形；花萼管狀，二裂，於花期長 1.8 公釐；花冠管狀，二唇形，紫藍色，長 1.5～1.7 公分，上唇寬卵形，先端微凹，下唇寬卵形，三裂。雄蕊 4 枚，二強，內藏；花絲著生於花冠筒，於中央微被毛。小堅果橢球形，黑色，長 1 公釐。

　　本種近似於布烈氏黃芩，但後者莖直立，葉柄較短（3～4.5 公釐），葉片寬卵形（長 1.8～3.2 公分），葉緣鋸齒 5～9 對；但本種莖纖細且匍匐，葉柄較長（5～9 公釐），葉片卵形（2.5～4.3 公分），葉緣具 3～5 對鋸齒。

　　特有種，產於台灣南投人倫林道。

花冠管狀，二唇形，紫藍色。（吳嬋娟攝）

葉片寬卵形，葉緣鋸齒。（吳嬋娟攝）

印度黃芩（耳挖草、立浪草）

屬名　黃芩屬
學名　*Scutellaria indica* L.

葉片寬卵形，長 1.5 ～ 4 公分，寬 1 ～ 3.5 公分，先端鈍，基部鈍至心形，鈍齒緣，兩面密被毛，葉柄長 1 ～ 2 公分。花冠紫色至紫白色，被毛，花冠筒長 1.5 ～ 2 公分，唇片上有紫斑。

　　產於東亞及西伯利亞，在台灣分布於北部及中部之中、低海拔山區。

小堅果

葉片寬卵形

花冠紫色者較多

花冠紫色至紫白色，花冠上具毛，唇片上有紫斑。

布烈氏黃芩 特有種

屬名　黃芩屬
學名　*Scutellaria playfairi* Kudo

葉片卵形，長 1.5 ～ 2 公分，寬 1 ～ 1.5 公分，先端鈍至銳尖，基部鈍至圓形，鋸齒緣，表面無毛，背面被毛及腺點，葉柄長 2 ～ 8 公釐。花冠淡紫藍色，花冠筒長 1.5 ～ 1.8 公分。

　　特有種，產於台灣南部低海拔地區。

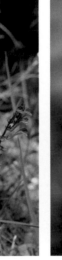

葉上表面無毛，下表面被毛。

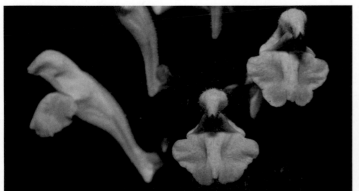

花冠筒長 1.5 ～ 1.8 公分

產於全島低海拔地區

台灣黃芩 特有種

屬名 黃芩屬

學名 *Scutellaria taiwanensis* C.Y. Wu

葉片卵形至菱狀卵形，長1.5～3公分，寬1～2公分，先端漸尖至鈍，基部截形至鈍，鈍齒緣，兩面僅背面脈上有毛，葉柄長5～15公釐。花冠白色，花冠筒長1～1.5公分，喉部具紫斑點。

特有種，產於台灣南部低海拔山區之霧林帶林下。

葉柄長於1公分。花冠白色，喉部具紫斑點，花冠筒長1～1.5公分。

田代氏黃芩 特有種

屬名 黃芩屬

學名 *Scutellaria tashiroi* Hayata

葉背面有毛

葉片卵形至三角狀卵形，長5～35公釐，寬5～25公釐，先端鈍，基部心形至鈍，鈍齒緣，上表面有毛或光滑，下表面有毛，葉柄長2～8公釐。花為台灣產本屬植物最長者，花冠筒長2～2.5公分，紫藍色，唇瓣白色。

特有種，產於台灣東部低海拔地區。

花為台灣產黃芩屬最長者，花冠筒長2～2.5公分，紫藍色，唇片白色。

在蘭嶼的族群之葉表近光滑

楔翅藤屬 SPHENODESME

攀緣性灌木。單葉，對生，全緣。聚繖花序呈頭狀，外被 5 或 6 枚花瓣狀總苞片；花萼漏斗狀，五齒緣；花冠呈管狀，裂片 5；雄蕊 5；子房 2 室，每室 2 胚珠，柱頭二岔。核果包於宿存花萼內。

爪楔翅藤（楔翅藤）

屬名	楔翅藤屬
學名	*Sphenodesme involucrata* (Presl) Robinson

大型攀緣灌木，小枝被鏽色毛。葉卵形至長橢圓形，長 10 ～ 15 公分，全緣，幼時被星狀毛。總苞片匙形，被鏽色毛，花無柄；花萼四至五齒狀；花冠淡黃色，花冠筒與花萼近等長。果實球形，寬約 6 公釐，無毛。

　　產於印度、馬來西亞及中國南部；在台灣分布於全島沿海地區。《台灣植物誌》描述：Moldenke and Moldenke（1971）紀錄台灣有分布，但沒有任何標本在台灣標本館中。

開花植株（許天銓攝）

水蘇屬 STACHYS

草本。頂生或腋生總狀花序；花萼鐘形，5 齒，約略相等，先端芒尖；花冠呈筒狀，筒內具毛環，先端二唇形，上唇直立，下唇平伸，三裂，中裂片較大；雄蕊 4，二強雄蕊，花葯 2 室；子房深四裂，花柱基生。小堅果卵形，上端截平。

田野水蘇（鐵尖草、毛萼刺草）

屬名	水蘇屬
學名	*Stachys arvensis* L.

一年生草本。葉片卵形至寬卵形，長 1.5 ～ 4 公分，寬 1 ～ 3 公分，先端圓至鈍，基部圓至心形，鋸齒緣，兩面疏被短毛，葉柄長 5 ～ 15 公釐。花冠紅色，生於葉腋，近無柄。

　　產於俄國、歐洲、中國、南美及北美；在台灣分布於北部之荒廢地。

下唇平伸，三裂，中裂片較大。

葉片卵形至寬卵形

地蠶

屬名	水蘇屬
學名	*Stachys geobombycis* Wu

多年生草本，高 40～50 公分；根莖橫走，肉質，肥大，在節上生出纖維狀鬚根。葉長圓狀卵圓形或長橢圓形，長 4.5～8 公分，寬 2.5～3 公分。花序腋生，4～6 朵花，遠離，組成長 5～18 公分的穗狀花序；花萼倒圓錐形，細小，外面密被微柔毛及腺毛；花冠淡紅色，二唇形，上唇直伸，外面被微柔毛，內面無毛，下唇三裂，中裂片最大，長卵圓形，側裂片小。

　　產於中國浙江、福建、湖南、江西、廣東及廣西，生於海拔 170～700 公尺之荒地、田地及草叢濕地上；在台灣歸化於全島各地。

下唇三裂，中裂片最大，長卵圓形，側裂片小。　莖生葉長圓狀卵圓形或長橢圓形

長葉水蘇

屬名	水蘇屬
學名	*Stachys oblongifolia* Benth.

多年生草本，具根莖。葉片長橢圓形至長橢圓狀披針形，長 3～7 公分，寬 5～15 公釐，先端鈍，基部截形至淺心形，鋸齒緣，兩面密被毛，葉柄長 1～3 公釐。花冠粉紅色或粉紅紫色。

　　產於印度北部、日本、韓國、中國及台灣；在台灣分布於低海拔山區之林下及濕地，稀有。

花繖房花序排成總狀，花白色　葉長橢圓形；枝及葉密生毛。
有淡紅暈。

最后一份標本採自 1986 年的八里，僅少數的標本資料，曾發現於苗栗及寶山等地方。稀有。

鈴木草屬 SUZUKIA

草本，通常具匍匐莖。葉非常寬卵形，基部心形，粗鋸齒緣。腋生疏散總狀花序；花萼鐘形，5 脈，5 齒，約略相等，密被腺毛；花冠呈筒狀，先端二唇形，上唇直立帽狀，下唇平伸，三裂，中裂片較大；雄蕊 4，等長，花藥 2 室；子房深四裂，花柱基生。小堅果倒卵形，三稜，平滑。

琉球鈴木草

屬名	鈴木草屬
學名	*Suzukia luchuensis* Kudo

多年生草本，莖匍匐，長 20 ～ 60 公分，密被長柔毛，節上生根。葉對生，紙質，圓形或卵圓形，基部淺心形，粗鋸齒緣，兩面被長柔毛。花序總狀，具苞片；花白色帶紫紅色，二唇形，上唇直立帽狀，下唇平伸，三裂，中裂片較大。

　　產日本；在台灣分布於離島綠島，生於迎風坡地。

花白色具粉紅斑（林哲緯攝）

葉厚革質，密被長柔毛。

鈴木草(假馬蹄草) 特有種

屬名	鈴木草屬
學名	*Suzukia shikikunensis* Kudo

植株上部常直立，基部通常具匍匐莖，莖方形，植株被毛。葉紙質，寬卵形，長 1 ～ 2.5 公分，寬 1.5 ～ 3.5 公分，先端鈍至銳尖，基部心形，粗鋸齒緣，兩面被白色長硬毛，具柄。花冠鮮紅色，下唇三裂，中裂片較大，闊卵形；花萼鐘形，先端五裂，裂片卵狀三角形，密被腺毛。

　　特有種，生長於台灣中、低海拔山區之林下。

結果之植株。葉紙質，寬卵形，基部心形，粗鋸齒緣。

花冠鮮紅色，下唇三裂，中裂片較大，闊卵形。

開花之植株

香科科屬 TEUCRIUM

多年生直立草本。頂生穗狀或圓錐狀穗狀花序；花萼鐘形，10 脈，5 齒，先端二唇形；花冠呈筒狀，花冠筒在花萼內，先端單唇形，五裂，中裂片最長，兩側的兩對裂片短小；雄蕊 4，二強雄蕊，花葯 2 室；子房淺四裂，花柱近頂生。台灣有 3 種。

二齒香科科

屬名	香科科屬
學名	*Teucrium bidentatum* Hemsl.

葉片橢圓形，長 2.5 ～ 9 公分，寬 1 ～ 2.5 公分，先端漸尖，基部楔形至鈍，鋸齒緣，上表面無毛或被毛，下表面被腺點及腋上被毛，葉柄長 2 ～ 10 公釐。花萼下唇較長，2 齒，上唇三裂，中裂片最大，寬卵形，先端淺倒心形。花冠白色。

產於中國及台灣；在台灣分布於全島中、低海拔山區之林下。

花冠單唇，白色。　　　　花側面　　　　　葉片橢圓形

台灣香科科 [特有種]

屬名	香科科屬
學名	*Teucrium taiwanianum* T.H. Hsieh & T.C. Huang

葉片橢圓形，長 2.5 ～ 4 公分，寬 1.2 ～ 2 公分，先端銳尖，基部楔形，鋸齒緣或雙鋸齒緣，兩面疏被毛，背面具腺點，葉柄長 5 ～ 13 公釐。花萼下唇較長，2 齒，上唇三裂，中裂片最大，寬卵形，先端銳尖，萼片長 8 公釐；花冠白色，長 1.6 ～ 1.8 公分。

特有種，產於台灣中部中海拔山區，不常見。

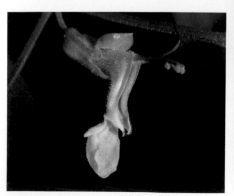

花萼下唇較長，2 齒，上唇三裂，中裂片最大，寬卵形。　　葉片橢圓形，長 2.5 ～ 4 公分，寬 1.2 ～ 2 公分，先端銳尖。

血見愁（蔓苦草、小苦草）

屬名　香科科屬
學名　*Teucrium viscidum* Bl.

葉片卵形，長 4 ～ 7 公分，寬 2 ～ 4 公分，先端銳尖，基部楔形至圓形，鋸齒緣或雙鋸齒緣，兩面疏被毛，葉柄長 1 ～ 3 公分。花萼下唇較長二裂，上唇三裂，裂片約略相等，先端銳尖。花冠先端紫色，基部白色。

　　產於日本、韓國、中國、台灣、中南半島、菲律賓、馬來西亞及印度；在台灣分布於全島中、低海拔山區之林下潮濕處。

葉片卵形

花冠先端紫色，基部白色。

花序頂生或腋生

牡荊屬 VITEX

灌木或小喬木。多為掌狀複葉，偶單葉，具柄。聚繖花序呈圓錐狀，多頂生；花多為藍紫色；花萼鐘狀，先端平截狀或5齒；花冠二唇形；雄蕊4，二強雄蕊；子房2至4室，花柱絲狀，柱頭二岔。核果球形或卵形，包於宿存花萼內。

台灣有4種。

黃荊（埔姜仔、埔荊茶）

屬名	牡荊屬
學名	*Vitex negundo* L.

灌木，枝方形，被灰毛。小葉3～7枚；小葉長卵形、披針形或狹披針形，長3～11公分，寬0.5～3公分，全緣或先端鋸齒緣，下表面密被短伏毛。花序密被毛，花萼外側被毛，花冠藍紫色，兩面被毛，雄蕊基部被毛，子房無毛。果實倒錐狀。

產於東非、東南亞、太平洋群島、中國及日本；在台灣分布於全島低海拔地區。

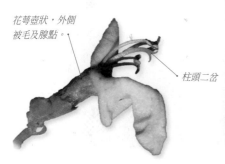

花冠藍紫色

小葉通常5枚

薄姜木（山埔姜、烏甜樹）

屬名	牡荊屬
學名	*Vitex quinata* (Lour.) F. N. Williams

小喬木。小葉3～5枚，小葉倒卵形、倒卵狀橢圓形或長橢圓形，全緣或上半部粗鋸齒緣，脈上被短毛，下表面密被腺點。花序密被毛及腺點；花萼壺狀，外側被毛及腺點；花冠淡黃色，外側被毛；花絲無毛；子房具腺點。果實倒卵形。

產於印度、馬來西亞、菲律賓、中國及日本；在台灣分布於低海拔森林或灌叢中。

花萼壺狀，外側被毛及腺點。

柱頭二岔

小葉卵形至橢圓形

蔓荊（海埔姜、白埔姜、蔓荊子）

屬名　牡荊屬
學名　*Vitex rotundifolia* L. f.

匍匐灌木，節上長根，幼枝密被毛。單葉，倒卵形或橢圓形，長2.5～5公分，寬1.5～3公分，全緣，兩面密被短伏毛。花萼外側密被毛；花冠藍紫色，偶白色，兩側被毛；雄蕊基部密被毛；子房無毛。果實近球狀。

　　產於東南亞、太平洋群島、琉球、日本及中國；在台灣分布於全島低海拔及海邊地區。

花冠藍紫色，偶白色，兩側被毛；雄蕊基部密被毛。

果序，葉倒卵形或橢圓形，兩面密被短伏毛。

分布於台灣全島低海拔及海邊

三葉蔓荊

屬名　牡荊屬
學名　*Vitex trifolia* L.

灌木，小枝被灰毛。葉多為三出複葉，雜有單葉；單葉者長橢圓形或倒卵形，複葉者小葉倒卵形或倒披針形，小葉近無柄，全緣，兩面被短伏毛。花序密被毛；花萼外側被毛；花冠藍紫色，兩面被毛；雄蕊基部被毛；子房無毛。果實球形。

　　產於東南亞、澳洲、太平洋群島及中國；在台灣分布於中部沿海地區。

花冠藍紫色，兩面被毛。

果序

葉多為三出複葉，雜有單葉。

母草科 LINDERNIACEAE

一年生或多年生草本，莖方形。單葉，對生，莖生或基生。總狀花序，頂生或腋生；花萼筒五裂，深裂或淺裂，5 脈，脈上具稜或翅，無小苞片；花冠呈筒狀，花冠筒圓柱形，先端二唇形，上唇完整或二裂，下唇花瓣 3 枚；雄蕊 4 或 2，下方 2 枚屈膝狀、Z 字形或具附屬物，有退化假雄蕊。果實為蒴果，具隔。

特徵

雄蕊 4 或 2，下方 2 枚屈膝狀、Z 字形或具附屬物，有退化假雄蕊。（台南見風紅）

果實為蒴果（藍豬耳）

雄蕊 4 或 2（倒地蜈蚣）

花冠呈筒狀，先端二唇形，花冠筒圓柱形，上唇完整或二裂，下唇花瓣片 3。（母丁香）

花萼筒五裂，深裂或淺裂，5 脈，脈具稜或翅。（長梗花蜈蚣）

三翅萼屬 LEGAZPIA

多年生匍匐性草本。葉對生，卵形，鋸齒緣，無毛或僅脈上被毛。花腋生，單生或 2～4 朵成繖形花序；萼片 3，筒狀，具三圓翅，底部具 2 小苞片；花冠漏斗狀，先端二唇化，裂片 5；二強雄蕊，前方花絲基部具距狀附屬物。蒴果包在花萼內，胞間開裂。

　　單種屬。

三翅萼

屬名	三翅萼屬
學名	*Legazpia polygonoides* (Benth.) Yamazaki

葉紙質，卵狀橢圓形或卵圓狀菱形，長 1～2 公分，前半部具帶短尖的圓鋸齒，兩面無毛。花冠白色。

　　產於熱帶亞洲、新幾內亞及密克羅尼西亞；在台灣分布於恆春半島之濕性坡地。

雄蕊花藥常相連

蒴果包在花萼內

多年生匍匐性草本

母草屬 LINDERNIA

草本。葉對生。萼片 5，5 脈，脈具稜或翅，無小苞片；花冠呈筒狀，先端二唇化，上唇完整或二裂，下唇花瓣 3 枚；雄蕊 2 或 4，後方一對孕性至不發育，較長的花絲對在近基部處有附屬物，花瓣兩兩相連。蒴果胞間開裂。

定經草（心葉母草）

屬名	母草屬
學名	*Lindernia anagallis* (Burm.f.) Pennell

一年生草本。葉三角狀卵形至披針形，長 8～40 公釐，羽狀脈，鈍鋸齒緣，無毛，近無柄。花單一，腋生，花梗較其鄰近葉長；花冠紫色，稀白色；雄蕊 4。蒴果長約為萼片長之 2～4 倍，長 1～1.5 公分。

　　產於印度、緬甸、中南半島、中國南部、琉球、馬來西亞、新幾內亞及澳洲；在台灣分布於全島低海拔之草原及濕生地。

初果

花冠內部中心常有黃斑

雄蕊及雌蕊

花單一，腋生，花梗較鄰近葉長；葉無柄或近無柄。

花冠紫色，稀白色。

泥花草

屬名	母草屬
學名	*Lindernia antipoda* (L.) Alston

一年生草本。葉倒披針形至倒卵狀長橢圓形，長 1.5 ～ 4 公分，羽狀脈，鈍鋸齒緣，無毛，無柄。花單一，腋生或成頂生總狀花序，花梗與其鄰近葉約略等長、稍長或稍短；花冠淺紫色，偶有白色；雄蕊 2，假雄蕊 2。蒴果遠長於萼片長，長 8 ～ 16 公釐。

　　產於尼泊爾、印度、斯里蘭卡、緬甸、中南半島、中國、日本、馬來西亞、密克羅尼西亞、新幾內亞、波里尼西亞及澳洲；在台灣分布於全島低海拔之河邊及濕生地。

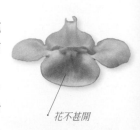

花不甚開

果實

葉鈍鋸齒緣，無毛，無柄。

雄蕊插生花冠上

黃色假雄蕊

水丁黃

屬名	母草屬
學名	*Lindernia ciliata* (Colsm.) Pennell

一年生草本。葉長橢圓至橢圓形，長 1 ～ 4 公分，羽狀脈，鋸齒緣，齒先端具芒尖，無毛或下表面稀被粗毛，無柄。頂生總狀花序，花梗較其鄰近葉長；花冠白色帶淡紅斑，或淺藍色；雄蕊 2，假雄蕊 2。蒴果遠長於萼片，長 8 ～ 15 公釐。

　　產於尼泊爾、印度、緬甸、中南半島、中國南部、琉球、馬來西亞、新幾內亞及澳洲；在台灣分布於中、南部地區中、低海拔之濕生田野或開闊森林中。

蒴果遠長於萼片

花冠白色帶淡紅斑

葉鋸齒緣，齒先端具芒刺。

藍豬耳

屬名	母草屬
學名	*Lindernia crustacea* (L.) F. Muell

花二唇形

一年生草本。葉長橢圓卵形至卵形，長 6 ～ 20 公釐，羽狀脈，鋸齒緣，表面僅中脈和葉緣被毛，有柄。花單一，腋生，花梗較其鄰近葉長；花冠白色，外表及花心常具紫斑塊；雄蕊 4，花萼裂片明顯短於萼筒。蒴果為花萼所包，長 3 ～ 5 公釐。

產於尼泊爾、印度、斯里蘭卡、中南半島、中國、日本、馬來西亞、密克羅尼西亞、新幾內亞、波里尼西亞及澳洲；在台灣分布於全島低海拔之庭園、路旁及荒廢地。

果實為花萼所包

葉長橢圓卵形至卵形，長 6 ～ 20 公釐，鋸齒緣，有柄。

美洲母草

屬名	母草屬
學名	*Lindernia dubia* (L.) Pennell var. *dubia*

一年生草本。葉倒卵形、倒披針形至披針形，長 8 ～ 30 公釐，掌狀 3 ～ 5 脈，鋸齒緣或鈍鋸齒緣，無毛，有柄。花單一腋生或成頂生總狀花序，花梗較其鄰近葉短；花冠粉紅色或非常淡之紫色；雄蕊 2，假雄蕊 2。蒴果與萼片等長，長 4 ～ 6 公釐。

原產北美洲，歸化於台灣北部低海拔水邊。

葉鋸齒緣或鈍鋸齒緣。花梗較鄰近葉短。

擬櫻草

屬名　母草屬

學名　*Lindernia dubia* (L.) Pennell var. *anagalidea* (Michx) Cooperrider

一年生草本。葉三角狀卵形至披針形，長5～18公分，掌狀3～5脈，近全緣，無毛，無柄。花單一，腋生，花梗較鄰近葉長（花梗通常為鄰近葉1.2～3倍長）；花冠白色或淺紫色；雄蕊2，假雄蕊2。蒴果約略等長於萼片，長2.5～3公釐。

　　原產於北美洲，歸化於台灣北部低海拔淺水地區。

花單一，腋生，花梗較鄰近葉長。　　　　　　　　　花冠白色或淺紫色

金門母草 特有種

屬名　母草屬

學名　*Lindernia kinmenensis* Y.S. Liang, Chih H. Chen & J.L. Tsai

莖綠色，光滑。葉三角狀卵形，長1～1.5公分，光滑，無柄。花莖伸長，花單生或2～4朵叢生於葉腋或枝端；花白色，瓣緣粉紅紫，喉部淡黃色，雄蕊先端粉紅紫色。

　　特有種，生於離島金門野地，常見於有滲水之土地或岩壁上。

花白色，瓣緣粉紅紫，喉部淡黃色，雄　花莖伸長，花單生或2～4朵叢生於葉腋或枝端。
蕊先端粉紅紫色。

寬葉母草

屬名 母草屬
學名 *Lindernia nummularifolia* (D. Don) Wettst.

一年生草本，高5～15公分。葉片寬卵形或近圓形，有時寬度大於長度，長5～12公釐，寬4～8公釐，先端圓鈍，基部寬楔形或近心形，邊緣有淺圓鋸齒或波狀齒，齒頂有小突尖，無柄或有短柄。花生於莖枝頂端或葉腋，有閉花授粉之現象；花冠紫色，少有藍色或白色。蒴果長橢圓形，頂端漸尖。

產於尼泊爾、錫金北部、印度東北部及中國；近年在台灣高雄山區之新紀錄種。

生於潮濕山壁上（郭明裕攝）

棱萼母草

屬名 母草屬
學名 *Lindernia oblonga* (Benth.) Merr. *et* Chun

一年生矮小草本，高7～10公分。葉對生，卵形或卵狀長橢圓形，長1.2～2.5公分，寬6～12公分，先端急尖或鈍，基部近圓形或寬楔形；具短柄，柄長4～5公釐。花在莖頂兩對交互對生的苞片腋中形成假繖形花序，在側枝則僅有一對苞片，花序中有開花及閉鎖花2種；花萼鐘狀，有5個淺齒，脈上面有極狹之翅；花冠紫色，二唇形。蒴果橢圓形或矩圓形，比萼稍短。

分布於中國廣東、海南島、越南、寮國及柬埔寨；在台灣產於離島金門之野地，常生於有滲水之土地或岩壁上。

花紫色，喉部黃色。

花紫色，花序甚長。

陌上草

屬名	母草屬
學名	*Lindernia procumbens* (Krock.) Borbas

一年生草本。葉卵狀長橢圓至橢圓形，長 7 ～ 25 公釐，掌狀 3 ～ 5 脈，全緣，無毛，無柄。花單一，腋生，花梗較其鄰近葉長；花冠白色或淺粉紅色；雄蕊 4，全部可孕，上部葉全緣。蒴果約略與萼片等長，長 3 ～ 4.5 公釐。

　　產於東半球熱帶及亞熱帶地區，在台灣分布於全島低海拔水邊濕地。

雄蕊 4，全部可孕。

蒴果約略與萼片等長，長 3 ～ 4.5 公釐。

花梗經常對生

莖上部之葉全緣

見風紅

屬名	母草屬
學名	*Lindernia pusilla* (Willd.) Boldingh

一年生草本。葉寬卵形至寬橢圓形，長 5 ～ 30 公釐，羽狀脈，淺鈍鋸齒緣，上表面被毛或近光滑，下表面被直柔毛，無柄。花單生或 2 ～ 4 朵叢生於葉腋，花梗較其鄰近葉長；花萼長三角形，外表有毛；花冠白色或淺紫色，花心具黃斑塊；雄蕊 4。蒴果較萼片短，長 2 ～ 4 公釐。

　　產於印度、斯里蘭卡、緬甸、中南半島、中國南部、馬來西亞及新幾內亞；在台灣分布於本島及蘭嶼低海拔之濕生草原、路旁及沼澤地。

花冠白色或淺紫色，花心具黃斑塊。

花萼長三角形，外表有毛；上唇外表常為褐紅色。

葉無柄，葉脈不明顯。

圓葉母草

屬名　母草屬
學名　*Lindernia rotundifolia* (L.) Alston.

植株矮小，匍匐生長。葉對生，卵圓形，全緣或鋸齒，無柄。花白色，單生，二唇化，上唇全緣或二裂，裂片較小，下唇三裂，裂片較大，花冠背面、花喉部與花冠裂片中央藍紫色；雄蕊上半部藍色，下部黃色；子房上位，2室，中軸胎座。蒴果，長橢圓形，胞間開裂。種子鐮刀狀長圓形。

　　原產於熱帶與亞熱帶地區，歸化台灣各地。

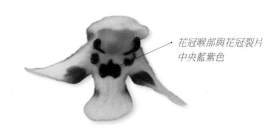
花冠喉部與花冠裂片中央藍紫色

圓卵圓形，無柄。

葉對生，全緣或鋸齒緣。

旱田草

屬名　母草屬
學名　*Lindernia ruelloides* (Colsm.) Pennell

多年生草本。葉橢圓卵形至寬橢圓卵形，長1～5公分，羽狀脈，鋸齒緣至牙齒緣，兩面粗糙，有柄。頂生總狀花序，花梗較其鄰近葉短；花冠藍紫色；雄蕊2，假雄蕊2。蒴果較萼片長，長1～2.5公分。

　　產於尼泊爾、印度、緬甸、中南半島、中國南部、琉球、馬來西亞及新幾內亞；在台灣分布於全島低海拔之濕地及水旁。

花冠藍紫色

葉鋸齒緣至牙齒緣

台南見風紅

屬名　母草屬
學名　*Lindernia scutellariiformis* Yamazaki

一年生草本。葉三角狀卵形，長 1.3～3 公分，羽狀脈，鋸齒緣，上表面無毛，下表面疏被長柔毛，有柄。總狀花序，萼片狹長三角形，花白色，唇瓣有一黃斑，花梗較其鄰近葉短；雄蕊 4，其中短雄蕊先端黃色。蒴果較萼片短，長約 5 公釐。

　　產於中國貴州，在台灣見於南部低海拔山區之濕地。

葉三角狀卵形，鋸齒緣，葉脈明顯，有柄。

雄蕊 4，2 長 2 短，較長的花絲在近基部處有附屬物。

薄葉見風紅

屬名　母草屬
學名　*Lindernia tenuifolia* (Colsm.) Alston

一年生草本。葉倒披針形至長橢圓倒卵形，長 5～40 公釐，羽狀脈，全緣或淺鈍鋸齒緣，兩面無毛，但葉緣粗糙，無柄。花單生，與葉對生，或頂生總狀花序，花梗較其對生葉短；花冠淺紫色；雄蕊 2，假雄蕊 2。蒴果遠長於萼片，長 6～10 公釐。

　　產於印度、斯里蘭卡、馬來西亞、中南半島、中國南部及琉球；在台灣分布於全島低海拔之濕地。

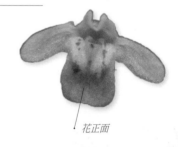

花正面

生於台灣中北部開闊的荒地或水田中。葉披針形。

花之側面

果

屏東見風紅

屬名	母草屬
學名	*Lindernia viscosa* (Hornem.) Boldingh

一年生草本。葉卵形至倒卵形，長 1.2 ～ 3.5
公分，羽狀脈，鈍鋸齒緣至牙齒緣，波狀緣，
兩面被粗毛至變無毛，有柄至無柄。頂生總狀
花序，花梗較其鄰近葉短；花冠白色或粉紅色；
雄蕊 4。蒴果約等長於萼片或較短，長 2 ～ 3
公釐。

　　產於尼泊爾、印度、緬甸、中南半島、中
國南部、馬來西亞；在台灣分布於低海拔山區
之林緣及路旁。

頂生總狀花序。葉被短粗毛或變無毛。

葉卵形至倒卵形，長 1.2 ～ 3.5 公分，有柄至無柄。

珍珠草屬 MICRANTHEMUM

匍匐植物，光滑，節上生根，具多分枝。葉對生，小，全緣，大都圓形，常 3 ～ 5 脈。花序腋生，1 ～ 2 花；花小，近無柄；
花萼四裂，裂至基部；花左右對稱，花冠四裂，二唇化，裂片覆瓦狀排列；雄蕊 2，插生於花冠筒的頂部，花絲具關節；
花藥 2 室，縱裂，離生藥；花柱短，先端兩裂；中軸胎座，胚珠多數。蒴果近球形。

小蕊珍珠草

屬名	珍珠草屬
學名	*Micranthemum micranthemoides* (Nutt.) Wettst.

匍匐性纖細草本，節上生根；全株光滑。單葉，對生，葉抱莖，葉微肉質，橢圓形，長約 3.6
公釐，寬約 2 公釐；先端鈍；基部楔形；葉全緣，葉背可見中肋，側脈不可見。花單生葉腋，
花梗圓柱形，綠色，長約 2 公釐。花左右對稱，二唇形，長約 1.7 公釐，寬約 1 公釐；花萼
筒狀，綠色，長約 1 公釐；裂片 4，裂片 3 角形；花瓣白色，上唇弧形，較下唇短；下唇三
裂，裂片先端剪裂，中裂片最大，長約 1 公釐，寬約 0.4 公釐，側裂片長約 0.5 公釐，寬約
0.3 公釐；雄蕊 2，與花瓣裂片互生；不孕性雄蕊
2 枚，上有許多腺體；花絲短，白色；花藥黃色；
花柱白色，短；柱頭二裂，舌狀。果單生葉腋，
果梗與花梗略等長，果橢圓球形，淺褐色，徑約
0.7 公釐，花柱與柱頭宿存。

　　小蕊珍珠草原產於美國與古巴，台灣應該是
水族業者引進，近年來已經可以發現於各地的水
生環境。

花瓣白色；下唇三裂，裂片先端剪裂，
中裂片最大，長約 1 公釐；柱頭二裂。

單葉，對生，葉抱莖，葉微肉質，橢圓形，長約 3.6 公釐。

花萼筒狀，綠色，長約 1 公釐；雄蕊 2。

倒地蜈蚣屬 TORENIA

草本。葉對生,鋸齒緣。花萼呈筒狀,先端歪斜,二唇化,上端微裂,萼筒五稜或具五翼,常不具小苞片;花冠呈筒狀或漏斗狀,先端二唇化,上唇凹缺,下唇 3 瓣;二強雄蕊,花藥兩兩相聯,前方花絲底部常具附屬物。蒴果包覆於花萼內,胞間開裂。

毛葉蝴蝶草

屬名	倒地蜈蚣屬
學名	*Torenia benthamiana* Hance

匍匐草本,全株被柔毛,莖具稜。葉對生,心形,粗齒緣。花單生或數朵叢生葉腋,花冠淡藍色,二唇形,二強雄蕊,花梗長於鄰近葉。蒴果長橢圓形。

　　產於中國海南至福建、廣西,在台灣分布於低海拔山區之陰涼處。

花冠二唇形,淡藍色;
二強雄蕊。

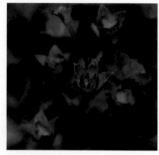

蒴果開裂

全株及葉被柔毛。葉對生,心形。

倒地蜈蚣 (四角銅鑼、釘地蜈蚣)

屬名	倒地蜈蚣屬
學名	*Torenia concolor* Lindl.

多年生匍匐性草本。葉卵形至三角卵形,長 2 ～ 5 公分。花萼具稜,萼片於花期時長 1.5 ～ 2 公分,果期時長 2.5 ～ 4 公分;花冠深藍色或白色,長 2.5 ～ 4 公分,無毛,花絲一對基部具距。

　　產於印度、中南半島、中國南部及琉球;在台灣分布於全島低海拔之向陽草地。

花冠深藍色

二強雄蕊。雌蕊 1。

分布於台灣全島低海拔之向陽草地

母丁香

屬名	倒地蜈蚣屬
學名	*Torenia flava* Buch.-Ham. *ex* Benth.

一年生直立或斜倚草本。葉卵形至長橢圓狀卵形，長 2 ～ 5 公分。花序總狀；花萼五稜，花期時長 5 ～ 10 公釐，果期時長 1.2 ～ 2 公分；花冠黃色，長 1 ～ 2.5 公分，無毛。

產於印度、緬甸、中南半島、中國南部及馬來西亞；在台灣分布於全島低海拔之田野及樹林中。

花冠黃色，長 1 ～ 2.5 公分，無毛。

葉卵形至長橢圓卵形，長 2 ～ 5 公分。

花萼五稜

長梗花蜈蚣

屬名	倒地蜈蚣屬
學名	*Torenia violacea* (Azaola *ex* Blanco) Pennell

一年生直立或斜倚草本。葉卵形，長 2 ～ 4 公分。花萼具翼，萼片於花期時長 1 ～ 1.2 公分，果期時長 1.5 ～ 2 公分；花冠白色，側裂瓣先端藍色，唇瓣黃色，長 2.5 ～ 4 公分，具緣毛，花絲基部不具距。

產於印度、緬甸、中國中部及南部、馬來西亞、新幾內亞；在台灣分布於中、南部低海拔草原、林緣、稻田及潮濕地。

花萼具翼

葉卵形，長 2 ～ 4 公分。

花冠白色，側裂瓣先端藍色，唇瓣黃色。

狸藻科 LENTIBULARIACEAE

一或多年生草本，水生或濕生，多具食蟲性，無根。莖細，長或極短。葉基生，多分岔，具歪卵狀捕蟲囊。花序直立，總狀花序，少至多花；花兩性，兩側對稱；花萼二至五裂；花冠唇形，具距，上唇全緣或先端凹缺，下唇二至五裂；雄蕊2；子房上位。蒴果球形，瓣裂或周裂或不規則開裂。

紫花挖耳草（*Utricularia uliginosa* Vahl），自 Kuo（1968）之後未有發現的報導。

特徵

一年生或多年生草本，水生或濕生。（異萼挖耳草）

總狀花序，少至多花。（黃花狸藻）

總狀花序，少至多花；花冠唇形，具距。（長距挖耳草）

葉基生。具歪卵狀囊。（圓葉挖耳草）

狸藻屬 UTRICULARIA

特徵如科。

黃花狸藻（黃花挖耳草）

屬名　狸藻屬
學名　*Utricularia aurea* Lour.

地下莖缺；莖浮於水面或於泥地蔓生，長30～100公分。葉深裂，裂片多，線形；葉耳半圓形，羽裂。捕蟲囊歪卵形，開口處具2刺狀附屬物或缺。花序直立，光滑，無鱗片，苞片基生，花黃色。果實球形，果梗平直。

產於東南亞及澳洲；在台灣分布於全島低海拔之水塘、水溝、河流兩岸積水處或稻田中，但近來數量漸稀。

補蟲囊，觸角狀毛具分枝，且長於補蟲囊的一半。（陳志豪攝）

初果

花黃色

南方狸藻（台灣狸藻）

屬名　狸藻屬
學名　*Utricularia australis* R. Br.

多年生水生草本，捕蟲囊多數，冬芽紫紅色，無根，莖長 30～40 公分。葉羽狀深裂，末裂片絲狀，葉之小羽片放射狀排列。捕蟲囊卵形，囊口具 2 偶分枝之刺毛。根生花軸粗，具鱗片；苞片基著；花黃色，下唇瓣扇形。

　　廣布於東半球熱帶及亞熱帶地區，生於水塘、水溝或稻田中；在台灣目前僅知金山、南澳及大同鄉等三個族群。

可見於宜蘭中海拔湖泊以及北部低海拔沼澤，惟台灣產之個體在野外多年來未見開花。（劉世強攝）

挖耳草

屬名　狸藻屬
學名　*Utricularia bifida* L.

生於潮濕之土地，無根，走莖纖細。葉片狹線形或線狀倒披針形，全緣，先端圓或略銳尖。捕蟲囊多生於葉上或莖上，球形，具短柄，開口基部具 2 彎曲刺狀附屬物。花序光滑，具鱗片，具基生苞片；花黃色，下唇瓣橢圓形；距微彎，長度與下唇瓣略等。果梗明顯彎曲。

　　產於南亞至東南亞及澳洲；在台灣生長於北部及東北角低海拔之水池或稻田，南投水社地區及台東長濱的海邊亦有族群分布。

距微彎

下唇瓣橢圓形

生於貢寮潮濕之耕地上

葉片為狹線形。此為日月潭的族群，生於滲水的坡地上。

走莖纖細

長距挖耳草（短梗挖耳草）

屬名	狸藻屬
學名	*Utricularia caerulea* L.

捕蟲囊疏鬆排於莖、地下莖及葉上；地下莖絲狀。葉之小羽片排列於一平面上，線形至倒卵狀鏟形。捕蟲囊卵形，囊口具一長喙，喙緣具許多腺體。根生花軸細長，長 10 ～ 25 公分，少數具鱗片，苞片中著；花常 4 ～ 10 朵，紫紅色，花梗極短，花萼及花梗頂端具乳頭狀突起。蒴果球形，包於宿存花萼內且與之等長。

產於熱帶非洲、亞洲及大洋洲；在台灣以前曾紀錄於士林、唭哩岸、芝山、淡水、中壢、蘆竹及竹北蓮花寺之低海拔濕地，但近年來已沒有再發現。

產於新竹蓮花寺的植株；目前因環境改變，該　植株
地之族群已消失。

絲葉狸藻

屬名	狸藻屬
學名	*Utricularia gibba* L.

植物體光滑，捕蟲囊疏鬆排於莖及葉；莖細長，多分枝。葉一至三回二岔狀分枝，每裂片絲狀。捕蟲囊卵形，囊口具 2 刺毛。根生花軸長 5 ～ 12 公分，直立；鱗片狀葉 1 ～ 4 枚，膜質，卵形；苞片基著；花 1 ～ 3 朵，黃色，花梗長 3 ～ 4 公釐。蒴果球形。

產於亞洲南部及澳洲；在台灣分布於全島低海拔水塘、河流兩岸之積水或稻田中。

花 1 ～ 3 朵，黃色。

常成群大片生於溼地

禾葉狸藻

屬名 狸藻屬
學名 *Utricularia graminifolia* Vahl

莖匍匐，絲狀，長 2 ～ 8 公分。葉線形或線狀倒披針形，先端急尖或鈍，基部漸狹，長 4 ～ 10 公釐，寬 0.8 ～ 1.5 公釐，膜質。捕蟲囊球形，側扁，長 0.5 ～ 1.3 公釐，具柄，上唇具 2 條不分枝的鑿形附屬物。花位於上部，1 ～ 6 朵，花序軸為圓柱形，直徑 0.4 ～ 1 公釐，具 1 ～ 3 枚鱗片；花冠淡紫色至紫紅色，長 7 ～ 13 公釐，上唇狹長圓形，略長於上萼片，先端圓或微凹，下唇卵圓形，先端圓，喉凸隆起。

　　產於緬甸、中國、印度、斯里蘭卡及泰國；在台灣歸化於汐止及內湖山區之滲水山壁及溼地。

花正面（許天銓攝）

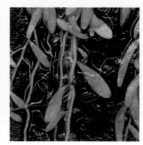
花側面（許天銓攝）

在台灣歸化於汐止及內湖山區之滲水山壁及溼地

葉（許天銓攝）　　　　　植株（許天銓攝）

異萼挖耳草

屬名 狸藻屬
學名 *Utricularia heterosepala* Benj.

多年生或一年生半水生草本。葉多數，倒卵形或倒披針形，長 5 ～ 15 公釐，寬 1.5 ～ 2.5 公釐，先端圓，三出脈，具柄。捕蟲囊生於匍匐葉及葉器上，球形。花序直立，單一，長 2 ～ 8 公分，光滑；花 2 ～ 8 朵，疏生，花梗長 3 ～ 6 公釐；花萼裂片不等長，狹卵形，上裂片長 2.5 ～ 4 公釐，先端銳尖，下裂片相對大些，長可達 6 公釐；花灰藍色或紫色，下唇瓣近扁圓形，盔狀，先端圓或微缺緣，喉凸隆起；距錐形，先端尖，彎曲；子房卵形。果實卵形，長 2 ～ 3 公釐。

　　分布印度、菲律賓及台灣；在台灣生於花蓮豐濱之海濱滲水岩床上。

花側面

生於東部近海溼地

鉛色挖耳草

屬名	狸藻屬
學名	*Utricularia livida* E. Mey.

地生草本植物，捕蟲囊生於根莖和匍匐莖上。 開花時葉片通常不存在，葉散生於匍匐莖上，線形到倒卵形，長 1～5 公分。花序直立，具 2～8 花；萼裂片近等長，卵形，長 2～3 公釐。 花冠紫紅色，長 5～15 公釐，淡紫色或白色，下唇常有白色或黃色斑點；距常比下唇短，有時較長。蒴果球狀，長達 2 公釐，縱向開裂邊緣加厚。

花側面（許天銓攝）

花正面（許天銓攝）

植株（許天銓攝）

生態（許天銓攝）

葉散生於匍匐莖上（許天銓攝）

斜果挖耳草

屬名	狸藻屬
學名	*Utricularia minutissima* Vahl

莖基部的葉為蓮座狀，匍匐莖上的葉為散生；葉通常在植株開花前凋萎；葉線形或狹倒卵狀匙形，長 0.3～2 公分，寬 0.5～2 公釐，先端鈍。匍匐枝及葉上都具捕蟲囊；捕蟲囊寬卵球形，長約 0.2 公釐。花序長 3～12 公分，中上部具 1～10 朵花，花序軸絲狀；花冠長 2.5～7 公釐，淡紫色至白色，上唇為狹長圓形，先端微凹或圓形，下唇近圓形，先端具 3 個圓齒；喉凸隆起；距為鑽形；花梗絲狀。

　　分布於中國、印度、孟加拉、斯里蘭卡、中南半島、馬來西亞、印尼、菲律賓、日本及澳大利亞；在台灣產於離島金門田埔之溼地。

花冠長 2.5～7 公釐，淡紫色至白色；喉凸隆起；距為鑽形。

產於金門田埔之溼地

史氏挖耳草

屬名　狸藻屬
學名　*Utricularia smithiana* Wight

多年生 ，陸生或偶岩生，半水生植物。葉多數，單生於每個匍匐莖節上，長 1.5～5 公分，寬 1～3 公釐，具葉柄，葉片線形，先端圓形，3 脈。捕蟲囊生於葉和匍匐莖上，球狀，長 0.5～1.0 公釐，附屬物 2。花序直立或上升，單一，長 10～20 公分，光滑。花 1～6，鬆散排列於花葶上，花梗長 5～15 公釐。 萼裂片稍不等長，卵形，長 4～5 公釐，上部裂片先端銳尖，下部的裂片通常稍小，先端鈍或微二齒裂。 花冠長 1.5～2 公分，淡紫色，紫色或淡藍色，下唇片近圓形，先端圓形，基部具突腫；距鑽形，先端銳尖，彎曲，與下唇片略等長且開展；花絲約長 2 公釐，直；子房卵球形，花柱短。

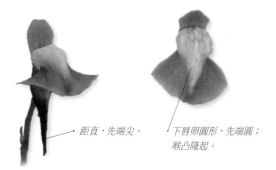

距直，先端尖。　下唇卵圓形，先端圓；喉凸隆起。

葉多數，單生於每個匍匐莖節上。

圓葉挖耳草

屬名　狸藻屬
學名　*Utricularia striatula* J. Sm.

多年生草本，捕蟲囊排列於莖上；地下莖絲狀，帶白色。葉鏟狀圓形，葉柄長 1.5～5 公釐。根生花軸細長，光滑，具少數鱗片；苞片中著；花淡紫色，中央帶黃色，下唇二至六波浪狀牙齒狀裂，距直接向後，與下唇等長或稍長。蒴果球形。

　　產於亞洲南部；在台灣分布於全島低、中海拔之潮濕岩壁或潮濕地上。

捕蟲囊排列於莖上

分布於台灣全島低、中海拔地區潮濕岩壁或潮濕地上。

三色挖耳草

屬名　狸藻屬
學名　*Utricularia tricolor* A. St.-Hill

花正面（許天銓攝）

花側面（許天銓攝）

葉 1～3 枚蓮座狀生於花序梗基部，具明顯葉柄，葉柄長 1～4 公分，葉片寬倒卵形，近圓形，先端圓形，長 0.8～1.3 公分，寬 0.8～1.5 公分。捕蟲囊生於根狀莖和匍匐莖上，寬卵形，長 1.5～2 公釐，附屬物 2，內面密被腺毛。花序直立或上升，有時纏繞狀，長 10～30 公分，光滑。花 1～4，鬆散排列；花梗長 0.5～1.5 公分。花萼裂片等長，上面裂片寬卵形到近圓形先端圓形；下部裂片較短，先端微凹。花冠長 1～2 公分，紫色或淡紫色，下唇基部呈白色和黃色塊斑，具細小乳凸狀和腺體，上唇寬卵形，下唇先端圓形，全緣或 3 淺齒；距狹窄圓錐形，先端銳尖，稍彎曲，等長或稍長於下唇。花絲約長 2 公釐。子房球狀，具腺體，花柱明顯。

植株（許天銓攝）

葉蓮座狀生於花序梗基部（許天銓攝）

齒萼挖耳草（紫花挖耳草）

屬名　狸藻屬
學名　*Utricularia uliginosa* Vahl

多年生草本，植株小，地下莖絲狀。葉生於匍匐枝上，鏟形至倒披針形，長 2.5～4.5 公分，常於開花前凋萎。捕蟲囊生於匍匐枝及葉器上，球形，囊口具 2 附腺體之刺毛。根生花軸長 5～15 公分，光滑，鱗片卵形，少；苞片基生；花序直立，長 5～30 公分，無毛，中部以上具 2～10 朵疏離的花，花紫色或帶白色，長 3～7 公釐，下唇較大，近圓形，頂端圓形，全緣或具 3 個淺圓齒，喉凸隆起呈淺囊狀；距狹圓錐伏鑽形，彎曲或伸直，頂端急尖，較下唇長並與其成銳角或直角岔開；花梗長 2～3 公釐，結果時長 3～6 公釐。蒴果球形或卵形。

　　分布於低海拔地區池塘、河流沿岸及稻田積水中。

花淡藍紫色（*Den Yau* 攝）

為罕見的濕生草本（Bowie Fung 攝）

通泉草科 MAZACEAE

或多年生草本，常有走莖。單葉，蓮座狀或對生，莖上部之葉常互生，鋸齒緣。花下唇大，明顯；雄蕊4沒，二強，花藥藥室二分歧，無退花雄蕊。蒴果室背開裂。

特徵

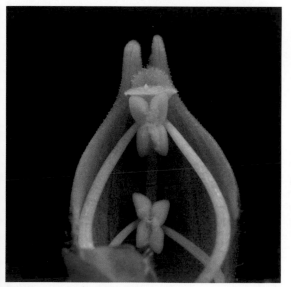

一年或多年生草本（通泉草）

花下唇大，明顯。（通泉草）

花藥藥室二分歧，無退化雄蕊（通泉草）

單葉，蓮座狀或對生，鋸齒緣。（匍莖通泉草）

通泉草屬 MAZUS

草本。葉單一，微淺至深裂。花通常成頂生總狀花序；萼片 15，鐘形；花冠明顯二唇化，上唇微二裂，下唇甚大，三裂，具 2 黃色斑點縱脊；二強雄蕊，花藥兩兩相聯。蒴果包在花萼內，胞背開裂。

高山通泉草 特有種

屬名　通泉草屬
學名　*Mazus alpinus* Masam.

多年生草本，具匍匐莖，高度小於 10 公分。基生葉倒卵形，長 3 ～ 5 公分，葉緣裂至深裂，兩面被粗毛，寬翼，葉柄長 1 ～ 3 公分。花長度 1 公分以上，花冠下唇瓣有許多小的黃點。

　　特有種，產於台灣全島中、高低海拔之草原及林緣。

下唇三裂，被毛。花長 1 公分以上。

花冠白色帶粉紅色或淡紫色，葉倒卵形。株高小於 10 公分。

佛氏通泉草 (台灣通泉草)

屬名　通泉草屬
學名　*Mazus fauriei* Bonati

多年生草本，具短匍匐莖。基生葉長橢圓狀卵形至長橢圓狀匙形，長 7 ～ 12 公分，葉緣裂至深裂，兩面被粗毛或下表面僅葉脈被毛，寬翼，葉柄長 1 ～ 4 公分；走莖葉近無柄，小於基生葉。花序具 5 ～ 15 朵花，花大，長 1.3 ～ 2.5 公分。

　　產於日本及台灣北部低海拔山區荒地。

花大，長 3 ～ 2.5 公分。

花常盛開

多年生草本，具短匍匐莖。

阿里山通泉草

屬名　通泉草屬
學名　*Mazus goodenifolius* (Hornem.) Pennell

二年生草本，莖多分枝，無匍匐莖，植株小，高 5 ～ 10 公分。大多為基生葉，稀莖生葉；葉長橢圓狀倒卵形至披針狀倒卵形，長 2 ～ 5 公分，葉緣鈍鋸齒緣至裂，兩面被毛，翼狀葉柄長 1 ～ 3 公分。花序具 5 ～ 17 朵花，花長度小於 1 公分，花冠下唇瓣有許多小的黃點。

　　產於日本南部、台灣及新幾內亞；在台灣分布於全島中海拔之草原及路旁。

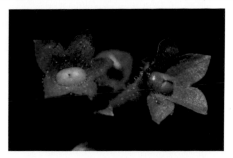

果實

植株小，高 5 ～ 10 公分，大多為基生葉，稀莖生葉，葉小，長 2 ～ 5 公分。　　莖多分枝，無匍匐莖。

匍莖通泉草（烏子草、米舅通泉草）

屬名　通泉草屬
學名　*Mazus miquelii* Makino

多年生草本，葉與匍匐莖叢生於莖基；匍匐莖圓，被軟毛。葉倒卵狀至匙形；先端圓鈍，葉基漸狹，羽狀裂至齒緣。花頂生，鬆散排成總狀花序；苞片線形；花冠二唇形，白色染有紫暈，上唇短直，二裂，下唇三裂片突出，倒卵形，下唇瓣有許多小的黃點，先端無大的黃斑點；花梗長 1.5 ～ 2 公分。

　　產於中國至日本；在台灣分布於中海拔潮濕的路旁、荒地及疏林中。

花白色。小型。

果實裂開，露出種子。

葉不大，大抵不超過 10 公分。具匍匐莖。

通泉草

屬名　通泉草屬
學名　*Mazus pumilus* (Burm.f.) Steenis

一年生或二年生草本。基生葉早落；莖生葉大多叢生於莖下半部，倒卵形，長 2 ～ 6 公分，葉緣小牙齒狀至鈍鋸齒狀，兩面被毛或變無毛，葉柄長 0.5 ～ 3 公分。花序具 3 ～ 20 朵花；下唇瓣在先端及基部有 2 個或 4 個大黃點，中部為少數的細小黃點。

　　廣布於印度及亞洲；在台灣分布於全島低海拔之荒地、路旁及濕生草地。

初果

花先端具 2 大塊斑

開花植株

二強雄蕊

台南通泉草　特有種

屬名　通泉草屬
學名　*Mazus tainanensis* T. H. Hsieh

多年生草本，具被柔毛走莖及基生葉。基生葉紙質，倒卵狀矩橢圓形或匙形，與柄共長 3 ～ 5 公分，近無柄，無毛或兩面被柔毛，銳裂或圓齒狀鋸齒緣；走莖葉近無柄，倒卵形，銳鋸齒緣。花 5 ～ 10 朵成總狀花序，紫紅色，下唇瓣具二列斑點。

　　特有種，產於台南。

與通泉草相似，但本種葉基羽狀裂，花葶短，花較大。（謝宗欣攝）

木犀科 OLEACEAE

喬木、灌木或藤本。單葉或羽狀複葉，對生，托葉不存。聚繖或複聚繖花序；花兩性、雌雄異株，或雜性；花萼四裂；花冠常四裂；雄蕊常 2，著生於花冠上，花葯 2 室；子房上位。果實為核果、漿果、蒴果或翅果。

特徵

花萼四裂；花冠常四裂；雄蕊常 2，著生於花冠上，花葯 2 室。（小葉木犀）

單葉或羽狀複葉，對生。（川素馨）

聚繖或聚繖花序（厚葉李欖）

花冠常四裂，雄蕊常 2。（大葉木犀）

核果者（大葉木犀）

翅果者（白雞油）

流蘇樹屬 CHIONANTHUS

落 葉或常綠喬木。單葉，全緣。聚繖或複聚繖花序；花單性或兩性，雌雄異株或雜生；花冠白色或淡黃色，四裂，全裂或深裂至基部；雄蕊生於花冠裂片基部；花柱短於子房。核果，橢圓形。

厚葉李欖

屬名	流蘇樹屬
學名	*Chionanthus coriaceus* (Vidal) Yuen P. Yang & S.Y. Lu

常綠小喬木。葉厚革質，長橢圓形，長 13 ～ 18 公分，寬 6 ～ 8 公分，先端漸尖或短突尖，側脈 7 ～ 9 對，細脈顯著；葉柄長約 1 公分，光滑。花小，淡黃色，花冠裂片厚，長橢圓形，長約 2.4 公釐。

產於菲律賓，在台灣僅生於離島蘭嶼。

聚繖或複聚繖花序

葉厚革質，長橢圓形，先端漸尖或突尖。

花小，花冠裂片 4，厚實。

紅頭李欖

屬名	流蘇樹屬
學名	*Chionanthus ramiflorus* Roxb.

常綠小喬木。葉厚紙質或薄革質，長橢圓形，先端鈍或漸尖；葉柄長約 3 公分，光滑。花冠四裂，白色，開展，花冠裂片線狀橢圓形，長約 1.6 公釐。果長球形，長 1.2 ～ 1.4 公分，徑 7 ～ 9 公釐。

產於印度、馬來西亞、菲律賓、澳洲及中國；在台灣僅生於離島蘭嶼。

花冠四裂，白色，開展，花冠裂片線狀橢圓形。

6 ～ 8 月開花

葉柄長約 3 公分，光滑。果期為 2 ～ 4 月。

流蘇樹

屬名　流蘇樹屬
學名　*Chionanthus retusus* Lindl. & Paxt.

落葉灌木或喬木，高可達 20 公尺。葉紙質，橢圓形，長 3 ～ 12 公分，寬 2 ～ 6.5 公分，先端鈍或略凹，下表面中脈明顯被毛，葉柄被毛。花冠裂片線狀匙形，長 1.1 ～ 1.4 公分。果實成熟時藍黑色。

　　產於中國、韓國及日本；在台灣分布於新竹、桃園及台北之低海拔台地，野外植株漸稀。

花冠裂片線狀匙形

盛花之植株

梣屬 FRAXINUS

落葉喬木。奇數羽狀複葉。複聚繖花序，花兩性或單性，花冠四深裂。堅果先端伸長成翅果狀，具 1 種子。

白雞油

屬名　梣屬
學名　*Fraxinus griffithii* C. B. Clarke

半落葉喬木，幹皮灰紅褐色或灰綠色，小薄片狀剝落。小葉 5 ～ 11 枚，橢圓或歪卵或披針形，長 2 ～ 14 公分，寬 1 ～ 5 公分，先端銳尖或漸尖，全緣。花冠四深裂，裂片線狀，雄蕊 2，柱頭頭狀。翅果。

　　產於印度、爪哇、印尼、菲律賓、中國大陸及琉球。分布於台灣全島中、低海拔山區。

花冠四深裂，裂片線狀，雄蕊 2，柱頭頭狀。

翅果，種子生於翅基部。

奇數羽狀複葉，盛花期在 5 ～ 6 月。

台灣梣

屬名　梣屬
學名　*Fraxinus insularis* Hemsl.

奇數羽狀複葉，小葉 3～5（～7）枚，長橢圓形，長 6～9公分，寬 2～3.5公分，先端突尖或長突尖或尾狀，鋸齒緣，兩面不滑，側脈 7～11 對。花序長 20～30公分；花萼平截；花冠裂片匙形，長約 2.5公釐。翅果長匙形，長 2～4公分，寬 3.5～5公釐，先端圓鈍，翅下延至堅果上方。

　　產於琉球；在台灣分布於全島中、低海拔山區之灌叢中。

花小，花瓣白色。

小葉 3～5（～7）枚，鋸齒緣。

素英屬 JASMINUM

攀緣灌木。單葉或羽狀複葉，對生，偶近互生，葉柄具關節。聚繖花序或花單生；花兩性；萼片四至十一裂；花冠四至十一裂，白色；雄蕊生於花冠筒上部。果實為漿果，常二裂。

披針葉茉莉花(川滇茉莉)

屬名　素英屬
學名　*Jasminum lanceolarium* Roxb.

攀緣大木，小枝光滑。小葉 3，革質，卵圓至橢圓形，長 3.5～16公分，寬 1～9公分，全緣，側脈不明顯。花冠筒長 2～2.5公分，裂片 5，橢圓或卵狀橢圓形，長約 1公分。漿果圓形，常二裂。

　　產於中國南部及印度，在台灣分布於全島低海拔山區。

漿果，常二裂；果枝近光滑。

花冠筒長 2～2.5公分，裂片 5 枚，長約 1公分。

小枝光滑。小葉卵圓形至橢圓形。

山素英

屬名　素英屬
學名　*Jasminum nervosum* Lour.

小枝柔軟，幼時略被毛。單葉，紙質或近革質，卵形至披針形，長 2 ～ 5.5
公分，全緣或有時波狀緣，基部三或五出脈。花常為 3 朵聚繖花序或單生；
花萼及花冠裂片 7 ～ 11；花萼裂片線形，果時增大。果實圓形，黑色。

　　產於中國南部及印度；在台灣分布於全島中、低海拔之平地或山區。

　　本種葉形變化大，生於恆春半島草生地上者葉小且厚。

花瓣裂片線形

果圓形，黑色。

單葉，卵形至披針形，基出 3 ～ 5 脈。

華素馨（琉球山素英）

屬名　素英屬
學名　*Jasminum sinense* Hemsl.

蔓性灌木，小枝被柔毛。小葉 3，幼時被柔毛，紙質，卵形至卵狀披
針形，羽狀脈，兩面被有短柔毛。花序及花萼外表被柔毛，花萼及花
冠五裂。

　　產於中國南部；在台灣分布於北部及中部低、中海拔山區，馬祖
亦有產。

葉脈上明顯被毛，葉脈腋窩有毛狀物。

小枝被柔毛

柱頭伸出花冠外

聚繖花序

川素馨(尾葉山素英)

屬名	素英屬
學名	*Jasminum urophyllum* Hemsl.

蔓性灌木，小枝柔軟光滑或被短柔毛。小葉 3，紙質，披針或線狀披針形，基部三出脈，花萼及花冠五裂。果實橢圓形，黑色。

　　產於中國；在台灣分布於中部及北部低中、海拔山區。

花冠裂片先端突尖

小葉 3 枚，紙質，披針形或線狀披針形。

女貞屬 LIGUSTRUM

單葉，對生。兩性花，輻射對稱，圓錐狀聚繖花序；花萼合生成鐘形，四裂；花冠漏斗形，四裂；雄蕊 2，著生於花冠筒口，與花冠裂片互生；雌蕊心皮 2 枚，花柱 1，柱頭二岔，子房 2 室，子房上位。果實為核果。

琉球女貞

屬名	女貞屬
學名	*Ligustrum liukiuense* Koidz.

小灌木或小喬木，高 3～5 公尺，幼枝被短柔毛。葉厚革質，橢圓形，長 3～8 公分，先端漸尖至銳尖，光滑，葉脈不明顯，葉柄長 4～8 公釐。花序具十二輪分枝，花冠筒長 2～5 公釐。

　　產於中國、韓國、日本、琉球及小笠原群島；在台灣分布於全島低、中海拔之森林邊緣或開闊地上。

圓錐狀聚繖花序，花冠四裂，雄蕊 2。

葉厚革質，橢圓形，光滑。花序可達約十二輪分枝。

松田氏女貞 特有種

屬名	女貞屬
學名	*Ligustrum matsudae* Kanehira *ex* T. Shimizu & M.T. Kao

小喬木，枝條常白色。葉長卵狀長披針形，長 3.5～8 公分，葉緣常波浪狀。圓錐狀聚繖花序；花萼杯狀，長約 1 公釐，不規則齒裂。果實小，圓球形。

　　特有種，產於恆春半島。

葉緣常波浪狀（郭明裕攝）

分布於台灣中南部低海拔地區（郭明裕攝）

玉山女貞 特有種

屬名	女貞屬
學名	*Ligustrum morrisonense* Kanehira & Sasaki

小灌木，偶匍匐，幼枝被毛。葉厚革質，長 0.8～1.5 公分，寬 5～11 公釐，先端圓鈍至略凹，偶銳尖；近無柄，葉柄長 1～3 公釐。花 2～5 朵簇生，無花序梗；花冠筒長約 8 公釐。

　　特有種，產於台灣中、高海拔山區之開闊地或裸岩上。

花冠筒長約 8 公釐

葉厚革質，長 0.8～1.5 公分，寬 5～11 公釐，先端圓鈍至略凹。

阿里山女貞

屬名　女貞屬
學名　*Ligustrum pricei* Hayata

灌木或小喬木，小枝柔軟，略被毛。葉薄革質，卵形，長 3.5 ～ 7 公分，側脈不明顯；近無柄，葉柄長 2 ～ 3 公釐。花序頂生，具 4 ～ 5 對分枝；花冠筒長約 6.5 公釐。

　　產於中國；在台灣分布於全島中、低海拔之林緣、溪溝及開闊地。

花冠筒長約 6.5 公釐（陳柏豪攝）

葉薄革質，卵形。花序約 4 ～ 5 對分枝。

小實女貞

屬名　女貞屬
學名　*Ligustrum sinense* Lour.

灌木或小喬木，幼枝略被毛。葉紙質，長橢圓形，長 3.5 ～ 8 公分，先端鈍圓至略凹，葉柄長 3 ～ 18 公釐。花序頂生，約具 12 對分枝；花冠筒長約 1.1 公釐。

　　產於中國；在台灣分布於全島中、低海拔之開闊地或裸岩上。

4 ～ 6 月開花

結果之植株

木犀屬 OSMANTHUS

灌木或喬木。花簇生或成短總狀；花萼四裂；花冠四裂，裂片在花芽中呈覆瓦狀排列；雄蕊 2。果實為核果。

無脈木犀

屬名　木犀屬
學名　*Osmanthus enervius* Masamune & Mori

小喬木或灌木，小枝被毛或光滑。葉近革質，披針或卵狀披針形，長 8 ～ 11 公分，先端尾狀漸尖，全緣，稀鋸齒緣，側脈及網脈明顯。繖形花序腋生，無花序梗；萼片長 0.8 ～ 1 公釐，寬三角形；花冠白色，長 3 ～ 4 公釐；花梗長 7 ～ 12 公釐，被毛。果梗長約 1 公分。

　　產於琉球及台灣中海拔森林中。

花較披針葉木犀小些，葉的脈不清。

葉披針或卵狀披針形，寬 1.3 ～ 2.2 公分。海拔分布 700 ～ 200 公尺。

異葉木犀

屬名　木犀屬
學名　*Osmanthus heterophyllus* (G. Don) P. S. Green

灌木或喬木，小枝被毛。葉革質，橢圓至橢圓狀披針形，長 4 ～ 6 公分，先端銳尖具短刺狀突起，常 3 ～ 5 突尖齒緣，稀全緣，側脈及網脈不明顯。花數朵於葉腋簇生；花冠鐘形，白色，先端四裂，裂片卵形；雄蕊 2。果梗長 8 ～ 13 公釐。

　　產於中國及日本；在台灣分布於中、北部及東部中、高海拔山區。

花簇生

花冠筒四裂，裂片卵形。

葉先端銳尖，具短刺狀突起；常 3 ～ 5 突尖齒緣，稀全緣。

側脈及網脈不明顯

高氏木犀 特有種

屬名　木犀屬
學名　*Osmanthus kaoi* (T.S. Liu & J.C. Liao) S. Y. Lu

喬木，小枝光滑。葉革質，長橢圓形，長 6 ～ 14.5 公分，先端漸尖，全緣，稀鋸齒緣，側脈及網脈明顯。花多數腋生成無柄之繖形花序。果梗長 1.1 ～ 1.6 公分。

特有種，產於台灣中、高海拔山區。

花多數腋生成無花序梗之繖形花序

葉革質，長橢圓形。

葉先端漸尖，全緣，側脈及網脈明顯。

披針葉木犀 (銳葉木犀) 特有種

屬名　木犀屬
學名　*Osmanthus lanceolatus* Hayata

常綠灌木至小喬木。葉亞革質，披針形至卵狀披針形，長 8 ～ 11 公分，寬 2 ～ 2.9 公分，葉尖尾狀漸尖，葉基銳，全緣，偶有鋸齒。繖形花序腋生，無總梗；萼片 0.8 ～ 1 公釐長，寬三角形；花白色，長 3 ～ 4 公釐，花梗長 7 ～ 12 公釐，被毛。核果長橢圓，徑約 1 公分。

特有種，分布台灣全島 2,000 ～ 2,400 公尺山區。

無總梗。花序基部苞片長 3 ～ 3.5 公釐，無毛。

葉脈明顯，葉長度 8 ～ 11 公分。

小葉木犀（厚邊木犀）

屬名　木犀屬
學名　*Osmanthus marginatus* (Champ. *ex* Benth.) Hemsl.

喬木，小枝光滑。葉厚革質，橢圓形或卵狀橢圓形，葉長 9～15 公分，先端銳尖或鈍，全緣，稀鋸齒緣，側脈不明顯。聚繖花序腋生，長 0.8～1 公分，具花序梗；小苞片裂片卵形至線形；花萼裂片橢圓形；花冠長約 3 公釐；花梗光滑，長約 1 公釐。果梗長 3～4 公釐。

　　產於中國及琉球，在台灣分布於北部及南部中低海拔山區。

雄蕊 2，花冠四裂。

葉側脈不明顯

葉先端銳尖或鈍。果黑熟。

大葉木犀

屬名　木犀屬
學名　*Osmanthus matsumuranus* Hayata

喬木，小枝光滑。葉革質，卵狀橢圓形或倒披針形，葉長超過 10 公分，先端漸尖，全緣，稀鋸齒緣，側脈明顯。具花序梗，花梗具毛，花白色，花冠長鐘形，四裂，雄蕊 2。果梗長 8～14 公釐。

　　產於印度、中南半島及中國；在台灣分布於全島中海拔闊葉林中。

花白色，花冠長鐘形，四裂，雄蕊 2。

具花序梗；花梗長 8～14 公釐，具毛。

葉長超過 10 公分，先端漸尖。

果梗長 8～14 公釐

列當科 OROBANCHACEAE

半 寄生或寄生草本，莖不分枝。半寄生者具正常葉，全寄生者葉常鱗片狀而螺旋排列。花單生或為總狀或穗狀花序，花兩性，兩側對稱，具 1 枚苞片及 0～2 枚小苞片；花萼筒二至五裂；花冠筒二唇形，上唇略凹或二裂，下唇三裂；雄蕊 4，與花冠裂片互生，二強雄蕊，假雄蕊 1 或缺，花藥 2 室，偶 1 室不孕；子房上位。果實為蒴果，2～3 瓣裂。

特徵

花冠筒裂成二唇形，上唇略凹或二裂，下唇三裂。（山蘿花）

花單生或排成總狀或穗狀花序，花兩性。（獨腳金，郭明裕攝）

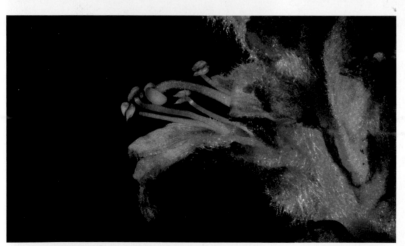

雄蕊 4，二強雄蕊，花藥 2 室。（列當）

花冠筒裂成二唇形，上唇略凹或二裂，下唇三裂。（馬先蒿）

蒴果（紫花齒鱗草）

半寄生或全寄生草本（紫花齒鱗草）

野菰屬 AEGINETIA

莖 極短，具數鱗片。花梗長於 5 公分，萼片苞片狀，2 室之花藥僅 1 室發育。蒴果 2 瓣裂。

野菰

屬名	野菰屬
學名	*Aeginetia indica* L.

一年生草本，高約 25 公分。葉退化成鱗片狀，莖上鱗片三角形，光滑。花莖不分枝，黃褐色；花紅紫色或帶紅紫色條紋；花冠筒長而內曲，淡紫紅色，肉質，長 3～5 公分，先端五裂。蒴果卵狀圓形。

　　產於亞洲熱帶及亞熱帶地區；在台灣分布於全島低海拔地區，常寄生於禾本科植物之根上，尤以芒草為多。

初果

花冠先端紫紅色

花之側面，花冠筒前半端白色。

柱頭膨大，黃色，雄蕊 2 長 2 短。　喜生於向陽處或空曠地區

寄生於芒草或其他禾本科植物之根上

黑蒴屬 ALECTRA

半寄生直立草本。葉對生，近莖頂處互生，鋸齒緣。穗狀花序頂生；花近無梗，具葉狀苞片；花萼鐘形，萼片 5，底部具 2 小苞片；花冠鐘形，花瓣 5，約略等長；二強雄蕊，花藥不相連，藥室約等長。蒴果包於花萼內，胞背開裂。

黑蒴

屬名	黑蒴屬
學名	*Alectra avensis* (Benth.) Merr.

半寄生直立草本，莖被剛毛。葉對生，近莖頂處互生，長橢圓狀卵形至披針狀卵形，長 1.5 ～ 4 公分，鋸齒緣，兩面疏被剛毛。花瓣黃色，後方花絲對有毛，花藥具小距。

　　產於尼泊爾、印度、中南半島、中國南部及馬來西亞；在台灣分布於中、南部中海拔山坡。

雄蕊 2 長 2 短，長花絲上具長毛。

果熟時黑色

每朵花外具一葉狀苞片，牙齒緣。

花黃色，略呈二唇形，花瓣 5 枚，柱頭特長，內彎包住花藥。

半寄生直立草本

草蓯蓉屬 BOSCHNIAKIA

花序總狀，具苞片；花萼杯狀，三至五齒裂；雄蕊 4，花藥具孕性，2 室。蒴果，2 ～ 3 瓣裂。

丁座草（川上氏肉蓯蓉）

屬名	草蓯蓉屬
學名	*Boschniakia himalaica* Hooker & Thomson

莖單一，花序高 9 ～ 30 公分，植物體光滑。花具短梗或無梗，花淡黃褐色或帶紫黑色。本植物生長於高海拔者之花序粗大，高達 20 ～ 40 公分；生於中海拔者之花序較小，花亦小且呈淡黃褐色。

　　產於印度北部、尼泊爾、錫金及中國；在台灣分布於中央山脈中至高海拔山區，寄生於杜鵑屬植物或箭竹之根上。

果序

莖單一，花序高 9 ～ 30 公分，寄生於杜鵑屬或箭竹之根上。

胡麻屬 CENTRANTHERA

半寄生直立草本。葉對生,近莖頂處互生,全緣,無柄。花單一,腋生;萼片 2,合生,一邊深裂近底,一邊淺裂,底部具 2 小苞片;花冠呈筒狀,裂片 5,約略等長;二強雄蕊,花藥不相連,藥室不等長。蒴果包於花萼內,胞背開裂。

胡麻草

屬名	胡麻屬
學名	*Centranthera cochinchinensis* (Lour.) Merr.

半寄生多年生草本,莖被剛毛。葉線狀披針形,長 1 ～ 5 公分,兩面被剛毛。花單一,腋生,近無梗,花瓣黃色,花心紅色,花絲有毛。蒴果包於花萼內。

　　產於中國、中南半島、韓國、日本及菲律賓;在台灣分布於全島低海拔之潮濕草地及季節性濕地。

花瓣黃色,花心紅色。葉線狀披針形。(郭明裕攝)

假野菰屬 CHRISTISONIA

莖極短。花近簇生於莖上端,白色;萼筒四或五裂;花冠呈筒狀;雄蕊 4,花藥具不孕性 1 室;子房 1 室。

假野菰

屬名	假野菰屬
學名	*Christisonia hookeri* C. B. Clarke

莖極短,肉質,具卵狀鱗片。花 2 ～ 4 朵簇生,白色,花冠筒裂成唇形,上唇略凹或二裂,下唇三裂,裂片近圓形,唇瓣有一黃色塊斑。

　　產於印度、斯里蘭卡、寮國及中國;在台灣發現於思源埡口往南湖大山途中及合歡山山區,寄生於箭竹根莖上。

花冠呈筒狀

莖極短,肉質。

碎雪草屬 EUPHRASIA

半 寄生多年生草本，莖叢生。葉對生，無柄，羽狀淺裂。花序總狀，花梗極短；萼片 4 枚，合生成筒狀或鐘狀；花冠二唇化，上唇兜帽狀，邊緣反折，下唇三裂，各裂片先端微凹；二強雄蕊，花葯兩兩相連，葯室先端具距。蒴果長橢圓形，胞背開裂。

南湖碎雪草 特有種

屬名	碎雪草屬
學名	*Euphrasia nankotaizanensis* Yamamoto

植株高 10 ～ 20 公分。葉卵形，長 8 ～ 14 公釐，寬 4 ～ 12 公釐，上表面密被毛，下表面疏被毛，葉緣三至四裂。花冠黃色，長 1 ～ 1.5 公分，二唇形，上唇兜帽斜上，下唇三裂，每裂瓣先端微凹，每裂瓣上有 3 脈，喉部具毛，上唇外表具毛狀物；花葯紫色，先端具尖距。

　　特有種，分布於南湖大山及雪山山脈等高海拔山區，惟雪山地區之葉上毛被較稀。

花冠黃色

葉上表面密被毛，葉緣三至四裂。

高 10 ～ 20 公分。

太魯閣小米草 特有種

屬名 碎雪草屬
學名 *Euphrasia tarokoana* Ohwi

半寄生多年生草本，具毛狀物及腺毛。葉寬卵形，長 4 ～
12 公釐，先端尖銳，上表面密被毛，下表面疏被毛，葉緣
三至四裂，近無柄。花冠紫色或紫白色，二唇形，上唇二
裂，近相等，每裂瓣微凹，下唇三裂瓣，中裂片較長，具
黃斑，深裂。

　　特有種，產於台灣全島中海拔山區。

花冠紫色

雄蕊內藏，花柱伸出。

葉寬卵形，長 4 ～ 12 公釐。此為白花者。葉具腺毛。

玉山小米草 特有種

屬名 碎雪草屬
學名 *Euphrasia transmorrisonensis* Hayata var. *transmorrisonensis*

小草本，莖下部匍匐，上部斜升，高 6 ～ 10 公分。
葉橢圓形、長橢圓形至卵形，長 6 ～ 12 公釐，兩面
疏被毛或近乎變無毛，葉緣二至三裂。花序總狀，花
梗極短；花萼光滑、疏被毛、密被毛或腺毛；花冠長
1.1 ～ 1.3 公分，具毛，白色有紫條紋，下唇常具黃
斑。

　　特有種，產於台灣全島中、高海拔山區。

產於台灣海拔 2,100 ～ 3,500 公尺山區。

葉兩面疏被毛或變近乎無毛

台灣碎雪草 (多腺毛) (小米草) 特有種

屬名　碎雪草屬

學名　*Euphrasia transmorrisonensis* Hayata var. *durietziana* T.C. Huang & M.J. Wu

多年生草本。苞片圓形至卵圓形，密被腺毛；花二唇形，上唇紫色，盔帽狀，下唇三裂，白底黃斑。與承名變種（玉山小米草，見第 131 頁）差異在於本變種葉兩面密被腺毛。

　　特有變種，產於台灣海拔 2,100 ～ 3,500 公尺山區。

花冠白色，有紫條紋，下唇常具黃斑。

葉緣二至三裂，葉兩面密被腺毛。

小草本，產於台灣全島中高海拔山區

齒鱗草屬 LATHRAEA

莖 或花莖矮小，基部分枝；花序穗狀或密集的總狀花序，偶稀疏排列；花萼鐘狀，先端四裂，鑷合狀排列；花冠筒稍直，先端二唇形，上唇微缺，盔狀，下唇小或極短，頂部截平或短三裂；雄蕊短於上唇或等長，花藥相等，邊緣有毛；花盤在下面的延伸成一短腺體；子房有胎座2，二裂，花柱頂部內折，柱頭頭狀或墊狀，全緣或微二岔。蒴果2瓣裂。種子極多。

紫花齒鱗草

屬名	齒鱗草屬
學名	*Lathraea purpurea* Commis

根寄生於玉山箭竹之根部，莖埋於地下，白色，疏生鱗片葉。葉對生，近圓形，被絲狀毛，近全緣，極小（長2～3公釐）。花直立，具短花梗；花萼管狀，外被細絨毛，先端截形（淺裂）；花冠呈筒狀，白色具紫色條紋，外被細絨毛，先端二唇形，上唇盔狀，下唇三裂，裂片橢圓形。果實圓球形。

　　產於錫金，在台灣生於合歡山山區箭竹林或鐵杉及冷杉林中。

果實

花冠筒狀，先端二唇形，上唇盔狀，下唇三裂，花瓣白色具紫色條紋，外被細絨毛。

山蘿花屬 MELAMPYRUM

　 年生半寄生草本。葉對生，全緣。苞葉與葉同形，常有尖齒或刺毛狀齒，較少全緣者。花具短梗，單生於小苞片中，集成總狀花序或穗狀花序，無小苞片；花萼鐘狀，萼齒4枚，後面兩枚較大；花冠筒管狀，向上漸變粗，簷部擴大，二唇形，上唇盔狀，側扁，頂端鈍，邊緣窄而翻捲，下唇稍長，開展，基部有兩條皺摺，頂端三裂；雄蕊4，二強雄蕊，花藥靠攏，伸至上唇內，藥室等大，基部有錐狀突尖。柱頭頭狀，全緣。

山蘿花

屬名	山蘿花屬
學名	*Melampyrum roseum* Maxim.

一年生直立草本，高15～80公分，全株疏被鱗片狀短毛；莖多分枝，四稜，有時莖上有兩列多細胞柔毛。葉對生，披針形至卵狀披針形，長2～8公分，寬0.8～3公分，先端漸尖，基部圓鈍或楔形，全緣，葉柄長約5公釐。總狀花序頂生；花下部有一葉狀苞片；花冠紫色，唇瓣有二白色突起物，上唇盔狀，裡面密被毛，下唇頂端三裂。

　　產於中國、韓國、日本及俄國；在台灣生於新竹那結山之山頂草叢旁。

花冠紫色，唇瓣有二白色突起物，上唇盔狀，裡面密被毛，下唇先端三裂。

一年生直立草本，高15～80公分，葉片披針形至卵狀披針形，先端漸尖。　　花下部有一葉狀苞片

列當屬 OROBANCHE

____ 或多年生全寄生性草本；莖極短或長，具闊卵形鱗片。花排成穗狀花序，具苞片，花萼筒三至五裂，花冠筒常彎曲，二裂，花冠上唇直立；雄蕊 4。

列當

屬名　列當屬
學名　*Orobanche coerulescens* Stephan

一年生寄生草本，高 15 ～ 40 公分，全株被白色絨毛；莖直立，單一，被長柔毛。葉鱗片狀，披針形或三角形，被柔毛。花密集成頂生穗狀花序；花萼五深裂，萼片披針形或卵狀披針形，長約為花冠之一半；花藍紫或灰藍色，二唇形，上唇寬，頂端常凹成二裂，下唇三裂，裂片卵圓形；柱頭頭狀蒴果二裂，卵狀橢圓形，具多數種子。

產於歐洲、西伯利亞、蒙古、俄國、尼泊爾、中國、韓國及日本；在台灣分布於全島海岸邊至高海拔之草生地，寄生於菊科艾屬植物之根上。

果卵狀

葉退化成鱗片狀

花藍紫色或灰藍色，花瓣常捲曲。

寄生於菊科植物茵陳蒿的根上

馬先蒿屬 PEDICULARIS

半寄生直立草本。葉有柄，羽裂。花萼壺形，歪斜，不規則二至五裂；花冠呈筒狀，上唇兜帽狀，下唇三裂具 2 摺；二強雄蕊，位於上唇內，花葯兩兩相連。蒴果包在花萼內，胞背開裂。

高山馬先蒿（馬先蒿草） 特有種

屬名	馬先蒿屬
學名	*Pedicularis ikomae* Sasaki

多年生草本。葉對生，橢圓形至長橢圓形，長 1 ～ 2.5 公分，上表面無毛，下表面無毛至疏被柔毛。花瓣紫紅色，上唇先端喙嘴狀。

特有種，產於台灣全島海拔 3,500 公尺以上山區。

花瓣紫紅色，上唇喙嘴狀。

葉對生

馬先蒿（玉山蒿草）

屬名	馬先蒿屬
學名	*Pedicularis verticillata* L.

半寄生一年生直立草本，全株密生毛。葉 3 ～ 5 枚輪生，羽裂，狹長橢圓形至狹橢圓形，長 1 ～ 3 公分，兩面疏被柔毛。花序頂生，花多數密集，花瓣紅色，偶有白色，上唇平頭，下唇三裂具 2 摺。

產於北半球；在台灣分布於全島中、高海拔 3,500 公尺以下山區。

葉羽裂，通常 4 枚葉輪生。花序頂生。

6 ～ 8 月盛花

花偶有白色者，上唇平頭，下唇 3 枚花瓣，具 2 摺唇。

黃筒花屬 PHACELLANTHUS

全 寄生性草本；花莖短，單生，粗厚；鱗片闊卵形，覆瓦狀排列；花無梗，排成短而粗厚的穗狀花序；萼片 2～4；花冠筒圓柱狀，延長，裂片 5，短，稍相等；雄蕊內藏，花絲上部增厚；子房具 4 心皮。果實為蒴果。

單種屬。

黃筒花

屬名	黃筒花屬
學名	*Phacellanthus tubiflorus* Sieb. *et* Zucc.

肉質寄生小草本，全株高 5～11 公分；莖直立，單生或簇生，不分枝。鱗片闊卵形，覆瓦狀排列，長 5～8 公釐，寬 3～4 公釐，邊緣稍膜質，先端尖。花常四至十餘朵簇生於莖端成近頭狀花序；花冠呈筒狀，先端二唇形，白色，後漸變淺黃色，長 2.5～3.5 公分，筒部長 2.5～3 公分，上唇頂端微凹或二淺裂，下唇三裂，明顯短於上唇，裂片近等大，長圓形；雄蕊 4，花絲纖細；子房橢圓球形，花柱伸長，長 1.3～1.6 公分，無毛，柱頭棍棒狀，近二淺裂。蒴果長圓形。

產於西伯利亞東部至日本，中國長江以北都有分布；在台灣僅分布於太平山及花蓮山區。

花冠呈筒狀，先端二唇形，白色。

肉質寄生小草本，全株高 5～11 公分，乍看像真菌。

松蒿屬 PHTHEIROSPERMUM

花 單一，腋生；花萼鐘形，五中裂，無小苞片；花冠淺紫紅色，筒狀，先端二唇形，上唇兜帽狀，邊緣反折，下唇 3 花瓣片，具 2 摺唇；二強雄蕊，位於上唇內，花藥兩兩相連。蒴果胞背開裂，長於萼片。

台灣有 1 種。

日本松蒿

屬名	松蒿屬
學名	*Phtheirospermum japonicum* (Thunb.) Kanitz

半寄生一年至二年生草本，全株被腺毛。葉對生，有柄，三深裂，每一裂片羽狀裂，鋸齒緣。花冠淺紫紅色，二唇化，上唇兜帽狀，邊緣反折，下唇三裂，具 2 摺唇，外表及唇內具毛狀物及腺毛。

產於中國、韓國及日本；在台灣分布於中部及北部中海拔山區之向陽草原及坡地。

花冠淺紫紅色，二唇形，上唇兜帽狀，邊緣反折，下唇三裂，具 2 摺。

花側面。葉對生，有柄，三深裂，每一裂片羽狀裂，鋸齒緣。

半寄生一年至二年生草本，全株被腺毛。

陰行草屬 SIPHONOSTEGIA

半 寄生直立草本，被毛。葉對生或上半部葉互生，全緣。花單一，腋生；花萼筒狀，十稜，萼片 5，具 2 小苞片；花冠呈筒狀，先端二唇形，上唇兜帽狀，邊緣略反折；下唇三裂，具 2 摺；二強雄蕊，位在上唇內，花藥兩兩相連。蒴果完全包在花萼內，胞背開裂。

陰行草

屬名	陰行草屬
學名	*Siphonostegia chinensis* Benth.

一年生半寄生草本，高可達 90 公分，密被鏽色短毛。葉三深裂，裂片羽狀深裂，中央裂片較大，兩面粗糙。花具 2 羽狀小苞片；花萼密被短毛，表面有十稜；花瓣黃色，上唇兜帽狀，下唇三裂，具 2 摺；柱頭伸出並彎曲向下。

產於中國東部、韓國及日本；在台灣分布於全島中、低海拔向陽地，主要在台東卑南大溪、南投東埔、台中東勢及苗栗銅鑼等地，稀有。

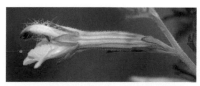

柱頭伸出並彎曲向下

下唇 3 枚花瓣，具 2 摺唇。

葉三深裂，裂片羽狀深裂，中央裂片較大。

一年生半寄生草本，高可達 90 公分。

獨腳金屬 STRIGA

半寄生一年生草本，綠色部分被細剛毛。莖下半部之葉對生或 3 枚輪生，上半部互生；葉線形，全緣，無柄。頂生穗狀花序或單生；花萼呈筒狀，五至十五稜，萼片 4～5，具 2 小苞片；花冠呈筒狀，二唇化，上唇凹缺或淺裂，下唇三裂；二強雄蕊，各自獨立不相聯。蒴果完全包被在花萼內，胞背開裂。

台灣有 2 種。

獨腳金

屬名	獨腳金屬
學名	*Striga asiatica* (L.) Kuutze

全株被粗毛。莖下半部之葉對生或 3 枚輪生，上半部互生；葉線形，全緣，無柄。花萼長 4～6 公釐，萼片 4～5 枚；花冠常黃色，稀紅色、粉紅色或白色，花冠筒長 8～12 公釐。通常寄生於禾本科植物根部。

產於熱帶非洲及亞洲；在台灣分布於台中、台南、屏東滿州、台東卑南溪及紅葉，稀有。

花冠常黃色

葉互生。總狀花序，頂生。（郭明裕攝）

高雄獨腳金

屬名	獨腳金屬
學名	*Striga masuria* (Buch.-Ham. *ex* Benth.) Benth.

半寄生一年生草本，全株被粗毛。葉線形，全緣，長 2～4.5 公分，寬 1.5～3 公釐，側脈不明顯，無柄。花萼呈筒狀，長 8～15 公釐，萼片 5 枚，十五稜；花冠白色，花冠筒長 2～2.5 公分，近先端彎曲，上被密毛，密生腺毛及密毛。蒴果完全包被在花萼內。

產於尼泊爾、印度、中國、中南半島及菲律賓；在台灣分布於南部低海拔之草原、台中大肚山及台東各河邊，稀有。

果熟開裂

花冠白色

冠筒密生腺毛及密毛，近先端彎曲。

果蒴果完全包被在花萼內

葉無柄，線形，全緣。

泡桐科 PAULOWNIACEAE

落 葉喬木。葉對生，卵形至寬卵形，近全緣，掌狀脈。小聚繖花序聚合成圓錐花序；花萼五深裂，無小苞片；花冠呈筒狀，花瓣 5，先端二唇形；二強雄蕊，花藥不相聯。蒴果胞背開裂。種子具翅。

台灣產 1 屬。

特徵

小聚繖花序聚合成圓錐花序；花萼五深裂；花冠呈筒形，裂片 5 枚，先端二唇形。（泡桐）

葉對生，卵形至寬卵形，近全緣，掌狀脈。（台灣泡桐）

花冠呈筒形，裂片 5 枚，先端二唇形。（白桐）

泡桐屬 PAULOWNIA

單 屬種，屬特徵如科特徵。

屬名	泡桐屬
學名	*Paulownia fortunei* Hemsl.

泡桐

莖枝被柔毛。葉長 15 ～ 30 公分，寬 10 ～ 18 公分，全緣或稀三至五淺裂，兩面被腺毛。小聚繖花序，花序圓筒狀，長約 25 公分，具明顯花序梗，花數通常為 3 朵；花冠長 5 ～ 8 公分，淡黃白色帶紫斑點。

產於中南半島及中國，在台灣分布於中部中海拔之闊葉林。

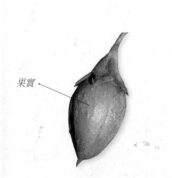

果實

聚繖花序上的花數通常為 3 朵，花冠淡黃白色帶紫斑點。

花序圓筒狀，長約 25 公分。

白桐

屬名　泡桐屬
學名　*Paulownia kawakamii* Ito

莖枝被柔毛。葉長 20 ～ 35 公分，寬 15 ～ 30 公分，全緣或稀三至五淺裂，稍波狀，上表面疏被毛，下表面被柔毛。小聚繖花序上的花數通常為 3 朵，殆無花序梗，或成繖形狀；花冠長 3 ～ 5 公分，淡藍紫色，有深紫斑。

　　產於中國，在台灣分布於全島中海拔之闊葉林。

花冠長 3～5 公分，淡藍紫色，有深紫斑。　花期在 3 ～ 4 月

台灣泡桐 特有種

屬名　泡桐屬
學名　*Paulownia* × *taiwaniana* T.W. Hu & H.J. Chang

莖枝變無毛。葉長 10 ～ 30 公分，寬 8 ～ 30 公分，全緣或稀三至五淺裂，上表面疏被腺毛，下表面被柔毛。小聚繖花序具明顯花序梗，長約等於花梗，花序圓錐狀，長達 80 公分；花冠長 5 ～ 7.5 公分，淡紫色或深紫色，喉部黃色帶深紫色斑點。

　　特有種，產於台灣中部中海拔山區，為天然雜交種。

花冠淡紫色或深紫色，喉部黃色帶深紫色斑點。（林家榮攝）

葉長 10 ～ 30 公分，寬 8 ～ 30 公分，全緣或稀三至五淺裂。　花序圓錐狀，長達 80 公分。（林家榮攝）

蠅毒草科 PHRYMACEAE

大多為一年生或多年生草本，少數為亞灌木。葉對生，有時具腺點。花下位；通常為總狀花序，稀單生或 2 或 3 朵花簇生；花萼管狀，先端齒裂，通常具稜；花冠兩側對稱，或少數輻射對稱，五裂，稀為三或四裂；雄蕊 4，二強雄蕊，少數雄蕊為 2，花絲插生於花冠筒上；心皮 2，胚珠多數或單心皮具 1 胚珠，柱頭大多為二岔。果實為蒴果或漿果，具宿存花萼。種子小，1 或多數。

溝酸漿屬 MIMULUS

多年生草本，常具走莖。葉對生。花單一，腋生；花萼呈筒狀，五稜，上端 5 齒，無小苞片；花冠呈筒狀，五瓣裂，先端二唇化，下唇 3 片，稍大，具二排棍棒狀毛；二強雄蕊，花葯兩兩相連。蒴果埋於花萼筒內，胞背開裂。

台灣有 1 種。

尼泊爾溝酸漿

屬名	溝酸漿屬
學名	*Mimulus tenellus* Bunge var. *japonicus (*Miq.) Hand-Mazz

莖四方，帶翼，無毛。葉卵形，長 1 ～ 4 公分，寬 1 ～ 2.5 公分，葉緣 3 ～ 5 齒，無毛。花冠黃色，長 1.5 ～ 2 公分，喉內有紅斑。蒴果長卵形，包於花萼筒內。

產於南韓、日本至台灣；在台灣分布於中部及北部中、低海拔之水邊及濕生地。

花冠黃色，喉內有紅斑。

蒴果包於萼筒內

溝馬齒屬 PEPLIDIUM

匍匐性草本。單葉對生。花大都單一，無柄，生於葉腋；花二唇形，花冠筒狀，淺五裂；可孕雄蕊 4 或 2，無退化雄蕊，花藥 1 室；子房上位。

濱溝馬齒

屬名	溝馬齒屬
學名	*Peplidium maritimum* (L. f.) Asch.

匍匐性草本，輻射狀生長；莖圓柱形，淡綠色，光滑。單葉，對生，葉圓形或橢圓形，全緣，長 0.7 ～ 1.2 公分，寬 0.5 ～ 1.2 公分，表面綠色，背淺綠，先端圓或略凹。單花或 2 花叢生於葉腋，花梗極短，苞片無。花白色，鐘形，花長約 5 公釐，徑約 3 公釐；花萼合生，圓筒形，綠色，長約 2.6 公釐。花冠基部合生成圓筒形，長約 2.3 公釐，淡綠色，光滑；雄蕊 2，著生於花冠筒上，花絲長約 1 公釐，花藥 1 室，花藥黃色；子房上位，倒卵形或橢圓球形，柱頭扁平舌狀，遠軸面具一枝狀附屬物。果單生，果梗極短，橢圓球形，徑約 2.6 公釐，綠色；花萼宿存包覆果實，花冠宿存。種子多枚，近圓柱形。

　　分布於熱帶非洲，埃及、伊拉克、印度、斯里蘭卡、馬來西亞與澳洲地區。台灣發現於西南部海邊附近。推測應該是由遷移性水鳥傳播。

初果、萼宿存包覆果實，花冠宿存。（陳志豪攝）

匍匐性草本，輻射狀生長。（陳志豪攝）

花稍二唇形，白色。（陳志豪攝）

蠅毒草屬 PHRYMA

草本。葉常成十字對生，被柔毛，披針形、卵形或菱形，先端銳尖，基部漸狹而成葉柄翼，粗圓齒緣。總狀花序；小苞片線形；花萼兩側對稱，筒狀，具 5 脊，三裂片線形，二裂片鑿形；花冠二唇形，上唇淺二裂，下唇三裂；雄蕊 4，二強雄蕊，花絲白色，無毛；雌蕊 1，花柱彎曲，宿存。蒴果埋於宿存花萼筒內。

蠅毒草

屬名	蠅毒草屬
學名	*Phryma leptostachya* L.

一年生直立草本，高約 60 公分，莖圓，具腺毛，節上膨大。葉對生，卵狀橢圓形，長 5 ～ 9 公分，寬 4 ～ 5 公分，先端漸尖，基部漸狹而成葉柄翼，鋸齒緣，兩面被毛。總狀花序頂生或腋生；花萼呈筒狀，先端二唇形，上唇三深裂，裂片先端具倒鉤，下唇二裂；花冠白色，二唇形，上唇二裂，下唇三裂。蒴果圓柱狀，緊貼花序軸，花萼宿存。

　　分布於東亞及北美東部；在台灣生於新竹尖石之中、高海拔山區。

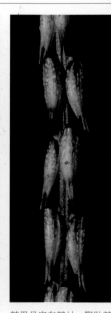

花冠二唇形，上唇片淺二裂，下唇片三裂。

花萼呈管狀，齒裂。

總狀花序特長，明顯。

蒴果具宿存苞片，緊貼花序軸。花萼上唇三深裂，裂片先端具倒鉤。

車前科 **PLANTAGINACEAE**

草本或灌木。單葉或複葉，基生、對生或螺旋狀排列，全緣或淺牙齒緣。花序為單獨的花莖，穗狀或頭狀；花多樣，兩性花，輻射對稱；萼片 3 或 4，合生為筒狀；花瓣 4 枚或 5 ～ 8 枚，花冠常分為上下兩部分之二唇狀；雄蕊 2 或 4，著生在花冠筒上，與裂片互生。果實為蒴果，蓋裂。蒴果或離果。

特徵

草本或灌木。單葉或複葉，基生、對生或螺旋排列，全緣或淺牙齒緣。（雪山水苦賈）

花多樣，兩性，花冠裂片 4 ～ 8。（腰只花）

雄蕊 2 或 4，著生於花冠筒上，與花冠裂片互生。（婆婆納）

過長沙屬 BACOPA

多年生親水性草本。葉對生，全緣。花單生或偶而成對，腋生；萼片 5，不等大，後方者最大，底部具 2 小苞片；花冠呈筒狀，花冠裂片 5，略二唇化；二強雄蕊，花藥不相連，藥室等長。蒴果包於花萼內。

卡羅萊納過長沙

屬名	過長沙屬
學名	*Bacopa caroliniana* Robinson

直立或匍匐性草本，挺水植株莖上具有柔毛，沉水植株多半光滑或具短柔毛。葉無柄，橢圓狀倒卵形、卵形或卵狀橢圓形，先端鈍，基部圓或有時略抱莖，全緣，具透明腺體，基部三出脈。花腋生，單生；花萼五裂，卵形，花冠不明顯二唇形，裂片通常為藍色或淺紫色，內側被短毛。

原產於北美洲南部，在亞洲許多國家都已逸出成為水田裡的雜草；目前在台灣各地的農田溝渠可發現少量的逸出族群。

葉無柄，橢圓狀倒卵形。

花藍色或淺紫色

過長沙（百克爬草）

屬名	過長沙屬
學名	*Bacopa monnieri* (L.) Wettst.

多年生蔓生光滑之草本。葉匙形至倒卵形，長 5 ～ 20 公釐，先端鈍，基部稍抱莖，殆全緣，兩面無毛。花單生，花冠不明顯二唇形，上唇平展，下唇三裂，裂片白或蒼白藍色。

產於熱帶地區，在台灣生長在全島近海稻田或海岸溪流的積水濕地上。1980 年代曾有水族業者引進原產地不明的過長沙栽培，進口的品種與台灣原產者最大的差異在於葉片近先端具有明顯的粗鋸齒，但在花部構造上並無明顯差異。

花白色，全緣。

多年生蔓生之草本，光滑。

水馬齒屬 CALLITRICHE

具細長莖的一年生草本。葉對生，線形至倒卵形，全緣，無托葉。花腋生，小，單性，單生或有時雄雌並生於葉腋；雄花具 1 雄蕊，包於 2 膜質小苞片內；雌花無柄或近無柄，子房四裂，花柱 2，離生。果實小，四裂，具緣或翼。種子具膜質種皮。

廣東水馬齒（*C. palustris* L. var. *oryzetorum* (Petrov) Lansdown）為近年來所發表的台灣新紀錄變種，其與水馬齒（見第 146 頁）的差別在於果實中央較寬。

柄果水馬齒

屬名	水馬齒屬
學名	*Callitriche deflexa* A. Braun *ex* Hegelm.

一年生草本。葉對生，長橢圓狀披針形或匙形或倒卵形，長 2 ～ 3 公釐，寬 0.8 ～ 1 公釐，先端圓至鈍，全緣。花無苞片，在同一葉腋中生 1 雄花及 1 雌蕊，花絲直，長 0.3 ～ 0.4 公釐，花藥長 0.1 ～ 0.2 公釐，黃色。離果具果柄，長達 4 公釐。

原產美洲，歸化於台灣北部。

離果具果梗，長達 4 公釐。

葉小，長 2 ～ 3 公釐，寬 0.8 ～ 1 公釐。

日本水馬齒

屬名	水馬齒屬
學名	*Callitriche japonica* Engelm. *ex* Hegelm.

葉倒卵形或卵狀圓形，長 3 ～ 12 公釐，寬 2 ～ 4 公釐，先端圓至鈍，全緣，不明顯三出脈。花無小苞片；雄花具很短的雄蕊，長度小於 0.4 公釐。果實稍有翅，短柄。

產於琉球及韓國；在台灣常見於北部及中部之濕地上。

雄花及雌花並生於葉腋，雄蕊花藥黃白色，雌蕊花柱線形。

台灣常見於北部及中部之濕地

果實稍有翅，短梗。

水馬齒（沼生水馬齒）

屬名　水馬齒屬
學名　*Callitriche palustris* L.

水中葉線形，長約1公分，寬1.5公釐，一或三出脈；浮水及挺水葉倒卵形或長橢圓形，長6～10公釐，寬2～5公釐，先端圓至凹缺，基部楔形或向基部漸尖，三出脈。花有小苞片；雄蕊長超過2公釐。果實橢圓形至倒卵形，邊緣具翼，上端翼最寬，長大於寬。

　　廣泛分布於北半球，在台灣常見於北部及中部之溝渠及水田中。

花及果有小苞片

浮水及挺水葉倒卵形或長橢圓形

果實橢圓形至倒卵形

凹果水馬齒

屬名　水馬齒屬
學名　*Callitriche peploides* Nutt.

葉倒披針或匙形，稀倒卵形，長3～5公釐，寬0.3～1公釐。雌花具柄，無小苞片，柱頭與子房等長；雄花有一雄蕊長約0.3公釐。果寬卵形，具梗，下端具狹長突起。

　　原產北美，近年被發現在台北近郊的水田中，數量不多。因為本植物並無吸引人的特性，可能是無意中被帶入台灣，作者在金門亦有發現。

一葉腋中生1雄花及1雌蕊

主要被發現於台北近郊的水田或溼地

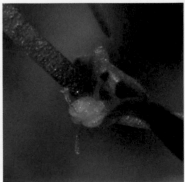

初果

細苞水馬齒 特有種

屬名	水馬齒屬
學名	*Callitriche raveniana* Lansdown

葉具一中脈及一對側脈。苞片小，長 0.2 ～ 0.3 公釐；雌花及雄花各 1，同生於葉腋。果實頂端及兩側均具翅，果小，果寬大於果高，長 0.6 ～ 0.9 公釐，寬 0.8 ～ 1.3 公釐，近無梗或具短梗。

特有種，產於台北、宜蘭低海拔之山區溼地，模式標本採於烏來孝義。

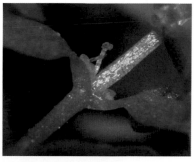

雌花及雄花各 1 朵共生於葉腋

生於烏來孝義的族群

苞片小，0.2 ～ 0.3 公釐，果頂端和兩側均具翅，果寬大於果高。

澤番椒屬 DEINOSTEMA

年生兩棲性直立草本，莖疏被具腺體的長直柔毛。葉對生，全緣，無毛，無柄。花單生或成對，腋生；萼片 5，深裂近底，不具小苞片；花冠紫色，二唇化，上唇花瓣片 2，下唇具 3 花瓣片；二強雄蕊，後方者孕性，前方者不孕性，花藥不相聯，藥室不等長。蒴果包於花萼內，胞背開裂。

毛澤番椒

屬名	澤番椒屬
學名	*Deinostema adenocaulon* (Maxim.) Yamazaki

莖疏被具腺體的長直柔毛。葉稍肉質，對生，卵形至橢圓形，長 5 ～ 8 公釐，寬 2 ～ 6 公釐，全緣，無柄。花於上半部葉腋生；花萼鐘形，深五裂，瓣裂；花冠鐘形，紫色，先端二唇形；雄蕊 4，二強雄蕊，後位二可孕，前位二不孕。蒴果，包於宿存花萼內。

產於日本、韓國及中國；在台灣目前僅知分布於北部及東北部少數地區的廢耕稻田及溼地。

花冠紫色，二唇化，上唇二裂，下唇三裂。

莖疏被腺體直柔毛。葉卵形至橢圓形，長 5 ～ 8 公釐，寬 2 ～ 6 公釐，全緣，無柄。

澤番椒

屬名	澤番椒屬
學名	*Deinostema violaceum* (Maxim.) Yamazaki

莖單生或具分枝，光滑。葉膜質，線形至線狀披針形，長 3 ～ 10 公釐，寬 1 ～ 2 公釐，殆 3 脈。花瓣藍紫色。

　　產於日本、韓國、中國；在台灣的分布僅限於桃園與新竹交界的少數濕地，且體型細小不易發現。

稀有水生植物，僅有二份日治時期採集自桃園的沼澤地及池塘內的標本。

葉線形，寬小於 2 公釐，花單生，具長柄，花冠紫色。

毛地黃屬 DIGITALIS

多年生直立草本。葉互生。花序總狀，頂生，單邊；萼片 5，不等大，深裂至底，無小苞片；花冠鐘形，先端二唇化，花瓣片 5；二強雄蕊，花藥不相連，藥室等長。蒴果包於花萼內，具喙，胞間開裂。

毛地黃

屬名	毛地黃屬
學名	*Digitalis purpurea* L.

多年生直立草本，莖被絨毛。基生葉卵形至卵狀長橢圓形，長 12 ～ 25 公分，往莖頂之葉尺寸漸小，鈍鋸齒緣，兩面被絨毛。花序總狀，甚長；花冠鐘形，先端二唇形，裂片 5 枚，紫色或白色，花冠筒內具斑點及色條。

　　原產於歐洲；在台灣全島中、低海拔山區可見，為栽植及逸出歸化種。

花冠筒內具斑點及色條

果序

花瓣紫色或白色

基生葉卵形，長 12 ～ 25 公分，往莖頂尺寸漸小。

虻眼草屬 DOPATRIUM

一年生直立草本，莖無毛。葉對生，多少肉質，全緣。花單一，生於莖上部每一葉腋；萼片 5，裂過其長之半，無小苞片；花冠呈筒形，先端二唇化，裂片 5 枚，上方 2 枚較小；雄蕊 2，花藥相連，藥室等長；假雄蕊 2，微小。蒴果胞背開裂。

虻眼草

屬名	虻眼草屬
學名	*Dopatrium junceum* (Roxb.) Buch.-Ham. *ex* Benth.

莖由基部分枝，長 15 ～ 30 公分，莖光滑。葉長橢圓形或線狀長橢圓形，長 1.5 ～ 3 公分，基部楔形，全緣，無毛，無柄。萼片 5，裂片三角形；花瓣淺玫瑰色或淺紫色。果實長約為萼片長之 2 倍，萼片緊貼果實基部。

產於熱帶亞洲及澳洲，在台灣分布於全島低海拔之濕地或田野。

果長約為萼片長之 2 倍，萼片緊貼果基。

在台灣常生於水田中

花單一，生於莖上部每一葉腋。

海螺菊屬 ELLISIOPHYLLUM

多年生匍匐性草本，被粗毛。葉互生，羽裂。花單一，腋生；花梗於花期時直立，果期時螺旋狀；花萼鐘形，先端五裂，裂過其長之半，小苞片微小；花冠漏斗狀，白色，裂片 5 枚，約略相等，喉部有毛狀物，花心黃色；雄蕊 4，近等長。蒴果包於花萼內，不規則開裂。

單種屬。

海螺菊(幌菊)

屬名	海螺菊屬
學名	*Ellisiophyllum pinnatum* (Wall. *ex* Benth.) Makino

特徵如屬描述。

產於尼泊爾、印度、中國、日本、菲律賓及新幾內亞；在台灣分布於全島中海拔山區之陰濕處。

花瓣 5 枚，約略相等，花冠喉部有毛狀物，花心黃色。

葉互生，羽裂。

腰只花屬 HEMIPHRAGMA

多年生匍匐性草本，被柔毛。葉兩型，大小不等，卵狀心形或針狀，鈍鋸齒緣；莖生葉對生，有柄；枝生葉叢生，無柄。花單一，腋生；花萼五深裂，宿存，無小苞片；花冠呈筒狀，玫瑰色或白色，花瓣 5 枚，約略相等；雄蕊 4，約略相等，分立，藥室匯合。蒴果遠大於萼片，胞間開裂。

　　單種屬。

腰只花（腰只花草、鞭打繡球、羊膜草）

屬名	腰只花屬
學名	*Hemiphragma heterophyllum* Wall.

葉兩型，莖上部之葉對生，圓心形或腎形，長 0.5 ～ 1.5 公分，寬 0.5 ～ 1.5 公分，心基，鈍形，兩面均疏生白色柔毛；簇生於短枝頂端的葉片針狀，長 2 ～ 5 公釐。花白色，裂片披針狀橢圓形，相等；雄蕊 4，略相等，不突出花冠外。

　　產於喜馬拉雅山區東部、緬甸、中國西部及中部、菲律賓；在台灣分布於全島中海拔之樹林及路旁。

果熟紅色

葉片圓心形或腎形，全株具毛。

簇生於短枝頂端的葉片針狀

雄蕊 4，略相等，不突出花冠外。

石龍尾屬 LIMNOPHILA

水生草本。葉對生或輪生，常具腺點。萼片 5 枚，約略相等或後方較大，合生成筒狀至鐘形；花冠呈筒狀或漏斗狀，先端二唇化，上唇通常二裂，下唇裂片 3；二強雄蕊，花藥不相連，藥室等長。蒴果包在花萼內，胞間開裂。

紫蘇草

屬名	石龍尾屬
學名	*Limnophila aromatica* (Lam.) Merr.

全株幾光滑。葉無柄，對生或 3 枚輪生，橢圓形至長橢圓披針形，長 1 ～ 5 公分，葉基抱莖，鋸齒緣，無毛，下表面疏被腺點；無沉水葉。花萼具小苞片，長三角形；花冠粉紅色或紫色，被有密毛。

　　產於東亞熱帶地區；在台灣多半分布於中南部溼地，北部地區較少見。

花冠粉紅色或紫色，內有密毛。

葉橢圓形至長橢圓狀披針形，鋸齒緣。

葉無柄，對生或 3 枚輪生。

擬紫蘇草

屬名　石龍尾屬
學名　*Limnophila aromaticoides* Yuan P. Yang & S.H. Yen

葉對生或 3～4 枚輪生，橢圓形至長橢圓狀披針形，長 5～35 公釐，葉基偶半抱莖，鋸齒緣，無毛或下表面疏被腺點；沉水葉 3～10 枚輪生，較狹長。花萼具小苞片；花冠白色，上方偶帶粉紅色，喉口具毛。

　　產於日本及中國東部；在台灣廣泛分布於全島低海拔之稻田與濕地，但在數量上以北部及東北部居多。

葉橢圓形至長橢圓狀披針形

花冠白色

無柄田香草

屬名　石龍尾屬
學名　*Limnophila fragrans* (G. Forst.) Seem.

莖直立或匍匐，長可達 50 公分，光滑至微被腺毛。挺水或近沉水葉對生，無柄，卵狀橢圓形至卵狀長橢圓形，長達 3 公分，寬 1 公分，先端鈍，楔形至楔形齒牙狀，光滑，網狀脈。花無梗單生，腋生或偶頂生；小苞片長 1.5～3 公釐，線狀披針形，光滑，貼伏；花萼長 3～5 公釐，光滑，於結果時不直立，裂片長 2.5～3 公釐，狹披針形；花冠長 6～10 公釐，白色或有時綴有淺紫色，外面光滑，內面被絨毛；雄蕊 4，後側一對花絲長 1.5～2 公釐，前側一對長 3～4 公釐，光滑或基部微被絨毛。蒴果長 4～5 公釐。

　　產於琉球、菲律賓、新幾內亞、澳洲北部、密克羅尼西亞、波里尼西亞；在台灣分布於南部。

挺水或近沉水葉，卵狀橢圓形至卵狀長橢圓形。

花冠二唇化，上唇通常二裂，下唇三裂。

異葉石龍尾

屬名　石龍尾屬
學名　*Limnophila heterophylla* (Roxb.) Benth.

多年生草本。挺水葉於莖上部者對生或互生，莖下部者輪生，長橢圓形，長 5 ～ 40 公釐，細鋸齒緣，葉基楔形至半抱莖，無毛；沉水葉 6 ～ 8 枚輪生，羽狀細裂，裂片線形，扁平，裂片 3 ～ 4 對，裂片寬度 0.1 ～ 0.4 公釐。花萼不具小苞片，花冠紫藍色。

　　產於東亞；在台灣目前僅知分布於高雄美濃地區之少數池塘，若生育地持續受到破壞則很有可能在數年內滅絕。

蒴果呈卵形（沈慈孝攝）

開花葉呈長橢圓形（沈慈孝攝）

大葉石龍尾（田香草、水胡椒）

屬名　石龍尾屬
學名　*Limnophila rugosa* (Roth) Merr.

多年生。葉對生，卵形至橢圓形，長 2 ～ 9 公分，寬 1 ～ 5 公分，葉基漸狹，細鋸齒緣，上表面粗糙，下表面疏被腺點，脈上被粗毛，有柄。花萼不具小苞片；花冠黃色，上有紫色紋。

　　產於琉球、馬來西亞、中南半島及太平洋群島；在台灣分布於全島低海拔之沼澤及稻田中。

葉為台灣產石龍尾屬植物中最大者，葉脈明顯。

無柄花石龍尾

屬名　石龍尾屬
學名　*Limnophila sessiliflora* Bl.

多年生，莖有毛。挺水葉 5 ～ 8 枚輪生，倒披針形至橢圓形，長 1 ～ 3 公分，葉基半抱莖，無毛，淺裂至深裂，小羽片線形，裂片 3 ～ 5 對，裂片寬 0.3 ～ 0.8 公釐；沉水葉 6 ～ 10 枚輪生，倒卵形至寬卵形，長 5 ～ 40 公釐，羽狀細裂，裂片線形，扁平。花無梗；花萼裂超過一半；花冠藍色、紫藍色或粉紅色，長度大於 1 公分。

　　產於東亞，在台灣歸化於北部低海拔之池塘及溝渠中。

　　蔡思怡在其論文中認為以往台灣大部分所稱的 *Limnophila sessiliflora*，有二群，其中一群為歸化植物學名為 *Limnophila sessiliflora*，另一群為新種，擬名為東方石龍尾（*L. orientalis*）。

花粉紅色，花冠長度大於 1 公分。（許天銓攝）

葉裂片 3 ～ 5 對，裂片寬度 0.3 ～ 0.8 公釐。

桃園石龍尾 特有種

屬名　石龍尾屬
學名　*Limnophila taoyuanensis* Yuan P. Yang & S.H. Yen

多年生草本，莖光滑。挺水葉 5 ～ 6 枚輪生，無毛，葉基半抱莖，葉長 1 ～ 2 公分，先三裂，再重複細分裂，最末的小裂片線形，裂片 3 ～ 5 對，裂片寬 0.1 ～ 0.4 公釐；沉水葉 6 ～ 8 枚輪生，細分，小裂片毛細筒狀。花萼裂不超過一半；花冠五裂，粉紅色，喉口呈黃色，長度大於 7 公釐。

　　特有種，產於桃園之濕地池塘及溝渠中。

花冠玫瑰紫色，在下唇中有二特別深的紫紅塊斑。雙連埤的植株。

東方石龍尾 特有種

屬名	石龍尾屬
學名	*Limnophila* sp.

與無柄花石龍尾相似，惟東方石龍尾的花冠長度小於 1 公分，其花冠內的顏色也有差異。

特有種，產於宜蘭及東北角之溼地及溪溝。

花正面

東北角的東方石龍尾之野生族群

花冠長度小於 1 公分，莖有毛。（許天銓攝）

屏東石龍尾 特有種

屬名	石龍尾屬
學名	*Limnophila* sp.

植株高5～10公分，莖光滑。葉兩型，挺水葉6～9枚輪生，羽狀分裂，長7～25公釐，裂片2～5對，長0.8～1.2公釐；沉水葉絲狀分裂。花單一，腋生；花冠五裂，紫紅色，長度小於7公釐。果實球形。

特有種，分布於台灣南部如屏東五溝水及高士、潮州等地之溼地，以往也常被歸為無柄石龍尾，亦有人認為其為新種，如林春吉取中名為屏東石龍尾。

本種為蔡思怡（2013）於其論文中提及的新種，擬名為 *L. pingtungensis*，但由於未正式發表，在此先不使用這個學名。

花紫紅色，長度小於 7 公釐。（vs. 無柄花石龍尾，花長度大於 10 公釐）　生於高士溼地之族群

絲葉石龍尾（石龍尾、台灣石龍尾）

屬名　石龍尾屬
學名　*Limnophila* sp.

多年生草本，莖有毛。挺水葉4～6枚輪生，倒披針形至倒卵形，長1～3公分，葉基半抱莖，淺裂至深裂，小羽片線形；沉水葉4～6枚輪生，倒卵形、寬倒卵形至寬橢圓形，長1～2公分，細分，小羽片線形，裂片3～4對，裂片寬0.2～0.6公釐。花有梗，花萼無小苞片；花冠玫瑰紫色，在下唇中有二特別深的紫紅塊斑，花冠長度小於7公釐。

　　產於日本、韓國及中國東部；在台灣過去曾產於宜蘭雙連埤、桃園龍潭及朴子之池塘及溝渠。

　　本種為蔡思怡（2013）於其論文中提及的新種，擬名為 *L. taiwanensis*，但由於未正式發表，在此先不使用這個學名。

花冠長度約1公分，粉紅色，其中1枚花瓣具有紫色縱紋，花冠筒喉部具有白色毛及黃塊斑。

葉長5～20公釐，先三裂，再重複細分裂，最後的小裂片線形。

過長沙舅屬 MECARDONIA

　　一年生草本，無毛。葉對生，無柄。花單生，腋生，無柄，具2小苞片；萼片5枚，外3枚明顯寬於內2枚。花冠黃色，二唇化；雄蕊4，二強雄蕊。蒴果二裂。

黃花過長沙舅

屬名　過長沙舅屬
學名　*Mecardonia procumbens* (Mill.) Small

莖直立或斜升，具四稜，綠色至紅色，常匍匐地面。單葉，對生或十字對生，稍肉質，卵狀橢圓形，先端鈍，基部楔形，葉緣鋸齒狀，葉表粗糙，具不明顯短柄。兩性花，單生或總狀花序，具小苞片2枚，苞片葉狀，覆蓋花萼；花萼五裂；花冠呈筒狀，黃色，先端二唇狀，上唇先端二裂或微凹，下唇三裂，內部喉部處明顯有紅紫色線紋；雄蕊4，合生，著生於花冠喉部；雌蕊心皮2枚，合生，花柱1，柱頭二岔，子房2室，子房上位。

　　原產於美洲，歸化於台灣全島。

花冠呈筒狀，黃色，二唇狀，上唇先端二裂或微凹。

植株常匍匐地面

果實

微果草屬 MICROCARPAEA

一年生草本，無毛。花單一，腋生，無梗；花萼呈筒狀，不具小苞片；花冠呈筒狀，粉紅色，略二唇化，裂片 5 枚，約略等長；雄蕊 2，花藥相連，無假雄蕊。蒴果包在花萼內，胞背開裂。
單種屬。

微果草(小葉胡麻草)

屬名	微果草屬
學名	*Microcarpaea minima* (Koenig) Merr.

一年生小草本，高約 10 公分，莖光滑無毛。葉對生，略肉質，橢圓形，長約 3 公釐，寬 2 公釐，全緣，無柄。花萼五稜，花期時長 1.5 〜 2.5 公釐，果期時長 2 〜 3 公釐，花萼裂片花期時長 0.3 〜 0.5 公釐，果期時長 0.5 〜 0.8 公釐，邊緣撕裂狀；花冠長約 2 公釐。果實球形，包在花萼內，長 1 〜 2 公釐。

產於亞洲及澳洲之熱帶及亞熱帶地區；在台灣分布於全島低海拔沼澤地、稻田及溼地之路旁。

花冠二唇狀，五裂，不等大，裂片具緣毛；花萼具緣毛。　　果實甚小，蒴果（極小）包覆於宿存花萼中。

葉對生，極小，長 3 公釐，寬 2 公釐，全緣，無柄。

柳穿魚屬 NUTTALLANTHUS

一年生或多年生草本。葉對生或輪生或莖上部者互生，羽狀脈，全緣、齒狀緣或分裂。花的顏色各式，排成頂生的總狀花序或穗狀花序。蒴果於頂部下孔裂或縱裂。

加拿大柳穿魚

屬名	柳穿魚屬
學名	*Nuttallanthus canadensis* (L.) Dum.

一或二年生植物，高25～80公分，直立莖。葉細長，長1.5～3公分，寬1～2.25公釐。總狀花序，頂生，長可達20公分；花紫色或灰白色，長約8公釐，上唇二裂，直立，裂片圓形，下唇三裂，下唇部中央有二白色的肉突狀物。

產於北美，歸化亞洲各地；在台灣分布於士林及陽明山。

果球形

為秋冬生長的一年生草本

花下唇中央有二白色的肉突狀物

車前屬 PLANTAGO

一年生或多年生草本或灌木。植株具有短根莖。葉基生且互生，稀莖生及互生或對生，全緣或羽裂，基部具鞘，具平行脈。穗狀花序；萼三至五裂；花冠四或五裂；雄蕊1或4；子房上位，2室，花柱1，柱頭被毛。

長葉車前草

屬名	車前屬
學名	*Plantago lanceolata* L.

多年生草本。葉柄與葉片約等長，葉片長10～50公分，披針形至長橢圓狀披針形，被長絨毛，近全緣，疏齒。花序橢圓至圓錐狀，苞片無毛，萼片3。果實不為宿存花被完全包住。種子凹陷，近船形。

原產歐洲，目前廣泛歸化北美、日本、琉球、中國及台灣；在台灣分布於北部中、低海拔之向陽草地。

花序橢圓至圓錐狀

葉片披針形至長橢圓狀披針形，長10～50公分，被長絨毛，近全緣；葉柄與葉片約等長。

巨葉車前草

屬名　車前屬
學名　*Plantago macronipponica* Yamamoto

多年生草本。葉片長 25 ～ 30 公分，卵形至寬卵形，無毛至微被毛，淺齒緣，葉柄長 15 ～ 25 公分。花序狹長線狀，苞片無毛，萼片 4。果實不為宿存花被完全包住。種子圓鼓。

　　產於日本，台灣模式標本採自於離島彭佳嶼。

果實（楊曆縣攝）

花序（楊曆縣攝）

葉片長 25 ～ 30 公分（楊曆縣攝）

大車前草（車前草）

屬名　車前屬
學名　*Plantago major* L.

多年生草本。葉柄與葉片約略等長，葉片長 4 ～ 10 公分，卵形、寬卵形或長橢圓形，無毛至微被毛，全緣或淺齒緣，通常波狀。花序穗狀狹長圓錐體，苞片無毛，萼片 4。果實不為宿存花被完全包住。種子圓鼓。

　　產於歐洲、亞洲溫帶及亞熱帶地區；在台灣分布於全島中、低海拔潮濕地帶。

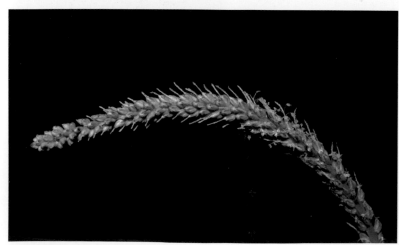

花序狹長圓錐體

葉卵形、寬卵形或長橢圓形，全緣或淺齒緣，通常波狀。

毛車前草

屬名	車前屬
學名	*Plantago virginica* L.

一年生草本。葉片倒披針形至長橢圓倒披針形，長 8～15公分，淺齒緣，被長柔毛，葉柄明顯短於葉片。花序狹長線狀，通常為閉鎖花，苞片被毛，萼片 4。果實為宿存花被完全包住。種子船形。

原產北美，歸化於日本、琉球及台灣；在台灣分布於北部低海拔之向陽草地。

雄蕊伸出

通常為閉鎖花

葉片倒披針形至長橢圓狀倒披針形，長 8～15 公分，被長柔毛。

野甘草屬 SCOPARIA

至多年生直立草本。葉對生或倫生，無柄，先端牙齒緣；花多單生或成對，頂生或腋生，輻射對稱；萼裂片 5，深裂，無小苞片；花瓣 4 枚，約略相等；雄蕊 4，各自獨立不相連。

野甘草（鈕吊金英、珠仔草、金荔枝）

屬名	野甘草屬
學名	*Scoparia dulcis* L.

一年生草本，莖三稜。葉 3 枚輪生，長橢圓狀卵形至橢圓形，長 1～2.5 公分，鋸齒緣至牙齒緣，上表面無毛，下表面被腺體。花單生或成對；花瓣 4 枚，約略相等，白色，基部淡紫色，喉部具許多毛狀物。

產於熱帶地區，在台灣分布於全島低海拔之田野及濕生地。

花瓣白色，基部淡紫色，喉部具許多毛狀物。

葉 3 枚輪生

蠻生花屬 STEMODIA

多年生草本，分枝或不分枝，莖匍匐至直立。葉通常對生，鋸齒緣。花序總狀；花萼下方具 2 苞片；上唇二裂，拱形，下唇反捲；雄蕊 4，成二對；柱頭 2，扁平。果實開裂。種子多，網狀。

輪葉蠻生花

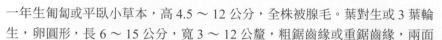

屬名	蠻生花屬
學名	*Stemodia verticillata* (Mill.) Hassl.

花冠有深紫條紋，喉部具長毛。

一年生匍匐或平臥小草本，高 4.5 ～ 12 公分，全株被腺毛。葉對生或 3 葉輪生，卵圓形，長 6 ～ 15 公分，寬 3 ～ 12 公釐，粗鋸齒緣或重鋸齒緣，兩面密被腺體；葉基下延成柄，柄長 3 ～ 13 公釐。花單生葉腋，每節有花 2 ～ 3 朵；花萼五深裂；花冠筒狀，二唇形，上唇二淺裂，下唇三裂，花瓣紫色具條紋；雄蕊 4，二強雄蕊；柱頭單一。蒴果卵球形，成熟時棕色，內含種子多粒。

原產墨西哥、南美北部及加勒比海沿岸；最近在台灣歸化於本島北部，如文山、八里、三芝、潮州及光復等地。

蒴果卵球形。全株具腺毛。

葉對生或 3 葉輪生，卵圓形，粗鋸齒緣或重鋸齒緣。

婆婆納屬 VERONICA

一或多年生草本。葉通常對生。花萼四或五，深裂；花冠筒狀，輪形，二唇化，上唇先端全緣或微凹，下唇花瓣片 3；雄蕊 2，花藥通常不相連；子房側扁。

直立婆婆納

屬名	婆婆納屬
學名	*Veronica arvensis* L.

一年生直立或斜升草本，莖有毛。莖上半部之葉近無柄，互生，莖下半部之葉柄甚短，對生，寬卵形，長 7 ～ 10 公釐，寬 5 ～ 7 公釐，被腺毛及白毛，葉緣每邊具 2 ～ 3 鈍齒。花藍紫色，花梗短於 2 公釐。蒴果扁平，先端中裂，具宿存花柱。

產於歐洲、非洲及亞洲；在台灣分布於北部中海拔之荒廢地。

花冠亦見只有四裂者

葉寬卵形。莖具毛。

花二唇化，上唇先端全緣或微凹，下唇三裂；雄蕊 2。

蒴果扁平，先端中裂。

婆婆納

屬名	婆婆納屬
學名	*Veronica didyma* Tenore

一年生或二年生直立或斜倚草本。莖上半部之葉近無柄，下半部之葉柄短，葉卵形至寬卵形，長寬各 6 ～ 10 公釐，被毛。花玫瑰紫色，雄蕊 2。蒴果膨脹，先端凹缺，外表具腺毛；果梗長 5 ～ 10 公釐，果期時果梗比葉短。

產於歐洲、中國、日本、韓國、琉球及台灣；在台灣分布於北部低海拔之向陽地。在《台灣植物誌》僅引用一份標本（HSINCHU: Sintiku, Simada），但金門普遍分布。

蒴果膨脹，先端凹缺，外表具腺毛。

生於烈嶼的植株

花玫瑰紫色

睫毛婆婆納

屬名	婆婆納屬
學名	*Veronica hederifolia* L.

全株有毛，莖自基部分枝成叢，下部伏地，斜升，全株被多細胞長伏毛。莖基部之葉對生，上部之葉互生；葉寬心形或扁卵形，長 7 ～ 10 公釐，寬 8 ～ 12 公釐，邊緣有粗鈍鋸齒 2 ～ 3 對，兩面疏生柔毛。

原產歐洲、北非；在台灣歸化各野地。

花萼被長毛（王金源攝）

被毛草本，匍匐狀。（王金源攝）

花冠四裂（王金源攝）

爪哇水苦蕒

屬名	婆婆納屬
學名	*Veronica javanica* Bl.

一年生或二年生直立草本。葉三角狀卵形，長 2 ～ 3 公分，有柄至近無柄，鋸齒至雙鋸齒緣，齒數通常大於 7，疏被毛。花小，白色、粉紅色或藍紫色，甚少張開，花冠四至五裂。蒴果稍扁平，先端心形。

產於非洲、印度、爪哇、馬來西亞、中南半島、中國南部、台灣、琉球及日本；在台灣分布於全島中、低海拔之荒廢地及開闊地。

偶見花冠五裂者　　　　果實先端被毛

花小，白色、粉紅色或藍紫色，甚少張開。

花冠裂片常為 4，粉紅色。

追風草（細葉婆婆納）

屬名	婆婆納屬
學名	*Veronica linariifolia* Pallas *ex* Link

多年生草本，具短根莖，莖直立。葉倒披針形至線狀倒披針形，長 4 ～ 8 公分，近無柄，朝先端部分疏鋸齒緣，兩面被毛。花序頂生，密集；花藍紫色。蒴果膨脹，先端微凹。

產於西伯利亞、韓國、蒙古、日本、中國及台灣；在台灣分布於全島中海拔之草原及開闊地，不常見。

花藍紫色（陳志豪攝）

花序頂生，花密集。葉倒披針形至線狀倒披針形。（陳志豪攝）

山水苦蕒 特有種

屬名　婆婆納屬
學名　*Veronica morrisonicola* Hayata

多年生匍匐性草本。葉長橢圓狀倒卵形，長 1.5～2.5 公分，全緣或略鋸齒緣，兩面被毛，無柄。花藍紫色或紫紅色，花藥藍紫色，喉部有毛。蒴果扁平，先端凹缺。

　　特有種，產於台灣全島中、高海拔山區。

花藥藍紫色，喉部有毛。

產於全島海拔 2,500～3,000 公尺之針葉林中及草原上

葉長橢圓狀倒卵形，長 1.5～2.5 公分，無柄。

蒴果扁平，先端凹缺。

貧子水苦蕒 特有種

屬名　婆婆納屬
學名　*Veronica oligosperma* Hayata

多年生斜升草本。葉三角狀卵形，長 1.2～2 公分，寬鋸齒緣，2～3 對鋸齒，兩面被毛，明顯有柄。花白色，有粉紅色暈。蒴果稍扁平，先端微裂。

　　特有種，產於台灣全島海拔 2,500～3,000 公尺之針葉林及草原。

花白色，有粉紅色暈。

葉三角卵形，長 1.2～2 公分，寬鋸齒緣，2～3 對鋸齒。

毛蟲婆婆納

屬名　婆婆納屬
學名　*Veronica peregrina* L.

一年生直立草本。葉倒披針形，長 7 ～ 19 公釐，近全緣或上半部寬牙齒緣，無毛或偶而微被小腺毛，除了莖最低處者之外皆為無柄。花白色，子房無毛。蒴果膨脹，先端微凹。

　　產於美洲、西伯利亞、韓國、中國、日本及台灣；在台灣分布於北部中、低海拔荒廢地及稻田中。

蒴果膨脹，先端微凹。

除了植株最低部分外，葉皆為無柄，近全緣或上半部寬牙齒緣。

花白色，子房無毛。

阿拉伯婆婆納（台北水苦賣）

屬名　婆婆納屬
學名　*Veronica persica* Poir.

一年生或二年生斜升或匍匐性草本。葉卵形，長 1 ～ 2 公分，寬鋸齒緣，兩面被毛，短柄。花藍色，具深條紋，花及花梗具毛。蒴果扁平，具毛，先端深裂；果梗長 8 ～ 25 公釐，比葉長。

　　原產於歐洲及西亞；歸化台灣全島中、低海拔路旁及荒廢地。

花藍色，具深條紋。

蒴果扁平，具毛，先端深裂；果梗長 8 ～ 25 公釐，具毛。

歸化台灣全島中、低海拔路旁及荒廢地。

葉卵形，長 1 ～ 2 公分，寬鋸齒緣，兩面被毛，短柄。

台灣水苦藚 特有種

屬名	婆婆納屬
學名	*Veronica taiwanica* Yamazaki

多年生草本，高 15 ～ 30 公分，光滑或無毛。葉卵形至心形，長 2.5 ～ 4 公分，先端鈍，鋸齒緣，兩面有毛；明顯有柄，柄長 1.2 ～ 2 公分。花序具 3 ～ 10 朵花，花藍色，直徑約 1.2 公分；苞片線形，比萼片短。蒴果稍扁，先端微凹。

　　特有種，分布於北部中海拔森林，尤以太平山、四季林道為多。

花白色，有紫紋。

葉卵形，長 2.5 ～ 4 公分，鋸齒緣，兩面有毛，明顯有柄。

雪山水苦藚 特有種

屬名	婆婆納屬 。
學名	*Veronica tsugitakensis* Masamune

與玉山水苦藚（*V. morrisonicola*，見第 163 頁）相近，主要差異在於本種具有較短的總花梗且植株較小，葉短於 1 公分，葉寬少於 4 公釐，節間短於 7 公釐，果內種子數 3 ～ 5。

　　特有種，主要產於雪山。

主要產於雪山

與玉山水苦藚近似，主要差異在於本種具有較短的花序梗且植株較小。

水苦蕒

屬名	婆婆納屬
學名	*Veronica undulata* Wall.

一年生或二年生直立草本。葉橢圓形、長橢圓形或長橢圓狀披針形，長 1.5 ～ 4 公分，近全緣或細鋸齒緣、波狀緣，無毛或微被小腺毛，短柄至無柄。花白色帶玫瑰色或淺藍紫色。蒴果膨脹，先端圓或微凹。

　　產於北美、歐洲及東亞；在台灣分布於全島中、低海拔之沼澤地、河床及稻田。

花白色帶玫瑰色或淺藍紫色

葉橢圓形、長橢圓形或長橢圓狀披針形。

玉山前山水苦蕒 特有種

屬名	婆婆納屬
學名	*Veronica yushanchienshanica* S. S. Ying

多年生匍匐性草本，植株高 10 ～ 20 公分，莖多毛；節間長度 1.2 ～ 3.5 公分。葉近革質，長橢圓狀或狹長橢圓形，葉背偶有紅色，葉長 1.7 ～ 3 公分。花序長 1 ～ 7 公分；花冠筒粉紅色。

　　特有種，特產玉山前山登山口附近。

花淡粉紅色

特產玉山前山登山口附近

腹水草屬 VERONICASTRUM

多年生草本。葉互生，鋸齒緣。總狀花序或穗狀花序；花萼五裂，深裂至底；花冠呈筒狀，花瓣 4 枚，上方 1 枚較大；雄蕊 2，獨立不相連；花柱單一，柱頭頭狀，全緣或稍二裂。蒴果胞背開裂。

新竹腹水草 特有種

屬名	腹水草屬
學名	*Veronicastrum axillare* (Sieb. & Zucc.) Yamazaki var. *simadae* (Masam.) H. Y. Liu

多年生匍匐性草本。葉長橢圓形至卵形，長 5 ～ 11 公分，鋸齒緣，兩面被毛，有柄。花序圓筒狀，腋生；花藍紫色，花瓣 4 枚，上方 1 枚較大；花絲紫色。

　　特有變種，產於台灣北部低海拔陰濕山谷。

花藍紫色，花瓣 4 枚，上方 1 枚較大；　萼片長度較果長　　年生匍匐性草本
花絲紫色。

台灣腹水草 特有種

屬名	腹水草屬
學名	*Veronicastrum formosanum* (Masam.) Yamazaki

葉線狀披針形，長 4 ～ 12 公分，鋸齒緣，無毛，無柄。花紫色或紫紅色；雄蕊 2，獨立不相連；喉部具毛。

　　特有種，產於台灣東部山區，如清水山、和平林道及南橫。

葉無柄，線狀披針形。

雄蕊 2，獨立不相連。

花冠喉部具毛

高山腹水草 特有種

屬名　腹水草屬

學名　*Veronicastrum kitamurae* (Ohwi) Yamazaki

葉近無柄，卵形，長 4～6 公分，鋸齒緣，無毛，葉腋處常生有二小葉。總狀花序頂生，花紫色；萼片 5，深裂至底。

特有種，產於全島中、高海拔森林中。

總狀花序頂生，花紫色。（郭明裕攝）　　葉腋處常有二小葉（郭明裕攝）

羅山腹水草 特有種

屬名　腹水草屬

學名　*Veronicastrum loshanense* Tien T. Chen & F.S. Chou

多年生草本，莖直立。葉卵圓形，葉腋處常生有 2 小葉。花頂生，長總狀花序；花紫紅色，花瓣內面有許多毛狀物。果實球形，光滑，具宿存柱頭。

特有種，生於台灣東部羅山瀑布、安通、南安及瑞港公路西段等地。

花序　　　　　　果球形，光滑，具宿存柱頭。　　植株直立。葉片卵圓形。

玄參科 SCROPHULARIACEAE

大多為草本，稀為木本。單葉，對生，無托葉。花兩性，兩側對稱；萼片4或5枚，有時癒合成1或2枚；花瓣4或5枚，合生，常呈二唇形；雄蕊著生於花冠筒上，常為二強雄蕊；子房上位，稀為下位。果實為蒴果或核果。

　　本科昔日為一大科，但根據分子親緣關係研究的新分類系統，已將其中許多屬分別移至母草科、列當科、泡桐科、蠅毒草科及車前科。並移入原屬馬錢科（Logauiaceace）及苦藍盤科（Myoporaceae）之部分類群。

特徵

大多為草本，稀為木本。單葉對生。（彎花醉魚木）

花瓣4或5枚，合生，常呈二唇形。（揚波）

雄蕊著生於花冠筒上（苦藍盤）

金魚草屬 ANTIRRHINUM

一年生或多年生草本，稀為矮灌木。葉生於莖下部的對生，生於莖上部的互生，葉片邊緣全緣或分裂，具羽狀脈。總狀花序頂生或單花生於葉腋；花萼具五裂片，裂片明顯長於萼筒；花冠白色、黃色、粉紅色或紫色，筒狀漏斗形，花冠筒基部前方呈囊狀或一側腫脹，簷部明顯二唇形，下唇開展，具三裂片，裂片開花後微外捲，上唇直立，具二裂片或先端微凹，喉部有2個喉凸，故喉部幾為突起的喉凸所封閉；雄蕊4，二強，不伸出花冠筒之外，花絲上部膨大，花藥2室；子房被腺毛，花柱絲狀，柱頭頭狀。果為蒴。種子多數，長圓形。

一年生草本植物，馴化於中部低海拔路旁。（趙建棣攝）

小金魚草

屬名	金魚草屬
學名	*Antirrhinum orontium* L.

一年生草本，植株高20～50公分。莖上部具腺狀短柔毛。葉全緣，近無柄，線形到長橢圓形，長20～50公釐，寬2～8公釐，漸先端漸尖，光滑。腋生總狀花序；萼裂片5，線形，不等長；花冠白色至粉紅色，長10～15公釐。果實卵球形，長7～10公釐，被腺狀短柔毛。

　　原產於西南歐至中歐，最近被發現歸化於台灣中部的低海拔開闊區域。

揚波屬 BUDDLEJA

喬木或灌木，稀為草本，常具星狀毛。葉對生，稀互生，全緣、細鋸齒緣或鈍齒緣。花排成頭狀、總狀、穗狀或圓錐狀；花萼四裂；花冠漏斗狀或高杯狀，四裂；雄蕊 4；子房 2 室。果實為蒴果。

揚波（駁骨丹、白埔薑）

屬名	揚波屬
學名	*Buddleja asiatica* Lour.

灌木，高 1～8 公尺。葉薄紙質，披針形，長 5～12 公分，寬 1.5～7 公分，先端漸尖，全緣、細鋸齒或鈍齒緣，側脈 8～11 對，下表面密被灰白或黃褐色毛。圓錐狀穗狀花序頂生及腋生，花序軸密生褐毛；花冠白色，花冠筒直。果橢圓形。

產於印度、馬來西亞及中國；在台灣分布於低至中海拔之路邊、河床砂地。

葉下表面密被灰白色或黃褐色毛

灌木，高 1～8 公尺。葉薄紙質，披針形。

花冠白色，花冠筒直。

彎花醉魚木

屬名	揚波屬
學名	*Buddleja curviflora* Hook. & Arn.

灌木。葉膜質，長橢圓狀披針形，長 5～12 公分，寬 2～6.5 公分，漸尖頭，全緣或不明顯細齒緣，側脈 5～7 對，下表面被黃褐色毛。頂生向上的穗狀花序，長可達 15 公分；花冠淺紫紅色，花冠筒略彎曲。果實常具宿存花冠。

產於日本南部及琉球；在台灣分布於東部低至中海拔之河谷，稀有，太魯閣天祥一帶最多。

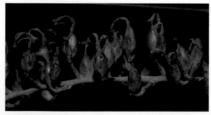
果常具宿存花冠

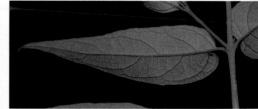
葉下表面被黃褐色毛

花冠淺紫紅色，花冠筒略彎曲。

葉長橢圓狀披針形，側脈 5～7 對。

苦藍盤屬 MYOPORUM

灌木。單葉，互生或近輪生，具透明腺體，無托葉。花單生或簇生，兩性；花萼五裂；花冠常五裂；雄蕊常 4，著生花冠上與花冠裂片互生；子房下位。果實為核果。

苦藍盤

屬名	苦藍盤屬
學名	*Myoporum bontioides* (Sieb. & Zucc.) A. Gray

小灌木，高 1 ～ 2 公尺。葉肉質，倒披針至長橢圓形，長 6 ～ 10 公分，寬 1.5 ～ 3.5 公分，全緣或淺鋸齒緣，側脈 3 ～ 4 對，光滑無毛。聚繖花序，花 1 ～ 4 朵，花淡粉紅或淡紫色，雄蕊 4，著生於花冠上，喉部具毛，常有紫斑。

　　產於中國南部至日本，在台灣分布於西部沿海地區。

花冠喉部具毛，常有紫斑；
雄蕊 4，著生於花冠上。

初果

分布於台灣西南部沿海地區

玄參屬 SCROPHULARIA

草本，常有腥臭味。葉對生。頂生圓錐花序；花萼五裂，深裂至底，無小苞片；花冠壺形，先端二唇化，花瓣 5 枚，上唇 2 枚較大；雄蕊 4，略二強雄蕊狀，假雄蕊 1；花柱斑一，柱頭頭狀，全緣或稍二裂。蒴果胞間開裂，遠長於萼片。

雙鋸齒玄參（雙鋸葉玄參）特有種

屬名	玄參屬
學名	*Scrophularia yoshimurae* Yamazaki

多年生草本。葉卵形至長橢圓形，長 3 ～ 13 公分，雙鋸齒緣，無毛或僅脈上有毛。花瓣淡紫色，二唇化，花瓣 5 枚，上唇 2 枚較大，下唇 3 枚較小，中裂片常反折；雄蕊 4，黃色，略二強雄蕊狀；假雄蕊 1，紅色，稍高於花冠口。

　　特有種，產於台灣全島中海拔山區。

假雄蕊紅色，雄蕊黃色。

葉卵形至長橢圓形，雙鋸齒緣。

馬鞭草科 VERBENACEAE

灌木或喬木，稀為藤本或草本。葉對生，稀為輪生，無托葉。花兩性；花萼宿存，四至五裂；花冠四至五裂，略呈兩側對稱；雄蕊 4，與花冠裂片互生，花絲離生，著生於花冠筒上；子房上位，花柱通常頂生，柱頭單一或二岔。果實為核果或蒴果。

特徵

花冠四至五裂，略呈兩側對稱。（柳葉馬鞭草）

灌木或喬木，稀為藤本或草本。葉對生，稀為輪生。（馬櫻丹）

馬櫻丹屬 LANTANA

直立或蔓性灌木，小枝常具刺。單葉，對生或輪生。穗狀花序呈柱狀或頭狀，通常腋生；花萼先端截形或略齒狀；花冠顏色多變，二強雄蕊，著生於花冠筒中部；子房 2 室；花無梗。果實為核果。

馬櫻丹

屬名　馬櫻丹屬
學名　*Lantna camara* L.

灌木，莖方形，高可達 2 公尺，具惡臭。葉紙質，卵形至長卵形，長 4 ～ 7 公分，寬 2.5 ～ 4 公分，鋸齒緣。花序頭狀，具長花序梗；花多由黃轉紅、粉紅、橘紅或橘黃色。果實球形，紫或黑色。

　　可能原產於印度，目前廣泛分布於許多熱帶及亞熱帶地區；在台灣歸化於低海拔。

花序頭狀，具長梗。

灌木，莖方形，高可達 2 公尺，具惡臭。

果球形，紫或黑色。

鴨舌癀屬 PHYLA

多年生草本，莖匍匐，具丁字狀毛。葉多具齒。花序頭狀，腋生，具長花序梗；花無梗，生於苞腋；花萼膜質，二深裂；花冠四或五裂，二唇形；二強雄蕊；子房 2 室。果呈 2 小分核包於宿存花萼內。

　　台灣有 1 種。

鴨舌癀（鴨舌黃）

屬名　鴨舌癀屬
學名　*Phyla nodiflora* (L.) Greene

多年生匍匐性草本。葉倒卵形或匙形，長 1.5 ～ 5 公分，寬 0.8 ～ 2.3 公分，上半部具 4 ～ 6 鋸齒緣，下半部全緣，脈不明顯。花序頭狀，漸成柱狀，花白色轉紫色或粉紅色。果實為乾果。

　　產於中國南部、日本及琉球；在台灣分布於全島之海岸及離島。

花序頭狀，漸成柱狀。

葉倒卵形或匙形，上半部具 4 ～ 6 鋸齒緣，下半部全緣。

木馬鞭屬 STACHYTARPHETA

草本或灌木，莖常二岔。單葉，對生，偶互生，表面皺摺，齒緣。穗狀花序頂生，花單生於花序軸的凹穴內；花萼管狀，膜質；花冠筒纖細，常彎曲，先端五裂，喉部被毛；雄蕊2，內藏；子房2室，花柱突出。核果包於宿存花萼內。

牙買加長穗木(藍蝶猿尾木)

屬名	木馬鞭屬
學名	*Stachytarpheta jamaicensis* (L.) Vahl

草本，基部木質化，常帶淡紫紅色；莖二岔，幼時略被毛。葉近矩橢圓形或橢圓形，先端鈍或圓，葉緣鋸齒尖均指向葉尖端。穗狀花序，頂生，花序細長，長可達30公分；花單生於花序軸凹穴（苞腋）內，螺旋狀著生；花冠藍色，花冠管細，常彎曲；雌蕊短於雄蕊。

原產於熱帶美洲；歸化於台灣中、南部及東部之低海拔近海地區。

雄蕊內藏

歸化於台灣南部及蘭嶼

長穗木(木馬鞭)

屬名	木馬鞭屬
學名	*Stachytarpheta urticifolia* (Salisb.) Sims

草本，基部木質化；莖雜亂分枝，疏被微柔毛。葉橢圓形、闊橢圓形或卵形，先端鈍或尖，葉緣鋸齒尖指向不定。花冠深藍紫色，上唇基部有一白斑，雄蕊內藏。

可能原產於熱帶美洲，目前廣布於全球溫暖地區；在台灣分布於全島低海拔。

雄蕊內藏

葉脈明顯

馬鞭草屬 VERBENA

草本或亞灌木，莖略方形。葉無柄，齒緣至羽裂。穗狀花序多頂生，花後多延長；花近兩側對稱；花萼管狀；花冠管狀，直或彎曲，裂片5，平展；雄蕊4，二強雄蕊；子房4室，花柱與雄蕊等長。蒴果包於宿存花萼內。

柳葉馬鞭草

屬名	馬鞭草屬
學名	*Verbena bonariensis* L.

直立草本，莖粗糙，稜上被粗短毛。葉披針形至長橢圓狀披針形，長4～14公分，寬2.5～5公分，近基部全緣，半抱莖。穗狀花序呈繖房狀，總苞片披針形；花萼5齒狀，外側被毛；花冠藍至淡紫紅色，花冠筒明顯長於花萼筒，花冠筒明顯有腺體或長毛。果實包於宿存花萼內。

　　原產於巴西及玻利維亞至南美；在台灣歸化於北部、中部及馬祖。

花紫紅色

直立草本，莖粗糙。

花冠筒明顯長於花萼筒，花冠筒明顯有腺體或長毛。

葉披針形至長橢圓狀披針形，基部近全緣，半抱莖。

巴西馬鞭草(狹葉馬鞭草)

屬名	木馬鞭屬
學名	*Verbena brasiliensis* Vell.

葉長橢圓形，葉基下延，楔形，不抱莖。聚繖狀穗狀花序，花較鬆散，花冠筒為花萼之1.5～2倍長，苞片、花梗不具腺體。

　　原產南美洲，歸化於台灣全島低海拔地區。

葉長橢圓形，葉基下延，不抱莖。

花序

花較鬆散

凌亂馬鞭草

屬名　馬鞭草屬

學名　*Verbena incompta* P. W. Michael

莖方形，粗糙，密被短毛。葉披針形，兩面被毛；葉基近心形，抱莖。本種花冠筒相對較短，且萼片及花梗無明顯腺體。

原產南美洲，歸化於台灣全島低海拔地區。

本種花冠筒相對較短，而且萼片及花梗並無明顯腺體。

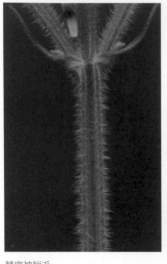

莖密被短毛

歸化植物，原產南美洲。

葉基近心形，抱莖。

馬鞭草（鐵馬鞭）

屬名　馬鞭草屬

學名　*Verbena officinalis* L.

草本，莖被短毛。葉多無柄，卵形或長橢圓形，長 3.5 ～ 10 公分，寬 0.8 ～ 4 公分，葉緣粗鋸齒或深裂。花序細長，花序軸上有腺點；花萼被短毛；花冠藍至紫色，花冠筒長約為花萼筒之 2 倍。果實具 4 分核。

產於溫帶及亞熱帶地區；在台灣分布於低、中海拔地區。

花序軸上有腺點；花冠藍至紫色，花冠筒長約為花萼筒之 2 倍。　葉卵形或長橢圓形

冬青科 AQUIFOLIACEAE

灌木或喬木，多為雌雄異株，偶雜性花。單葉，互生，無托葉。聚繖、繖形花序或花簇生，腋生；花萼三至六裂，覆瓦狀排列；花瓣 4～5 枚；雄蕊 4～5；子房 2～16 室，花柱短或缺，稀長；花盤不存。果實為核果。

特徵

聚繖花序、繖形花序或花朵簇生，稀為單生；花瓣 4～6 枚，離生或連生於基部。（密毛冬青）　　核果（白狗山冬青）

灌木或喬木。單葉，互生。（鐵冬青）

冬青屬 ILEX

特 徵如科。

阿里山冬青 特有種

屬名 冬青屬
學名 *Ilex arisanensis* Yamamoto

常綠，小枝纖細，光滑。葉紙質，線狀長橢圓至披針形，長 5～8 公分，寬 1.8～2.2 公分，先端長尾狀，鋸齒緣，鋸齒 17～25 對，兩面平滑，側脈 7～12 對，葉柄長 6～8 公釐。花簇生。果實球形，紅色，直徑 4～5 公釐。

特有種，產於中央山脈中海拔地區，以阿里山及杉林溪一帶為多。

葉先端長尾狀

雄花

小枝光滑，纖細。

燈稱花

屬名 冬青屬
學名 *Ilex asprella* (Hook. & Arn.) Champ. *ex* Benth.

落葉小灌木，分枝多；小枝具白色皮孔，光滑。葉膜質，卵形，長 4～5 公分，寬 1.5～2.5 公分，側脈 5～7 對，上表面脈上被直毛，葉柄長 3～5 公釐。繖形花序，花單性或兩性。果實橢圓形，成熟時黑色，果梗下垂。

產於呂宋島、中國東南部；在台灣分布於全島低海拔地區。

雌花，雄蕊退化。

枝條紫黑色，果梗下垂。

雄花，花白色。

苗栗冬青

屬名　冬青屬
學名　*Ilex bioritsensis* Hayata

常綠，分枝多，小枝光滑。葉革質，卵至菱形，長3～4公分，寬1.2～2.5公分，先端及邊緣鋸齒均具芒尖，基部圓或略呈心形，葉緣兩側各具1～2對尖刺牙齒，側脈4～5對。花數朵簇生。果實卵形，橘紅色。

　　產於中國中、西部；在台灣分布於中央山脈之高海拔地區。

雌花：雄蕊退化，花黃綠色。

葉先端及邊緣鋸齒均具芒尖

革葉冬青

屬名　冬青屬
學名　*Ilex cochinchinensis* (Lour.) Loes.

常綠，小枝光滑。葉革質，橢圓至卵狀橢圓形，長6～8.5公分，寬2～3.5公分，光滑，先端鈍或漸尖，近全緣，下表面有斑點，葉柄長7～10公釐。繖形花序，花白色，花瓣4或5。果實球形，直徑7～8公釐，成熟時紅色。

　　產於中南半島及海南島；在台灣分布於恆春半島南端之灌叢中。

雌花，花白色。

分布於恆春半島，此為開花植株。

果枝。葉全緣。

假黃楊

屬名　冬青屬
學名　*Ilex crenata* Thunb.

常綠。葉革質，倒卵狀橢圓形或橢圓形，長 2 ～
6 公分，寬 1 ～ 1.8 公分，先端銳尖或鈍，鋸齒
緣，光滑，下表面具腺點，葉柄長 3 ～ 4 公釐。
雄花簇生，雌花聚繖狀。果實球形，直徑 6 ～ 8
公釐，黑色。

　　產於中國、韓國、日本及琉球；在台灣分
布於中、北部中高海拔地區。

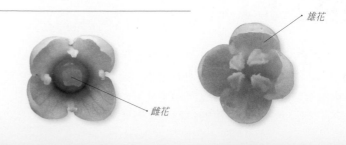
雄花
雌花
雄花

葉背具腺點

葉革質，倒卵狀橢圓形或橢圓形。

台灣糊樗

屬名　冬青屬
學名　*Ilex ficoidea* Hemsl.

常綠，小枝漸變無毛。葉軟革質，長橢圓形至卵狀橢圓形，長 6 ～ 10 公分，寬 2.5 ～
3.5 公分，先端長尾狀，疏圓齒狀鋸齒緣，光滑，小脈明顯，葉柄長 1 ～ 1.5 公分。
花簇生。果實球形，直徑 5 ～ 7 公釐。

　　產於中國中南部、海南島及琉球；在台灣分布於中、北部中海拔森林。

開雄花之植株

雄花

果實成熟時紅色

糊樗

屬名　冬青屬
學名　*Ilex formosana* Maxim.

常綠，小枝光滑。葉革質，橢圓形或長橢圓狀披針形，長6～8公分，寬2.5～3.5公分，先端漸尖，光滑，葉背小脈不明顯，葉柄長5～9公釐。花簇生。果實球形，直徑5～7公釐。

　　產於中國南部；在台灣分布於北、中部低海拔闊葉林中。

雄花

葉先端漸尖

結果枝

圓葉冬青（五指山冬青）

屬名　冬青屬
學名　*Ilex goshiensis* Hayata

常綠，小枝光滑。葉革質，闊橢圓形至近圓形，長3～4公分，寬1.5～2.5公分，先端短突尖，全緣，葉柄長3～7公釐。花序繖形。果實球形，直徑3～4公釐。

　　產於日本南部、琉球及海南島；在台灣分布於中、北部低海拔地區。

花瓣及雄蕊大多4數

葉小，近圓形。生於海拔1,000公尺以下。

早田氏冬青

屬名	冬青屬
學名	*Ilex hayataiana* Loes.

常綠，小枝常被短柔毛。葉革質，橢圓或卵狀橢圓形，長 3 ～ 4 公分，寬 1 ～ 2 公分，先端漸尖或尾狀，光滑，全緣，葉柄長 2 ～ 3 公釐。花簇生。果實球形，直徑 5 ～ 7 公釐。

　　產於琉球；在台灣分布於全島中海拔闊葉林。

近似圓葉冬青，但葉為橢圓形。

全緣葉冬青

屬名	冬青屬
學名	*Ilex integra* Thunb.

常綠，小枝光滑。葉革質，倒卵形至倒卵狀橢圓形，長 4 ～ 8 公分，寬 2 ～ 4.5 公分，先端短漸尖或鈍，基部楔形，光滑，側脈不明顯。花簇生。果實球形，直徑 7 ～ 12 公釐，紅色。

　　產於韓國、日本及琉球；在台灣僅分布於離島蘭嶼。

雄花

果枝

在台灣僅生於離島蘭嶼

草野氏冬青

屬名　冬青屬
學名　*Ilex kusanoi* Hayata

落葉，小枝光滑。葉紙質，卵形，長 4 ～ 6.5 公分，寬 3 ～ 4 公分，先端鈍或闊漸尖，光滑，葉柄長 5 ～ 8 公釐。花簇生。果實球形，直徑 7 ～ 12 公釐，黑色。

　　產於琉球，在台灣僅知分布於離島蘭嶼及綠島。

開雌花之植株

生於綠島的草野氏冬青結果株

忍冬葉冬青 特有種

屬名　冬青屬
學名　*Ilex lonicerifolia* Hayata var. *lonicerifolia*

常綠，小枝密被褐色毛。葉近革質，橢圓形至卵形，長 8 ～ 11 公分，寬 2 ～ 4.5 公分，先端銳尖，基部銳尖或鈍，全緣，下表面被褐色毛，中脈上毛較長；葉柄長 5 ～ 7 公釐，密被褐色毛。花序聚繖狀，花紫紅色。果實球形，直徑 5 ～ 7 公釐。

　　特有種，產於台灣中、北部中低海拔森林。

花紫紅色（林昌賢攝）

產於台灣中北部低海拔地區

小枝具密褐毛（林昌賢攝）

白狗山冬青 特有種

屬名 冬青屬
學名 *Ilex lonicerifolia* Hayata var. *hakkuensis* (Yamam.) S.Y. Hu

葉卵形，長 5 ～ 8 公分，先端漸尖，全緣或不明顯淺齒緣，葉柄長 1 ～ 1.5 公釐。花紫紅，繖房花序平滑，花軸基部有披針形苞片。果實球形，直徑 5 ～ 7 公釐。

　　特有變種，產台灣中部。

果球形，徑 5 ～ 7 公分。特產於台灣中部。

葉緣強反捲，葉脈明顯。

松田氏冬青 特有種

屬名 冬青屬
學名 *Ilex lonicerifolia* Hayata var. *matsudae* Yamamoto

常綠，小枝光滑。葉革質，長橢圓狀橢圓形，長 4 ～ 9.5 公分，寬 2.5 ～ 4 公分，先端銳尖或鈍，全緣，葉柄長 8 ～ 15 公釐。聚繖花序。果實橢圓形，直徑 8 ～ 10 公釐。花紫紅色。

　　特有變種，產於恆春半島。

花紫紅色

開花植株

倒卵葉冬青（金平氏冬青）

屬名　冬青屬
學名　*Ilex maximowicziana* Loes.

常綠，小枝被短柔毛。葉軟革質，倒卵形或長橢圓形，長 3～5 公分，寬 1.5～2.5 公分，先端圓，細圓齒緣，光滑，葉柄長 6～7 公釐。聚繖花序，花白色。果實球形，直徑 8～10 公釐。

　　產於琉球；在台灣分布於南、北部低海拔闊葉林中。

雄花

葉先端鈍圓

朱紅水木

屬名　冬青屬
學名　*Ilex micrococca* Maxim.

落葉喬木，小枝平滑。葉紙質，橢圓至卵形，長 7～13 公分，寬 3～5 公分，先端銳尖，基部鈍至圓，鋸齒緣，側脈 7～10 對，光滑，葉柄長 2.5～3 公分。花序繖房狀。果實球形，直徑 3～4 公釐，成熟時紅色。

　　產於中南半島、中國南部及日本；在台灣分布於北、中部低海拔之闊葉林。

結果枝條

花序

開花之植株

葉背

刻脈冬青

屬名　冬青屬
學名　*Ilex pedunculosa* Miq.

常綠，小枝光滑。葉革質，卵形，長 5 ～ 8 公分，寬 2.5 ～ 3.5 公分，先端漸尖，全緣，或僅前端細鋸齒緣，下表面小脈極明顯，側脈 9 ～ 12 對，葉柄長 1 ～ 1.5 公分。花單生或簇生，花具長梗，白色，花瓣為 4 數或 5 數。果實球形，成熟時紅色。

　　產於日本及中國中部及東部，在台灣分布於西部高海拔森林中。

花梗細長；雌花具退化雄蕊。

葉全緣，卵形。

果實紅色

密毛冬青

屬名　冬青屬
學名　*Ilex pubescens* Hook. & Arn.

常綠，小枝密被直毛。葉紙質，長橢圓形或倒披針形，長 4 ～ 5.5 公分，寬 1.5 ～ 2 公分，先端銳尖，近全緣或疏鋸齒緣，上表面中脈被毛，下表面脈上被毛。聚繖花序，花粉紅色，花瓣 5 枚。果實球形，直徑 4 ～ 5 公釐。

　　產於中國東南部；在台灣分布於北、中部低海拔森林中。

花粉紅色或粉紅白色

枝條及葉背密生毛

果球形，紅熟。

拉拉山冬青 特有種

屬名　冬青屬
學名　*Ilex rarasanensis* Sasaki

常綠，冬芽芽鱗僅具緣毛，小枝光滑。葉常叢生枝端，革質，橢圓形或卵形，長
9～12公分，寬3.5～4.7公分，先端漸尖或尾狀，基部楔形，全緣或疏細鋸齒緣，
光滑，葉柄長1.2～2.7公分。萼片兩面光滑。果實球形，直徑約6公釐。

　　特有種，分布於台灣北部中海拔森林。

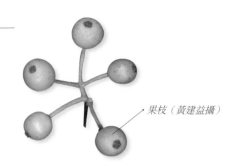

果枝（黃建益攝）

花白色（林昌賢攝）

葉先端漸尖或尾狀，全緣或疏細鋸齒緣，光滑。（林昌賢攝）

小枝光滑。葉常叢生枝端，葉長約10公分。（黃建益攝）

鐵冬青

屬名　冬青屬
學名　*Ilex rotunda* Thunb.

常綠，小枝光滑。葉革質，長橢圓形或橢圓形，長4.5～
6公分，寬2～2.5公分，先端鈍，全緣，光滑，葉柄
長6～7公釐。纖形花序，花白色或微紅暈，花瓣5
或6枚。果實橢圓形，長7～8公釐，成熟時紅色。
　　產於韓國、日本、琉球、中國南部及中南半島；
在台灣分布於全島低海拔闊葉林中。

果序

葉橢圓形，全緣，光滑。

結實纍纍

雌花序

太平山冬青

屬名　冬青屬
學名　*Ilex sugerokii* Maxim. var. *brevipedunculata* (Maxim.) S.Y. Hu

常綠，小枝光滑。葉近革質，橢圓形或卵狀橢圓
形，長2～3.5公分，寬1～2.2公分，先端銳尖，
近全緣，或前端鋸齒或細圓齒緣，脈不明顯，側
脈2～6對。纖形花序，花白色，4或5數。果實
球形，直徑5～7公釐。
　　產於日本；在台灣分布於北、中部中海拔之
森林。

果球形

葉背脈不明顯

葉橢圓形，寬1.2～2公分。

果枝

鈴木氏冬青 特有種

屬名　冬青屬
學名　*Ilex suzukii* S. Y. Hu

花序（林昌賢攝）

常綠，小枝光滑。葉革質，橢圓形，長 2 ～ 4.5 公分，寬 1.2 ～ 2.2 公分，先端短漸尖或鈍，全緣或疏鋸齒緣。花簇生。果實球形，直徑約 4 公釐，紅色。與早田氏冬青（*I. hayataiana*，見第 182 頁）不易區別。

　　特有種，產於中央山脈中海拔之森林。

葉片較早田氏冬青厚實

葉背脈不明顯

結果之植株

雪山冬青 特有種

屬名　冬青屬
學名　*Ilex tugitakayamensis* Sasaki

常綠，小枝光滑，冬芽被絨毛。葉革質，長橢圓至長橢圓狀披針形，長 10 ～ 14 公分，寬 3 ～ 5 公分，先端短漸尖，銳頭，全緣，光滑，葉柄長 2 ～ 2.5 公分。聚繖花序，被絨毛；花萼下表面被毛；花瓣常反捲。果實球形，直徑約 5 公釐。

　　特有種，產於中央山脈中海拔森林。

花瓣常反捲

果實紅熟

葉革質，長橢圓至長橢圓狀披針形，長 10 ～ 14 公分。

烏來冬青

屬名　冬青屬

學名　*Ilex uraiensis* Mori & Yamamoto

常綠，小枝光滑。葉革質，橢圓或倒卵狀橢圓形，長 2.5 ～ 5 公分，寬 1.2 ～ 3.5 公分，先端圓鈍，疏鋸齒緣，葉柄長 3 ～ 3.5 公釐。花簇生，黃綠色。果實球形，直徑 1 ～ 1.1 公分。

　　產於琉球，在台灣分布於全島低海拔闊葉林中。

雄花，花黃綠色。

葉先端圓鈍，疏鋸齒緣。

滿樹繁花

雲南冬青

屬名　冬青屬

學名　*Ilex yunnanensis* Fr. var. *parvifolia* (Hayata) S. Y. Hu

常綠，小枝被短柔毛。葉革質，橢圓至長橢圓形，長 1.2 ～ 2 公分，寬 5 ～ 7 公釐，先端銳尖至漸尖，鋸齒緣，齒上有尖針，葉柄長 2 ～ 3 公釐。花具長梗，白色或微粉紅。果實球形，直徑 4 ～ 5 公釐。

　　產於中國西部；在台灣分布於北部及中部中、高海拔地區。

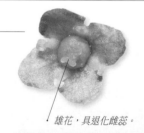

雄花，具退化雌蕊。

果熟紅色

小枝被短柔毛。葉鋸齒緣，齒上有尖針。

雌花，具不孕性雄蕊。

心翼果科 **CARDIOPTERIDACEAE**

攀
緣草本、灌木或小喬木，稀有乳汁。單葉，互生，無托葉。聚繖花序，腋生，成蠍尾狀分枝；花兩性；萼片 5 或 4 枚，基部合生；花瓣 5 或 4 枚，基部合生；雄蕊 5 或 4，著生於花冠上；子房上位，1 室。翅果。

台灣有 1 屬。

本科植物產於東南亞熱帶地區及澳洲東北部，由茶茱萸科 (Icacinaceae) 分出，5 ～ 7 屬，約 43 種。

瓊欖屬 **GONOCARYUM**

落
葉喬木或灌木。葉互生，厚革質。花腋生，花部 5 數；雄花成短穗狀花序；雌花成短總狀花序，花萼深五裂，覆瓦狀排列；雄蕊 5，著生於花冠上；子房 1 室。果實卵狀至長橢圓狀。

台灣有 1 種。

柿葉茶茱萸

屬名　瓊欖屬
學名　*Gonocaryum calleryanum* (Baill.) Becc.

常綠小喬木，小枝平滑。葉圓形至寬卵形，長 8 ～ 10 公分，寬 5 ～ 7 公分，先端銳尖，基部鈍圓。花萼六裂，花冠五裂。果實長 3.3 ～ 5 公分，寬 2 ～ 2.2 公分，成熟時紫色。

產於菲律賓，在台灣分布於恆春半島之珊瑚礁森林及蘭嶼森林中。

果長 3.3 ～ 5 公分，厚 2 ～ 2.2 公分，成熟時紫色。　花小，腋生。

葉圓形至寬卵形

青莢葉科 HELWINGIACEAE

落葉灌木。單葉互生，邊緣有鋸齒，托葉小。花小，單性，雌雄異株；雄花多至 12 朵，排成繖形花序，著生於葉面，稀生於枝上；雌花 1 ～ 4 朵聚生於葉面；花瓣 3 ～ 5 枚，雄蕊 3 ～ 5。果實為一漿果狀的核果。

　　1981 年的克朗奎斯特分類法將這個屬列入山茱萸科，2003 年根據基因親緣關係分類的 APG II 分類法將其單獨列為一個科，放到新設立的冬青目中，本科僅包括青莢葉屬（Helwingia）1 屬。

特徵

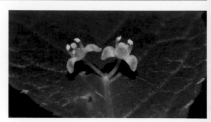

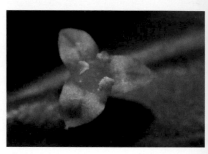

花著生於葉面上（台灣青莢葉）

落葉灌木。單葉，互生，葉緣有鋸齒。（台灣青莢葉）

花瓣 3 ～ 5 枚，雄蕊 3 ～ 5。（台灣青莢葉）

青莢葉屬 HELWINGIA

敘述同科特徵。

台灣青莢葉

屬名	青莢葉屬
學名	*Helwingia japonica* (Thunb.) Dietr. subsp. *formosana* (Kanehira & Sasaki) Hara & Kurosawa

落葉灌木。單葉互生，長橢圓狀卵形至卵狀披針形，銳細鋸齒緣，次級以上葉脈明顯。

　　種模式產於日本，本亞種產於中國；在台灣分布於北、東部中海拔山區。

雌花（陳柏豪攝）

花單性，數朵簇生於葉片上表面中脈近中央處。

落葉灌木。單葉，互生，葉緣有鋸齒。

金檀木科（尾葯木科）STEMONURACEAE

喬木或灌木。單葉，互生，全緣。花小，排成聚繖或圓錐花序；花萼短而寬，常五裂；花瓣常 5 枚，稀合生，頂端常具脊；雄蕊常 5，花絲短而扁，先端被棒狀毛，稀無毛；子房圓柱狀至錐形。果實為核果。

台灣有 1 屬。

本科植物由茶茱萸科 (Icacinaceae) 分出，12 屬 80 餘種。

毛蕊木屬 GOMPHANDRA

葉互生，紙質至革質。花成短聚繖花序；花部 4 ～ 5 數；雄花有雄蕊 4 ～ 5；雌花有時無花瓣，花瓣內面平滑無毛，花絲及花葯有毛，花柱短。果實橢圓狀至長橢圓狀，成熟時淡紅色。

呂宋毛蕊木

屬名	毛蕊木屬
學名	*Gomphandra luzoniensis* (Merr.) Merr.

小喬木，小枝平滑無毛。葉近革質，倒卵狀橢圓形，長 7 ～ 9 公分，寬 5 ～ 6.5 公分，先端漸尖至鈍，細脈不明顯，葉柄上表面具明顯的溝。花梗具密柔毛，花瓣 5 枚，雄蕊 5，花絲及花葯有毛。果實長約 2 公分，寬約 1 公分。

產於亞洲熱帶地區至澳洲東北部，在台灣產於離島蘭嶼及綠島。

果橢圓狀至長橢圓狀，成熟時淡紅色。

花絲及花葯有毛

花成短聚繖花序

葉近革質，倒卵狀橢圓形，長 7 ～ 9 公分，寬 5 ～ 6.5 公分。

菊科 COMPOSITAE（ASTERACEAE）

菊科是被子植物中的大科，除極區外，有 1,600 ～ 1,700 屬共約 24,000 種分布於世界各地。本科植物習性多樣，包括喬木、灌木、亞灌木、藤本及一至多年生草本；多為陸生，稀附生及水生，有時多肉狀。植株常被有多種腺體及毛，有時具乳汁。葉互生或對生，單葉具各式裂片，無托葉。

花序的基本單位為頭花，頭花有時單獨頂生為花葶狀，但通常數枚頭花構成繖房狀花序。總花托為小花著生處，光滑至被毛，有時具有小苞片（即托片）。每個頭花中通常具 1 至 1,000 枚（或以上）小花，小花的花萼形成冠毛，花冠通常三至六裂，型式多變，較常見者為舌狀和管狀，有時極小或近退化。頭花上的小花全部同型或異型（具有邊花與心花的區別），單性或兩性。

植株的性別可為雌雄同株、雌雄異株或兩性。雄蕊的花絲插生於花冠筒上，與花冠裂片同數且互生，通常離生；花藥通常合生為筒狀（聚藥雄蕊），花藥先端常具圓形、箭形或尾狀附屬物。花柱單一，從花藥筒中穿出，柱頭常二裂，常具乳突狀毛；子房下位，由 2 枚心皮合生而成，胚珠 1 枚，底生胎座。果實常為瘦果，極少數的種類為核果或刺球狀胞果（bur）。

由於菊科的種類龐大，長期以來研究者將其區分為許多亞科和族，根據 Funk et al.（2009）的專論，本科共區分為 12 個亞科及 43 個族，其中紫菀亞科（Asteroideae）為最大，共有 20 個族。

有鑑於菊科的花部構造通常較小且與其他被子植物有異，我們將一些較容易搞混或特殊的專有名詞，以條列式的文字搭配繪圖的方式呈現，希望可以令讀者更容易鑑定這些植物。

特徵

❶ 頭花（head/capitulum）：指菊科的頭狀花序，通常由一擴大的總花托（receptacle）上著生多數小花。其外部通常具有 1 層至數層的總苞片（phyllaries）包覆。

❷ 總苞（involucre）：指頭花外由總苞片構成的整體而言。

❸ 舌狀花（ray floret / ligulate floret）：指小花的花冠之一側延伸為舌狀的小花類型。某些種類的頭花均由此種小花構成，如兔兒菜（*Ixeridium japonica*），此時的舌狀花稱為 ligulate floret；而在管狀花與舌狀花同時並存的狀況下，則稱為 ray floret，如多數紫菀屬（*Aster*）植物。

❹ 管狀花（disk floret）：指花冠為管狀的小花，如向日葵（*Helianthus annuus*）的心花。

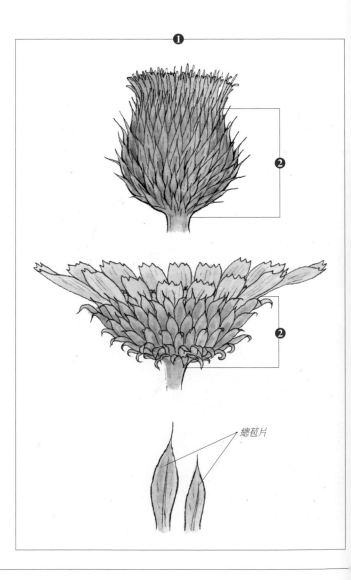

總苞片

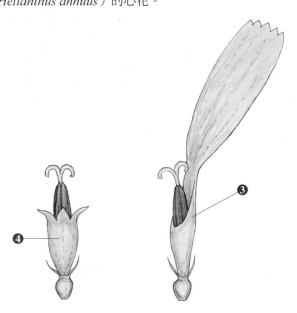

❺ 邊花（marginal flower）、心花（central flower）：單一頭花中，位於邊緣的數列小花稱為邊花，與位於其內的心花在形態上有時具有差異，如石胡荽 （*Centipeda minima*）。

❻ 托片（chaff / palea）：有些種類的小花旁具有一片膜質的構造，相當於小苞片，常見於向日葵族（Heliantheae）植物。

❼ 冠毛（pappus）：菊科植物的瘦果頂端具有由花萼變形而成的附屬物，形態多樣，通常為毛狀。

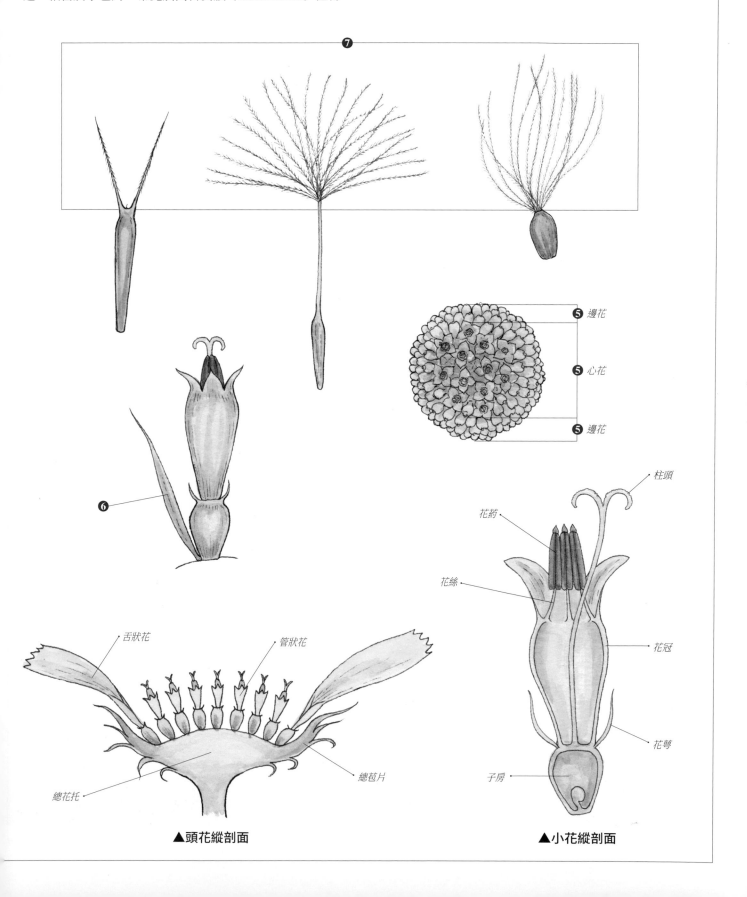

▲頭花縱剖面

▲小花縱剖面

金鈕扣屬 ACMELLA

一年生或多年生草本。葉對生,莖基部葉有時呈蓮座狀。輻射狀或筒狀頭花單一頂生或聚繖排列;總苞 1 ～ 3 層,外層總苞片常增長並外展;總花托明顯隆起成角錐狀,托片稻稈色至黑色;舌狀花花冠二或三裂,心花花冠四或五裂。瘦果邊緣緣毛狀或無毛,有時具有木栓化的邊緣;冠毛無或具少數軟剛毛。

短舌花金鈕扣

屬名	金鈕扣屬
學名	*Acmella brachyglossa* Cassini

一年生草本;莖斜倚而後直立,偶節上生根,莖綠色、紅色或深紫色,無毛至被疏柔毛。葉對生,橢圓形或寬卵形,深波緣或粗齒緣,葉柄有窄翅。頭花單一,甚長,總苞片 7 ～ 11 枚排成二輪;頭花筒狀,具舌狀花,花冠灰黃色,四至五裂。瘦果冠毛為二不等長的剛毛。

　　原產於中美洲、南美洲北部及西印度群島;在台灣栽培為藥用,逸出。

具舌狀花,花冠灰黃色。

葉橢圓形或寬卵形

頭花單一,甚長,小花淡黃色。

天文草

屬名　金鈕扣屬

學名　*Acmella ciliata* (Kunth) Cass.

多年生草本；莖斜升，節處生根，莖綠色至紫色，無毛至被疏柔毛。葉卵至闊卵形或倒三角形，基部寬鈍，截形至稍心形，細牙齒至粗齒緣，葉柄有窄翅。輻射頭花單生或 2 ～ 3，頂生或腋生；頭狀花序卵球形，總苞片 7 ～ 10 枚排列為二輪；小花花冠橘黃色，五裂。瘦果冠毛常缺或為二極短剛毛，成熟的瘦果具明顯的像軟木的邊緣。

原產南美洲北部；在台灣栽培為藥用，現已歸化。

葉卵至闊卵形或倒三角形

頭狀花序卵球形

原產南美洲北部。歸化植物。

印度金鈕扣(鐵拳頭)

屬名　金鈕扣屬
學名　*Acmella oleracea* (L.) R. K. Jansen

多年生草本；莖斜倚而後直立，節處生根，莖綠色或紅色，無毛。葉對生，葉緣牙齒狀；葉柄長 2 ～ 6.4 公分，有窄翅。頭花單一，頂生或腋生，花序梗長 3.5 ～ 12.5 公分；頭花筒狀，有 400 ～ 600 朵管狀小花，小花花冠黃色，五裂。瘦果冠毛為二不等長之剛毛。

　　僅知栽培於世界各地；在台灣栽培為觀賞及藥用，偶爾逸出。

頭花筒狀；小花花冠黃色。

頭花

栽培種，觀賞及藥用，偶爾逸出。

金鈕扣

屬名　金鈕扣屬
學名　*Acmella paniculata* (Wall. *ex* DC.) R. K. Jansen

一年生草本，無毛；莖基部分枝，斜升或直立，高可達 30 公分以上。葉對生，卵形至卵狀披針形，三出脈，葉柄長 1 ～ 2 公分。頭花單一，頂生或腋生，花序梗長 2.5 ～ 16 公分；頭花具 90 ～ 200 朵管狀小花，小花花冠黃色，四或五裂；不具舌狀花。瘦果冠毛為二不等長之剛毛。

　　產於南亞及東南亞及中國南部，在台灣分布於低海拔之開闊地。

頭狀花序，不具舌狀花。

葉對生卵形至卵狀披針形

沼生金鈕扣（澤金鈕扣）

屬名　金鈕扣屬
學名　*Acmella uliginosa* (Swartz) Cass.

一年生草本；莖基部分枝，斜升或直立，綠至紫色。葉對生，披針形至卵形。頭花單一或 2 ～ 3 朵，頂生，卵形；小花花冠黃色或橘黃色，四或五裂；總苞片 5 ～ 6 枚，一輪。瘦果冠毛為二不等長之剛毛，成熟的瘦果不具明顯的像軟木的邊緣。

　　原生於熱帶非洲、每週、亞洲。歸化於台灣北部和中部的野地、路邊及公園。

頭狀圓錐花序

葉披針形，橢圓形到狹卵形。

下田菊屬 ADENOSTEMMA

多年生草本。葉對生，葉緣常有鋸齒，具柄。筒狀頭花繖房狀排列；總苞近球形，總苞片兩層；小花長筒形，兩性，花冠四或五裂；花柱伸出花冠筒，花柱分枝長。瘦果鈍三角錐狀，被腺體或有瘤狀突起；冠毛3或4，棍棒狀，頂端有腺體。

下田菊

屬名　下田菊屬
學名　*Adenostema lavenia* (L.) Kuntze var. *lavenia*

多年生草本，高 30～100 公分。葉膜質，莖基部之葉較小，中段葉廣卵形或三角形，4～20 公分，寬 3～12 公分，莖上部之葉線形，長 0.5～1 公分；葉齒緣或鋸齒緣，葉基楔形，三出脈。頭花於莖頂排列成鬆散的繖房狀，長 5.5～7 公分，寬 9～10 公釐；小花花冠白色，漏斗狀，長 1.5～2 公釐，先端五裂；花柱分枝伸出花冠筒外。

產於日本、南亞、印度、斯里蘭卡及中國南部；在台灣分布於低至中海拔山區潮濕處及林床。

瘦果鈍三角錐狀，被腺體或有瘤狀突起。

葉廣卵形或三角形

花冠漏斗狀，1.5～2 公釐長。

小花下田菊

屬名　下田菊屬
學名　*Adenostema lavenia* (L.) Kuntze var. *parviflorum* (Blume) Hochr.

與承名變種（下田菊，見本頁）之主要差別在於本變種植株較矮小，高 20～60 公分，葉卵狀橢圓形，頭花較小，5～7 公釐，花冠鐘狀，長約 1 公釐，花柱分枝常不伸出花冠筒外。

產於中國中部；在台灣零星分布於低至中海拔，不常見。

花冠大約 1 公釐長

葉卵橢圓形

假藿香薊屬 AGERATINA

多 年生草本或灌木。葉對生，橢圓形或三角形，常為鋸齒緣，具腺體。筒狀頭花排列為繖房狀；總苞圓柱形，總苞片 3 或 4 層；小花花冠漏斗形，白色或淡紫色，花柱增長，花柱分枝具乳頭狀突起，常具腺體。瘦果角柱狀或披針形；冠毛為剛毛，易脫落。

假藿香薊（紫莖澤蘭）

屬名	假藿香薊屬
學名	*Ageratina adenophora* (Spreng.) R.M. King & H. Rob.

粗壯的草本，高可達 1.5 公尺，莖常帶紫色，具腺毛。葉對生，卵狀三角形，長 7～10 公分，寬 4～7 公分，葉基闊楔形或截形，三出脈，葉柄長 3～4 公分。頭花序梗密被毛，總苞片約 25 枚，頭花具 70～80 朵小花。瘦果黑色，長 1.5 公釐。

原產於中美洲，廣泛歸化於熱帶；在台灣近年來歸化於南部山區。

雌蕊長，伸出花筒外。（彭鏡毅攝）

葉卵三角形

澤假藿香薊

屬名	假藿香薊屬
學名	*Ageratina riparia* (Regel) R.M. King & H. Rob.

莖纖細，多分枝，具絨毛。葉對生，橢圓形或披針形，先端銳尖，基部圓鈍，粗鋸齒緣，葉脈清晰，三出脈，葉柄長 7～15 公釐。頭狀花序成繖房排列，總苞先端尖狀，苞片具毛；管狀花花冠先端五裂，白色，喉部微黃，雌蕊長，伸出花冠筒外。果實為瘦果。

產墨西哥及安地列斯群島，歸化於台灣中海拔山區。

花蕊長，伸出花筒外。

葉橢圓形、披針狀，葉緣粗鋸齒，葉端銳尖。

藿香薊屬 AGERATUM

直立草本。葉對生，莖上部之葉常為互生，羽狀脈，具葉柄。筒狀頭花排列為繖房狀或圓錐狀；總苞鐘形，總苞片2或3層；小花管狀，五裂；花藥先端具附屬物，基部鈍；花柱分枝增長。瘦果具五稜、橢圓矩形，冠毛為5枚基部合生之鱗片或10～20枚不等長鱗片。

藿香薊

屬名	藿香薊屬
學名	*Ageratum conyzoides* L.

一年生草本，高30～60公分，被剛毛，全株具濃烈香氣。葉卵形，葉基截形或圓形，稀為心形，葉緣小鋸齒狀，具長柄。頭花具60～75朵小花，小花白色。瘦果黑色，長橢圓形；冠毛5，鱗片狀，邊緣鋸齒，先端芒刺狀。

原產於熱帶美洲，泛熱帶歸化；在台灣為低至中海拔之常見雜草。

冠毛5，鱗片狀，邊緣鋸齒，先端芒刺狀。

台灣低至中海拔常見雜草

花白色

紫花藿香薊

屬名	藿香薊屬
學名	*Ageratum houstonianum* Mill.

一年生直立草本，莖高可達1公尺以上，被捲曲剛毛。葉質地厚，卵形或三角形，長4～7公分。

與藿香薊（*A. conyzoides*，見本頁）十分近似，最顯著的差別在於花冠為粉紅色或藍紫色，此外，本種較喜生於潮濕環境。

原產於熱帶美洲，泛溫帶歸化；在台灣為低至中海拔常見雜草。

花紫色

葉卵形或三角形，4～7公分長，質地厚。

鬼督郵屬 AINSLIAEA

多 年生草本。葉多基生，或長於莖中段，全緣或分裂。筒狀頭花具花序梗或無梗，排列為總狀、穗狀或圓錐狀；總苞窄筒形，總苞片多層，呈覆瓦狀排列；頭花僅具數朵小花，小花窄筒形，花冠裂片反捲或平展，花藥基部長尾狀箭形，合生，花柱突出花冠，分枝短。瘦果倒披針形，扁平；冠毛為羽毛狀剛毛。

細辛葉鬼督郵 特有種

屬名	鬼督郵屬
學名	*Ainsliaea asarifolia* Hayata

葉密集簇生於莖的中段或中下段，葉紙質，長 8～13 公分，先端鈍或漸尖，基部稍呈心形，葉緣具稀疏之突尖，中肋隆起，側脈 2～3 脈，葉及葉脈密生褐毛，通常葉背不為紅色。花冠裂片反捲，白色。果實密生褐毛。

　　特有種。本種過去多被鑑定為香鬼督郵（*A. fragrans*，見第 204 頁），或川上氏鬼督郵（*A. kawakamii*，見第 205 頁），採集紀錄局限分布於台灣東北部之低海拔山區，Hayata（1919）依據其於1916 年採自基隆之標本，發表一新種 *A. asarifolia*，根據模式標本及許多日治時期採集的標本，確認細辛葉鬼督郵的存在。本種之同一族群中，在林蔭下者葉緣具緣毛，林緣下者則無緣毛，花序的頭花數為 4～20，葉形變化亦大，不細查時會誤以為不同之分類群。本種的葉基心形，葉形似細辛屬 (*Asarum*) 植物，故被 Hayata 命名為細辛葉鬼督郵。

通常葉背不為紅色

基部稍微心形，葉 8～13 公分。

花冠裂片反捲

果實表面密生毛茸

開花植株

香鬼督郵

屬名	鬼督郵屬
學名	*Ainsliaea fragrans* Champ.

莖直立，高 35 ～ 60 公分，全株密被褐色毛。葉 3 ～ 5 枚輪生於莖的中段或中下段，葉卵形至橢圓形，長 3 ～ 10 公分，寬 2 ～ 6 公分，基部心形，殆全緣，邊緣約 5 對小齒狀凸尖，葉背呈紫紅色且密被均勻散布之伏貼絨毛。頭花總狀排列，頭花少數，約 10 ～ 15 枚，花序梗長 5 ～ 8 公釐；每一頭花具 3 朵小花。瘦果稍扁平，疏被毛，冠毛褐色。

　　產於日本及中國南部；在台灣局限分布於東部海拔約 500 公尺山區，以花蓮太魯閣為多。

花冠裂片反捲

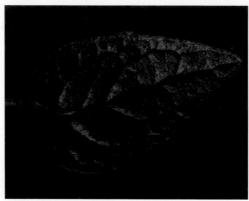

葉背呈紫紅色且密被均勻散布伏貼之絨毛

本種局限分布於台灣東部低海拔約 500 公尺，其中以花蓮太魯閣為多。

長穗鬼督郵（玉山鬼督郵、台灣鬼督郵）**特有種**

屬名	鬼督郵屬
學名	*Ainsliaea henryi* Diels

葉基生，卵形，葉緣凸齒 5 ～ 7。花莖上不具苞葉，頭花不具短梗，柱頭分枝長少於 0.3 公釐。頭花數 30 枚以上，開放花不具花萼，小花冠長度少於 1 公分，花冠裂片平展。果實密生毛，冠毛褐色。

　　特有種，廣泛分布於台灣全島海拔 1,000 ～ 3,500 公尺山區，主要沿中央山脈山系涵蓋範圍分布，喜生長於土壤層鬆軟且腐植質厚的林下或林緣濕潤環境。

花冠裂片平展

果實密生毛

葉基生，卵形。

川上氏鬼督郵 特有種

屬名　鬼督郵屬
學名　*Ainsliaea kawakamii* Hayata

葉 3 ～ 5 枚叢生於莖之基部呈蓮座狀，或離莖基 2 ～ 5（7）公分呈假輪生；葉片薄革質，卵形至長卵形，長 4 ～ 10 公分，寬 3 ～ 5 公分，先端鈍，基部楔形或截形，具小齒狀凸尖，殆全緣，邊緣 5 ～ 7（10）對小齒狀凸尖，通常幼葉具緣毛，上表面綠色至深綠色，光滑無毛，下表面蒼綠色，脈上密被糙伏毛。頭花具 3 朵小花，花冠裂片捲曲，白色。瘦果光滑或僅先端被毛。

特有種，主要分布於台灣西北部中海拔地區，如新北市、桃園及新竹海拔 800 ～ 1,500 公尺之山區。

瘦果光滑或僅先端及邊緣被毛

下表面蒼綠色，脈上密被糙伏毛。

葉片卵形至長卵形，具小齒狀凸尖，殆全緣，邊緣約 5 ～ 7 (10) 對小齒狀凸尖，通常幼葉具緣毛。

本種之瘦果於先端被有絨毛

台灣寬葉鬼督郵 特有種

屬名　鬼督郵屬
學名　*Ainsliaea latifolia* (D. Don) Sch. Bip. var. *taiwanensis* Freire *nom. nud.*

植株高 15 ～ 90 公分。葉基生，橢圓形，長 7 ～ 15 公分，寬 2 ～ 4 公分，葉先端常銳尖，葉背被有白色絨毛；葉柄常有葉身下延形成之翅，翅寬有時幾達葉身寬度。花莖上具明顯之苞葉。瘦果倒披針形，長約 5 公釐，被密毛。

特有變種，廣泛分布於台灣全島海拔 1,500 公尺以上山區。

本變種為 Freire 發表的新變種，但由於當時未指定模式標本，因此該學名為裸名 (*nom. nud.*)。由於無法得知發表者後續的處理情形，在此沿用學名不做有效出版的處理。

葉緣下延成翼狀

葉柄常有葉身下延形成之翅，翅寬有時幾達葉身寬度。

阿里山鬼督郵

屬名　鬼督郵屬
學名　*Ainsliaea macroclinidioides* Hayata

植株高 35 ～ 80 公分。葉非基生，3 ～
5 枚近輪生於莖近中部，卵狀橢圓形
至廣卵形，長 2.5 ～ 11 公分，寬 2 ～
4 公分，基部圓或截形，葉柄長 2.5 ～
4 公分。花莖有時圓錐狀分枝，幼時
密被褐毛，之後變無毛。頭花具 3 朵
小花。瘦果密被毛。

　　產於中國南部，在台灣分布於中
海拔山區。

瘦果密被毛

葉 3 ～ 5 片，叢生於莖的頂部。

頭花具 3 朵小花

中原氏鬼督郵 特有種

屬名　鬼督郵屬
學名　*Ainsliaea secundiflora* Hayata

植株高 15 ～ 30 公分，莖不
分枝。葉掌狀深裂，裂片 5 ～
8，葉基心形或近似箭形。
頭花總狀排列，常向同一邊
開放。瘦果被毛。

　　特有種，僅見於恆春半
島山區。

葉緣掌狀深裂，裂片 5 ～ 8，葉基心形或近似箭形。

果實表面具毛

花冠裂片先端捲曲

生於恆春半島（郭明裕攝）

豬草屬 AMBROSIA

一年生或多年生草本。葉對生或互生，裂葉。頭花兩型，單性，無舌狀花；雄性頭花圓錐形，總狀排列於莖頂，總苞扁平，總苞片 7 ～ 12 枚合生，具 5 ～ 20 朵小花；雌性頭花橢圓或卵形，具一或少數小花，無花序梗，腋生於雄性頭花花序下方。瘦果倒卵形，與堅硬的總苞合生。

豬草

屬名	豬草屬
學名	*Ambrosia artemisiifolia* L.

直立的一年生草本，高 30 ～ 150 公分，全株被毛。葉二或三回羽狀裂。雄性頭花總狀排列，頂生，頭花下垂；雌性頭花總苞被腺毛。瘦果倒卵形，與堅硬的總苞合生，頂端疣狀突起。

原產於北美，廣泛歸化於溫帶；在台灣見於低海拔之開闊荒廢地。

葉二或三回羽狀裂

歸化於低海拔荒地

裸穗豬草

屬名	豬草屬
學名	*Ambrosia psilostachya* DC.

一年生或多年生直立草本。莖高至 150 公分，上半部具圓錐狀分枝。葉具短柄，被毛或粗糙，長 5 ～ 12 公分，卵狀披針形，深裂且具齒緣；下部葉片對生，但上部葉片互生。雄花少數，不高於總苞，群聚於具短柄的半球形頭花，頂生總狀排列，多至 6 ～ 8 枚苞片合生形成總苞。花冠 4 ～ 5 公釐，淡紫色，花冠筒長漏斗狀，四裂。花萼具 6 齒，於結果時宿存；雄蕊 4 枚，著生於花冠筒上。花絲纖細；花藥小，長橢圓形，外露；花柱絲狀且二岔；分岔不等長。雌性頭花少，不具花冠，頭花單生於上部枝條葉腋；子房 2 室，每室具 1 枚胚珠。瘦果 2 ～ 7 公釐，粗糙。

原生於北美，於日本，德國，西班牙、澳洲等地引進。在台灣歸化於南部海岸平原的開闊草地。

頭花頂生總狀排列（曾彥學攝）

近來歸化於南部野地之植物（曾彥學攝）

籟簫屬 ANAPHALIS

多年生草本，冬季地上部常枯萎，全株被白綿毛或絨毛，常具走莖。葉互生，全緣。盤狀頭花繖房狀排列；總苞筒狀或鐘狀，總苞片乾膜質，5～8層，覆瓦狀排列，最外層被綿毛；邊花毛細管狀，花冠裂片2～4，花藥基部箭形，花柱不分枝；心花管狀，花冠裂片5，花柱二岔，僅雄蕊可稔。瘦果小，橢圓形；冠毛1層，剛毛易斷，基部離生，易脫落。

蓬萊籟簫 特有種

屬名	籟簫屬
學名	*Anaphalis horaimontana* Masam.

植株高約 10 公分，密被捲毛。葉倒卵形或倒披針形，長 12 ～ 24 公分，寬 3 ～ 3.5 公釐，兩面密被綿毛。頭花 3 ～ 6，繖房排列；總苞圓鐘形，密被毛。

　　特有種，生長於高山，僅知分布於模式標本產地：大水窟山。

在莖頂端，一花莖的花較少只有 3 ～ 5。

葉長橢圓形至匙形

僅有一份採自大水窟的模式標本

玉山抱莖籟簫

屬名	籟簫屬
學名	*Anaphalis morrisonicola* Hayata

植株高 15 ～ 40 公分，基部常木質化，全株被毛，分枝平臥或斜倚狀。葉狹線形或長橢圓形，葉基半抱莖，葉緣常反捲，下表面密被白色綿毛，上表面綠色，疏毛或密被毛。頭花半球形，密生，繖房狀排列。總苞片覆瓦狀排列，最外層苞片常略呈紫色。

　　產於菲律賓，在台灣廣泛分布於中至高海拔之向陽處。

總苞片乾膜質，5 ～ 8層，覆瓦狀排列。

頭花半球形，密生，繖房狀排列。

葉狹線形或長橢圓形

尼泊爾籟簫

屬名　籟簫屬
學名　*Anaphalis nepalensis* (Spreng.) Hand.-Mazz.

株高 3 ～ 10 公分，基部分枝，莖有時走莖狀，密被綿毛。葉匙形，基生葉蓮座狀排列，莖生葉較大，長 1 ～ 1.5 公分，寬約 2.5 公釐。頭花單一或 2 或 3 朵聚生；頭花直徑 1.4 ～ 1.7 公分，長 1 公分；總苞球形或鐘形，總苞片覆瓦狀排列。瘦果成熟後，花序呈乾燥花狀。

　　產於喜馬拉雅山區至中國西部，在台灣分布於海拔 3,000 公尺以上之高山。

頭花直徑 1.4 ～ 1.7 公分，1 公分長。

頭花單一或 2 或 3 聚生

能高籟簫

屬名　籟簫屬
學名　*naphalis royleana* DC.

莖直立不分枝，植株高 10 ～ 25 公分，密被灰色絨毛。葉薄，橢圓形至寬橢形，長 3 ～ 8 公分，寬 1 ～ 2.5 公分。頭花多數密生，繖房狀排列；總苞半球形，總苞片 5 層。花狀。

　　產於喜馬拉雅山區及西藏；在台灣分布於高海拔地區，如玉山、合歡山及能高山等，稀有。

密被灰色絨毛

初生葉

葉基明顯向下延伸，葉寬 1 公分以上。

莖直立不分枝

頭花多數密生，繖房狀排列。

蒿屬 ARTEMISIA

至多年生草本，少數為亞灌木或小灌木，常具有強烈的香氣，常被柔毛、綿毛、腺毛，稀為無毛。葉全緣至多回羽裂。頭花盤狀；總苞片 3 或 4 層；邊花雌性，花冠二或四裂；心花兩性，花冠五裂，心花及邊花花柱均伸出花冠甚多。瘦果冠毛不明顯或不具冠毛。

黃花蒿

屬名	蒿屬
學名	*Artemisia annua* L.

多年生草本，高70～160公分，具強烈的香氣，被疏毛或無毛。葉長3～7公分，寬2～6公分，三至四回羽狀分裂，最末裂片極細。頭花球形，徑1.5～2.5公釐，多數，成寬金字塔形的圓錐狀排列；心花黃色。

分布於中國全境與歐洲、亞洲之溫帶、寒帶及亞熱帶地區；在台灣曾見於低海拔，但已50年以上無野外採集紀錄，有零星栽培供藥用。

葉三至四回羽狀分裂（沐先運攝）

心花黃色（沐先運攝）

高大草本（沐先運攝）

珍珠蒿(奇蒿)

屬名	蒿屬
學名	*Artemisia anomala* S. Moore

多年生草本，高80～150公分，被毛或無毛。葉長披針形，長9～12公分，寬2.5～4公分，葉不裂，葉緣鋸齒狀。頭花白色，長橢圓形或卵形，徑2～2.5公釐，圓錐狀排列於莖頂及葉腋。

產於中國南部及中部；在台灣分布於海拔800～1,800公尺山區，如竹東白蘭、花蓮大同及宜蘭南山等。

花白色

花序一部分

本種為台灣蒿屬植物惟一單葉不分裂的種類

葉長披針形，葉緣鋸齒狀。

茵陳蒿

屬名　蒿屬
學名　*Artemisia capillaris* Thunb.

亞灌木，高 40 ～ 120 公分，全株具強烈的香氣。生長於海濱的植株粗壯矮小，多分枝，葉短，被有銀色光澤的曲柔毛，頭花較大；生長於河床的植株較高且較纖瘦，葉裂片長，通常無毛，且頭花較小。開花枝條的葉通常近於無毛，葉片較細；營養枝頂端簇生的葉常被有光澤的毛，葉裂片較寬；頭花成窄的總狀圓錐排列，頭花直徑 1.5 ～ 2 公釐。

　　產於中國、韓國、日本、琉球及菲律賓；在台灣廣泛分布於海濱、河床砂石地至高海拔開闊地。

頭花直徑 1.5 ～ 2 公釐

長在海濱的茵陳蒿較低矮

亞灌木狀，多分枝，植株高 40 ～ 120 公分。

南毛蒿

屬名	蒿屬
學名	*Artemisia chingii* Pamp.

莖及枝密被粘柔毛，兼有稀疏的腺毛。莖中部之葉無柄，裂片寬 3～6（～8）公釐，上表面被短剛毛及稀疏的蛛絲狀毛。與艾（*A. indica*，見下頁）非常相似，但本種植株被腺毛及粘柔毛，葉上表面兼被短剛毛與蛛絲狀毛，可與之區別。

　　主要產於中國中部及南部至越南及泰國，在台灣於 1998 年發現於新竹竹東油羅溪河床之新紀錄植物。

本種與艾相似，但植株密被腺毛及粘柔毛。

本種目前僅有一份採自竹東油羅溪的標本

葉青具短剛毛及蛛絲狀毛

絲葉艾

屬名	蒿屬
學名	*Artemisia filifolia* Torrey

灌木，高 60～180 公分，淡芳香；莖綠色或灰綠色，疏毛。葉灰綠色，裂片線形，先端銳尖，光滑或疏生毛。頭花大多無柄，排成圓錐狀，花序長 8～15 公分，寬 2～4 公分；頭花球形，長 1.5～2 公釐，寬 1.5～2 公釐；總苞片密毛；頭花內雌花 1～4，可孕雄蕊 3～6，花冠灰黃色，1～1.5 公釐，光滑。瘦果長橢圓形，表面光滑。

　　原生於北美，在台灣歸化於花蓮清水斷崖之公路旁。

葉裂片絲狀

開花之植株

頭花球形

生於清水斷崖的石灰岩地上

濱艾

屬名　蒿屬
學名　*Artemisia fukudo* Makino

二年生或多年生草本，高 50 ～ 90 公分，多分枝。單葉，葉緣分裂或一至二回羽狀裂，上下表面同色，明顯被毛，葉緣不反捲。頭花倒圓錐狀。外形與茵陳蒿（*A. capillaris*，見第 211 頁）相似，惟其裂片先端鈍，頭花倒圓錐形，下垂，可與之區別。

產於日本及韓國；在台灣分布於北海岸及彭佳嶼。

花序倒圓形（許嘉宏攝）

葉一至二回羽狀分裂，明顯被灰白色毛。（許嘉宏攝）

艾(五月艾)

屬名　蒿屬
學名　*Artemisia indica* Willd.

外形變異極大，由多年生草本（株高約 50 公分）至亞灌木（高可達 200 公分，多見於中、高海拔山區），全株被毛或無毛。中部莖生葉具葉狀的假托葉，葉長橢圓形或卵形，長 7 ～ 12 公分，寬 3.3 ～ 10 公分，羽狀分裂，裂片 2 或 3 對，裂片卵形或長披針形，先端鈍，全緣或齒緣，上表面被蛛絲狀毛或近無毛，下表面密被白絨毛。頭花 2 ～ 2.5 或 1 ～ 1.5 公釐。

產於亞洲、北美、南美、大洋洲及中國；在台灣廣泛分布於平地至高海拔。

頭花正面

頭花側面

開花植株

葉羽狀分裂

牡蒿

屬名 蒿屬
學名 *Artemisia japonica* Thunb.

營養莖伸長，葉簇生莖頂；花莖高 40 ～ 100 公分，上部分岔。葉楔形或匙形，長 3 ～ 7 公分，寬 0.5 ～ 3 公分，先端片裂狀；開花枝的葉羽裂，裂片長披針形或線形。頭花卵狀橢圓形，圓錐狀排列。

　　產於日本、韓國、泰國、印度、阿富汗、中國東北部及南部；在台灣分布於海濱至低海拔山區，蘭嶼亦產。

莖下方未長花序的葉楔形，先端片裂狀　　　　分布於台灣海濱至低海拔山區

山艾 特有種

屬名 蒿屬
學名 *Artemisia kawakamii* Hayata

矮小草本，高 8 ～ 15 公分，基部木質化，具根莖，全株被白棉毛。葉簇生，廣卵形，長 1.5 ～ 3 公分，二回羽狀深裂，裂片寬 0.5 ～ 1.5 公釐，上表面被蛛絲狀毛，下表面密被氈毛。花莖從莖下部長出，頭花總狀排列，花序長 4.5 ～ 12 公分。

　　特有種，產於台灣海拔 2,700 公尺以上之高山。

花莖從莖下部長出　　　　葉長 1.5 ～ 3 公分；花序長 4.5 ～ 12 公分。

小艾(矮蒿)

屬名　蒿屬
學名　*Artemisia lancea* Van.

多年生草本，高80～150公分，莖被蛛絲狀毛或無毛。葉多形，單葉、二或三分岔或羽裂；莖下部之葉卵形，葉具明顯白色腺點，長3～6公分，寬2.5～5公分，二回羽裂，裂片3或4對，裂片長披針形或線形，長3～5公分，寬2～3公釐；莖中部之葉無柄，卵狀橢圓形至圓形，長度小於2.5公分，葉緣反捲；花莖上之葉長披針形，或三至五裂，先端銳尖。頭花倒卵形或橢圓形，頭花3～4或2～3公釐，密生，圓錐狀排列。

產於印度、韓國、日本、東俄及中國；在台灣分布於低至中海拔之開闊環境。

葉較艾小一號

單葉、二或三分岔或羽裂，裂片最寬不超過3公釐。

細葉山艾 特有種

屬名　蒿屬
學名　*Artemisia morrisonensis* Hayata

亞灌木或多年生草本，高40～60公分，有時不及40公分。與茵陳蒿（*A. capillaris*，見第211頁）非常相似，差別在於本種植株高40～60公分，有時不及40公分，頭花排列為窄的總狀圓錐花序，頭花直徑1.5～2公釐。

特有種，產於台灣海拔3,000～3,800公尺之林緣、路邊。

頭花直徑1.5～2公釐

頭花成窄的總狀圓錐排列

植株高40～60公分，有時不及40公分；生於高山。

玉山艾 特有種

屬名	蒿屬
學名	*Artemisia niitakayamensis* Hayata

植株高 10 ～ 20 公分，具走莖。葉長 1 ～ 2.5 公分，寬 0.5 ～ 1.5 公分，二回羽裂。比例上顯得特別大的頭花（直徑 7 ～ 9 公釐，長約 5 公釐）為本種最易辨識的特徵。頭花總狀排列，花序梗細，長 0.5 ～ 2 公分；總花托多少被毛。

特有種，分布於台灣高海拔山區。

頭花直徑大於 4 公釐

葉長 1 ～ 2.5 公分，寬 0.5 ～ 1.5 公分，二回羽裂。

植株 10 ～ 20 公分高。長在岩屑地上。

高山艾 特有種

屬名 蒿屬
學名 *Artemisia oligocarpa* Hayata

植株高 15～35 公分，基部多分枝。葉多簇生於莖下部，一至二回羽裂，裂片長紡錘形，先端鈍，寬 5～8 公釐。外形與玉山艾（*A. niitakayamensis*，見前頁）相似，惟頭花較小，花徑 3～4 公釐，頭花總狀或圓錐狀排列。

　　特有種，分布於台灣高海拔山區。

頭花總狀或圓錐狀排列

本種外形與玉山艾相似，惟頭花較小，直徑約 0.4 公釐。

中南蒿

屬名 蒿屬
學名 *Artemisia simulans* Pamp.

多年生草本，高 80～120 公分。本種與艾（*A. indica*，見第 213 頁）、南毛蒿（*A. chingii*，見第 212 頁）相似，差別在於本種之莖疏被多細胞腺毛，莖中部之葉具短柄，裂片線形，寬 3～6 公釐，上表面僅被有蛛絲狀毛。

　　產於中國西南及東南部，在台灣於 1998 年發現於太魯閣的新紀錄種。

本種與艾、南毛蒿相似，差別在於本種疏多細胞腺毛。

多年生草本，高 80～120 公分。

相馬氏艾 (台灣狹葉艾) 特有種

屬名 蒿屬

學名 *Artemisia somae* Hayata var. *somae*

植株高 20 ～ 50 公分，莖不分枝。形態似較高大粗壯的山艾（*A. kawakamii*，見第 214 頁），葉長橢圓形至卵形，長 10 ～ 20 公分，寬 3.5 ～ 4 公分，二回羽裂，裂片 3 ～ 5 對，裂片披針形，長 5 ～ 8 公釐，寬 2 ～ 4 公釐，先端漸尖。瘦果無毛。

　　特有種，生於台灣中、高海拔之岩壁或石灰岩地。

葉長 7 ～ 10 公分。植株高 20 ～ 50 公分，莖不分枝。

太魯閣艾 特有種

屬名 蒿屬

學名 *Artemisia somae* Hayata var. *batakensis* (Hayata) Kitam.

承名變種的差別在於本變種之花冠下方及瘦果先端均被毛。

　　特有變種，生於台灣低、中海拔之岩壁。

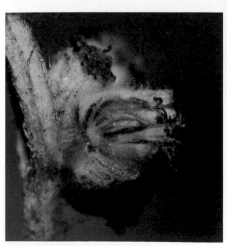

花冠下方及瘦果先端均被毛

生於岩壁上

雪山艾 特有種

屬名　蒿屬
學名　*Artemisia tsugitakaensis* (Kitam.) Y. Ling & Y. R. Ling

與玉山艾（*A. niitakayamensis*，見第216頁）十分相似，僅總花托無毛與之區別。根據林有潤教授的研究，總花托被毛與否，為蒿屬分組的重要特徵，故將本種處理為獨立的種。

　　特有種，分布於台灣高海拔山區。

頭花直徑7～9公釐

葉一至三回羽狀分裂

紫菀屬 ASTER

多年生草本、亞灌木或灌木。葉分為基生葉與莖生葉兩型，全緣或羽裂。頭花單生或多數成繖房狀圓錐排列；頭花輻射狀，稀為筒狀；總苞片2～6層，覆瓦狀；總花托無毛；舌狀花1（或2）層，花冠白、粉紅、紫或藍色，為雌性花，可稔；管狀花黃色，為兩性花，可稔。瘦果長橢圓形，稍扁平，常被毛；冠毛單層，有時極短或舌狀花無冠毛，稀兩層，外層短，鱗片狀。

山白蘭

屬名	紫菀屬
學名	*Aster ageratoides* Turcz.

多年生半灌木狀直立草本，具長走莖；莖高40～110公分，上部分枝。基生葉於開花時枯萎；莖生葉葉形變化大，葉基下延，葉柄不明顯，兩面疏被剛伏毛，葉面觸感粗糙，葉脈三出。頭花多數排列為鬆散的繖房花序，花徑1.5～2公分；舌狀花白色，或略帶紫色；管狀花黃色。

　　廣布於東亞、西伯利亞、蒙古、中國東南至東北部；在台灣分布於海拔1,000～2,500公尺山區。

花徑1.5～2公分

葉明顯三出脈，葉兩面被毛。

莖高40～110公分，上部分枝。

台東鐵桿蒿

屬名　紫菀屬
學名　*Aster altaicus* Willd.

一或二年生草本，高 40 ～ 60 公分，基部分枝，分枝斜倚，被毛。葉線形，長 2 ～ 6 公分，寬 1 ～ 4 公分，全緣或具疏鋸齒，密被粗毛。頭花 2.4 ～ 3.2 公分，頂生，具長花序梗；總苞半球形或碗形，寬 1 ～ 1.5 公分，苞片兩層，線形，長約 8 公釐。果實倒長卵形，扁壓狀，具褐色密毛。

　　產於東亞；在台灣分布於花蓮及台東之各大河川之砂質河床上，稀有。

總苞或碗形，1 ～ 1.5 公分寬，苞片兩層，線形，約 8 公釐長

頭花 2.4 ～ 3.2 公分

葉線形

果倒長卵形，扁壓，具密褐色毛。

分布於花蓮及台東之各大河的砂質河床上

華南狗娃花

屬名	紫菀屬
學名	*Aster asagrayi* Makino

多年生草本，有直根；莖斜升或近平臥，高 15 ～ 35 公分。葉匙形，頂端圓鈍，基部稍漸狹，全緣，有緣毛，莖上部之葉漸小，近花序者和總苞片相似，全部之葉均無柄。頭狀花序直徑 2 ～ 2.5 公分，單生枝端或排成繖房狀；舌狀花紫色，管狀花黃色。瘦果倒卵形，長 2 ～ 2.5 公釐，扁壓狀，有毛；冠毛為淡褐色；糙毛長 2.5 ～ 3 公釐。

分布日本及中國，在台灣產於離島金門及馬祖。

頭花直徑 2 公分以上

葉匙形，舌狀花紫色。

中部葉線狀倒披針形

清水馬蘭 特有種

屬名	紫菀屬
學名	*Aster chingshuiensis* Y. C. Liu & C. H. Ou

多年生具走莖的草本，莖高 10 ～ 25 公分，不分枝或僅頂端分枝，全株被剛伏毛。葉披針形至橢圓形，長 1 ～ 2 公分，寬 5 ～ 10 公釐，先端銳尖。頭花徑 1 ～ 2 公分，單花頂生或少數排列為繖房狀；舌狀花白色，管狀花黃色。果實長橢圓形，扁壓狀，長約 2 公釐，被密毛。

特有種，分布於台灣海拔 2,000 公尺以上之石灰岩山脊、向陽坡地，稀有。

果長橢圓形，扁壓，大約 2 公釐長，密毛。

頭花 1 ～ 2 公分

葉披針形至橢圓形，先端銳尖，葉長 1 ～ 2 公分。

台灣山白蘭 特有種

屬名	紫菀屬
學名	*Aster formosanus* Hayata

多年生草本，高 40 ～ 110 公分，莖稍下垂，具長走莖。基生葉厚，掌狀五出脈，具長柄；莖生葉卵形至長披針形，長 7 ～ 16 公分，寬 3 ～ 7 公分，明顯三出脈，有時五出脈，葉柄長 2 ～ 8 公分。頭花總狀排列；舌狀花白色，管狀花黃色。瘦果 2.5 ～ 3 公釐長，四稜，黑褐色，疏毛。冠毛 4 ～ 5 公釐。

　　特有種，分布於台灣海拔 2,000 ～ 2,700 公尺山區。

葉卵形至長橢圓形，葉柄長 2 ～ 8 公分。

長在中高海拔較潮溼的山邊

狗娃花

屬名	紫菀屬
學名	*Aster hispidus* Thunb.

一或二年生草本，高 40 ～ 80 公分，多分枝，分枝斜升，全株被剛伏毛。莖下部之葉倒披針形，寬齒緣；莖上部之葉線形，全緣或苞片狀；莖中部之葉長 1.5 ～ 3.5 公分，寬 1.4 ～ 3 公釐。頭花頂生或少數繖房狀排列，頭花直徑 2.5 ～ 4 公分；舌狀花白或紫色。瘦果扁平，廣卵形，被絹狀毛；冠毛兩型，褐色。

　　產於西伯利亞、蒙古、中國北部、韓國及日本；在台灣分布於低海拔地區，在東部石灰岩山區較常見。

頭花直徑 2.5 ～ 4 公分

葉較薄，倒披針形至線形。

雞兒腸

屬名	紫菀屬
學名	*Aster indicus* L.

多年生具走莖的半灌木狀草本，高 30～70 公分，多分枝，莖斜升。葉卵形或長橢圓形，先端銳尖，葉緣小或細鋸齒狀，莖中部之葉長 3～10 公分，寬 1～2.5 公分。頭花頂生，直徑 2.5 公分；舌狀花藍或粉紅色。瘦果倒卵形，疏被毛。

　　廣布於東南亞、中國東部至南部、南韓、日本、中南半島及印度；在台灣分布於低海拔地區。

舌狀花藍或粉紅色

葉卵形或長橢圓形

大武山紫菀 特有種

屬名	紫菀屬
學名	*Aster itsunboshi* Kitam.

小草本，高 3～5 公分，莖密被毛。基生葉蓮座狀，卵形至長橢圓形，兩面被毛，具長柄，宿存；莖生葉少數，匙形或倒卵形。頭花 1 或 2 朵；總苞半球形，紫色，總苞兩層，被毛；頭花徑 8 公釐。

　　特有種，僅有模式標本之採集紀錄，產地為大武山。

葉鋸齒 2～4。葉及莖密生絨毛。（福田將矢攝）

開花植株甚矮小，包括花莖，整株 2.5～4.5 公分高，葉大都蓮座狀的基生葉。（福田將矢攝）

模式標本置於京都大學植物標本館內（國立臺灣大學數位人文研究中心提供）

絨山白蘭

屬名　紫菀屬
學名　*Aster lasiocladus* Hayata

多年生半灌木狀直立草本，高 50 ～ 90 公分，具長走莖。莖生葉明顯三出脈，葉兩面被毛；莖中部之葉長 4 ～ 10 公分，寬 1.5 ～ 4 公分。與山白蘭（*A. ageratoides*，見第 220 頁）相似，差別在於本種之莖及葉密被毛，葉上表面密被剛伏毛，觸感粗糙，下表面被腺毛及柔毛，觸感綿滑。

　　產於中國南部、東南部及台灣；在台灣分布於中、高海拔山區，中北部較常見。

花白色

葉明顯三出脈，葉兩面被毛。

玉山鐵桿蒿（玉山紫菀） 特有種

屬名　紫菀屬
學名　*Aster morrisonensis* Hayata

多年生具走莖的直立草本，莖纖細，高 10 ～ 40 公分，被細毛。基生葉長橢圓形，長 1.5 ～ 2.5 公分，寬 0.8 ～ 1.2（2）公分，先端銳尖，基部圓楔形，具長柄；莖生葉披針形。頭花排列為圓錐狀的繖房花序；總苞半球形，苞片 3 ～ 4 層，緣毛狀邊緣；頭花直徑 1 ～ 1.5 公分。

　　特有種，分布於台灣海拔 3,000 公尺以上之高山。

總苞半球形，苞片 2 ～ 3 層，緣毛狀邊緣。

長橢圓形，長 1.5 ～ 2.5 公分，寬 0.8 ～ 1.2（2）公分，先端銳尖。

台灣狗娃花 特有種

屬名　紫菀屬
學名　*Aster oldhamii* Hemsl.

二年生草本，莖粗壯，多分枝，被粗毛。莖下部之葉匙形，莖上部之葉長橢圓形，先端鈍至圓，緣毛狀葉緣。總苞半球形或碗狀，苞片 2 或 3 層，不等長；頭花輻射狀，直徑 2.5 ～ 3.5 公分；舌狀花花冠白色或紫色。冠毛兩型，舌狀花冠毛白色，管狀花冠毛紅色。有些族群之頭花筒狀，舌狀花完全闕如。

　　特有種，分布於台灣北海岸地區。

有些族群無舌狀花

花紫色

花托及果實

下部葉匙形，上部葉長橢圓形。

盛花之植株

台灣紺菊（卵葉紫菀）特有種

屬名　紫菀屬
學名　*Aster ovalifolius* Kitam.

多年生半灌木狀直立草本，高 40 ～ 100 公分，上部分枝，被絨毛。葉卵形至長卵形，長 3 ～ 8 公分，寬 1.5 ～ 2.5 公分，疏齒緣，兩面被毛，下表面具隆起的三出脈，密被腺體。頭花繖房狀排列；總苞倒圓錐形，總苞片 4 層，覆瓦狀排列；頭花直徑 1.5 公分；舌狀花白色。果實的冠毛紅褐色。

　　特有種，分布於台灣北部低海拔丘陵，稀有。

果實的冠毛紅褐色

葉卵形

分布於北部低海拔丘陵，稀有。

總苞片 4 層，覆瓦狀排列。

琴葉紫菀

屬名　紫菀屬
學名　*Aster panduratus* Nees *ex* Walper

多年生草本，高達 1 公尺；莖單生或叢生，被長粗毛。葉互生，長圓狀匙形，長 3 ～ 9（～ 12）公分，寬 1.5 ～ 2.5（～ 3）公分，全緣或具疏齒，兩面被長伏毛及短毛，莖下部之葉具柄，莖中部以上之葉基部抱莖或半抱莖。頭狀花序單生於枝端或排成疏散的繖房狀花序；總苞半球形；總苞片 3 層，長圓狀披針形，外面密被短毛；舌狀花約 30 餘朵，舌片長約 8 公釐。瘦果卵狀長圓形，兩面具肋，被柔毛；冠毛白色或稍帶紅色，糙毛狀。

　　產中國；在台灣分布於離島金門及馬祖。

舌狀花紫色，舌片長約 8 公釐。

全緣或具疏齒，兩面被長伏毛和短毛。

島田氏雞兒腸

屬名　紫菀屬
學名　*Aster shimadae* (Kitam.) Nemoto

多年生具走莖的直立草本，高 50～100 公分，上部分枝，被粗毛。
基生葉於開花時枯萎；葉匙形或倒披針形，莖中下部之葉常三裂，
長 2.5～3.5 公分，寬 1～2 公分，先端鈍，葉基下延，兩面密
被剛毛。頭花頂生，頭花直徑 2～3 公分，舌狀花藍紫色或白色，
心花黃色。冠毛紅色。

　　產於中國中部至南部；在台灣分布於新竹、苗栗一帶之低海
拔山區，稀有。

舌狀花藍紫色

中下部葉常呈三裂

上部的葉全緣，不裂。

分布於台灣竹、苗一帶低海拔山區，稀有。

掃帚菊(帚馬蘭)

屬名　紫菀屬
學名　*Aster subulatus* Michaux var. *subulatus*

一年生高大草本，高 30 ～ 150 公分，全株無毛，多分枝，具主根。葉寬不及 1 公分，半抱莖，無柄。總苞的苞片 4 或 5 層；頭花排列為鬆散的總狀花序，頭花直徑 5 ～ 6 公分；邊花多數，白或粉紅色；心花黃色。瘦果密被短毛，冠毛較花冠長。

　另一變種澤掃帚菊（*A. subulatus* var. *sandwicensis*）曾紀錄於台北南港，其特徵為葉較寬（0.8 ～ 2.5 公分），葉有柄，頭花較大（直徑 7 ～ 9 公釐），邊花淡紫色，且冠毛短於花冠。因之後未有其他紀錄，故在此書中暫時不予收錄。

　產北半球溫帶地區；歸化於台灣，常見於北部低海拔之開闊地及濕潤地區。

頭花徑長 5 ～ 6 公分

總苞的苞片 4 或 5 層

葉寬不及 1 公分，無柄，半抱莖。

一年生高大的草本，高 30 ～ 150 公分。

果實具白色冠毛

台灣馬蘭 特有種

屬名　紫菀屬

學名　*Aster taiwanensis* Kitam.

花白色

多年生半灌木狀直立草本，高 40 ～ 120 公分，具長走莖。與山白蘭（*A. ageratoides*，見第 220 頁）非常相似，差別在於本種之葉有顯著葉柄，葉脈明顯，但不突起，葉長披針形至披針形，寬鋸齒緣，無毛或被疏毛；頭花圓錐狀或複繖房狀排列。

　　特有種，廣泛分布於台灣海拔 500 ～ 3,000 公尺山區。

葉有柄，葉長披針形至披針形。

頭花圓錐狀或複繖房狀排列

雪山馬蘭 特有種

屬名　紫菀屬

學名　*Aster takasagomontanus* Sasaki

多年生草本，莖直立，高 10 ～ 30 公分，密被毛，具粗走莖。基生葉匙形，兩面被密毛及腺體，柄長；莖生葉少數，較小，長 2.5 ～ 6.5 公分，寬 0.8 ～ 2 公分。頭花 1 ～ 3 朵，直徑 3 ～ 3.5 公分；總苞片寬鐘形，近乎等長；舌狀花白色。

　　特有種，分布於海拔 3,400 公尺以上之碎石坡地。

頭花 1 ～ 3，直徑 3 ～ 3.5 公分。

桃園馬蘭 特有種

屬名　紫菀屬
學名　*Aster taoyuenensis* S. S. Ying

多年生直立草本，高 30 ～ 70 公分，上部分枝，全株密被長而透明的多細胞毛。基生葉長卵形至匙形，長 6 ～ 10 公分，寬 1.5 ～ 2.5 公分，具 2 ～ 4 對粗鋸齒，開花時不枯萎；莖生葉橢圓形，長 4.5 ～ 6.5 公分，寬 1.5 ～ 2.5 公分，兩面密被毛及腺體。頭花繖房狀排列，頭花寬 1.5 ～ 2 公分，舌狀花白色，管狀花黃色。

　　特有種，分布於台北近郊海拔 500 ～ 800 公尺山區，稀有。

花白色，花徑 1.5 ～ 2 公分。

葉兩面，具 2 ～ 4 對粗鋸齒；密生毛。

分布於台北近郊海拔 500 ～ 800 公尺山區，稀有。

陀螺紫菀

屬名　紫菀屬
學名　*Aster turbinatus* S. Moore

莖直立，粗壯，常單生，有時具長分枝，被糙或有長粗毛。下部葉葉片卵圓形或卵圓披針形，有疏齒，頂端尖，基部截形或圓形。中部葉無柄，長圓或橢圓披針形，有淺齒，基部有抱莖的圓形小耳，頂端尖或漸尖。頭狀花序單生或 2 ～ 3 個簇生上部葉腋，有密集而漸轉變為總苞片的苞葉。總苞倒錐形，總苞片約 5 層，背面近無毛，有緣毛。外層卵圓形，頂端圓形或急尖；內層長圓狀線形，頂端圓形。瘦果倒卵狀長圓形，兩面有肋，被密粗毛。

　　本種具假花序梗為總托延長形成，頂端的葉片苞片狀等特徵，可明顯與台灣其它紫菀屬植物區別。

　　馬祖地區的新紀錄植物。產於中國大陸，分布安徽、江蘇、福建、江西及浙江。

頭狀花序單生

植株

假澤蘭屬 AUSTROEUPATORIUM

亞 灌木或草本，直立。莖基部之葉對生，上部者互生；葉片卵形至狹長圓形，圓齒至細鋸齒緣。繖房狀花序；總苞鐘狀；總苞片 12 ～ 18 枚，2 ～ 3 層，大多不相等；小花 9 ～ 23 朵，芳香；花冠白色，少數淡紫色，狹漏斗狀，表面具腺體；花絲細長而曲折，花藥附屬物卵狀長圓形；花柱絲狀，基部不擴大，密被柔毛。果實為瘦果，5 肋，冠毛 30 ～ 40。

假澤蘭

屬名	假澤蘭屬
學名	*Austroeupatorium inulifolium* (Kunth) R. M. King & H. Rob.

多年生直立草本或灌木，高 3 公尺；莖圓，常具條紋。單葉，於莖基部者對生，其餘互生，卵形至狹橢圓形，長 7 ～ 14 公分，先端漸尖，基部下延，細鋸齒至鋸齒緣，略離基三出脈，上表面被粗伏毛，下表面被微柔毛。頂生繖房狀圓錐花序；苞片 12 ～ 18 枚，三至四輪；頭花具 7 ～ 13 朵花，花冠白色，略五裂。

原產中南美洲，在台灣見於南投中海拔山區。

單葉，卵形至狹橢圓形，長 7 ～ 14 公分。　外來種，原產中南美洲。分布於南投縣中海拔山區。

雛菊屬 BELLIS

一年生或多年生草本，莖叢生或有分枝。葉基生或互生，葉片全緣、波狀或有鋸齒。頭狀花序單生，花序梗無毛或被疏硬毛；總苞寬鐘狀；總苞片 1 ～兩層，革質；總花托圓錐形，無鱗片；邊緣有 1 層舌狀雌花，白色、粉紅色或紅色；中央有多數筒狀之兩性花。瘦果扁平，兩側具肋；冠毛刺毛狀、鱗片狀或無冠毛。

雛菊

屬名	雛菊屬
學名	*Bellis perennis* L.

常綠草本，高 10 ～ 20 公分。葉基生，貼地生長，長 2 ～ 5 公分，葉緣細鋸齒狀。頭狀花序直徑 2 ～ 3 公分。台灣產本種植物之舌狀花主要為白色，先端淡紅色。

原產於歐洲，在台灣歸化於阿里山等山區。

可見於中海拔向陽處

鬼針屬 BIDENS

一年生或多年生直立草本，稀為灌木。葉對生，單葉或複葉。頭花輻射狀或筒狀，繖房或圓錐狀排列，或單生；邊花中性或雌性，心花兩性或稀為雄性。瘦果線形或橢圓形，具三或四稜，或扁平；冠毛為多芒的剛毛或芒刺狀，或闕如。

鬼針

屬名	鬼針屬
學名	*Bidens bipinnata* L.

株高 25 ～ 85 公分。奇數羽狀複葉至三回羽狀裂葉，葉兩面被毛，頂羽片窄，先端銳尖，邊緣少數鋸齒。總苞片 5 ～ 7 枚，披針形；舌狀花 1 ～ 8 朵，花冠黃色。瘦果線形，被短伏剛毛，具 3 或 4 根有逆刺之芒狀冠毛。

　　產於美國及東亞，歸化南美、澳洲、南亞及歐洲；在台灣分布於低海拔之開闊地，南部較常見。

舌狀花黃色

頂羽片窄，先端銳尖。

鬼針舅

屬名	鬼針屬
學名	*Bidens biternata* (Lour.) Merr. & Sherff

與鬼針（*B. bipinnata*，見本頁）十分相似，差別在於本種之葉為一至二回羽狀複葉，頂羽片卵形，邊緣多數鋸齒。

　　產於亞洲、非洲及澳洲；在台灣分布於低海拔地區。

舌狀花黃色

葉羽狀分裂，裂片卵狀三角形，頂羽片卵形，邊緣具多數鋸齒。

大狼把草

屬名　鬼針屬
學名　*Bidens frondosa* L.

一年生草本，高達 120 公分，莖直立，分枝，常帶紫色，被疏毛或無毛。葉對生，一回羽狀複葉，小葉 3 ～ 5 枚，披針形，長 3 ～ 10 公分，寬 1 ～ 3 公分，先端漸尖，邊緣有粗鋸齒，通常葉背被稀疏短柔毛，具葉柄。頭狀花大部分單生；總苞鐘狀或半球形，外層苞片 5 ～ 10 枚，披針形或匙狀倒披針形，葉狀，邊緣具緣毛，內層苞片長圓形，具淡黃色邊緣；舌狀花不發育，極不明顯。

　　原產北美；在台灣，作者曾見於澳底、明池及竹東的水田邊或沼澤旁；本種最先的記錄報導見於林春吉的《台灣的水生與溼地植物》（2005）一書中。

外層苞片 5 ～ 10 枚，披針形或匙狀倒披針形，葉狀。

小葉披針形，長 3 ～ 10 公分，寬 1 ～ 3 公分，先端漸尖，邊緣有粗鋸齒。

一回羽狀複葉，小葉 3 ～ 5 枚。

白花鬼針

屬名	鬼針屬
學名	*Bidens pilosa* L. var. *pilosa*

本種另外二變種：小白花鬼針（var. *minor*，見本頁）、大花咸豐草（var. *radiata*，見第 236 頁）之差別在於本變種之頭花筒狀，不具有舌狀花，果實先端有 2 ～ 3 芒刺。

　　廣布於熱帶及亞熱帶地區，在台灣見於低至中海拔之開闊地。

頭花筒狀，不具有舌狀花。

分布於台灣低至中海拔開闊地

小白花鬼針

屬名	鬼針屬
學名	*Bidens pilosa* L. var. *minor* (Blume) Sherff

與大花咸豐草（var. *radiata*，見第 236 頁）十分相似，惟本變種之舌狀花花冠較短，不及 0.8 公分。

　　廣布於熱帶及亞熱帶地區；在台灣見於低至中海拔之開闊地，在林道旁常見。

頭花之舌狀花花冠較短，不及 0.8 公分。

果先端有二至三刺

開花之植株

大花咸豐草

屬名	鬼針屬
學名	*Bidens pilosa* L. var. *radiata* Sch. Bip.

多年生草本，高可達近 2 公尺；莖方形，具明顯縱稜。單葉或奇數羽狀複葉，羽片卵形或披針形，頂羽片較大，先端銳尖，粗鋸齒緣。頭花頂生或腋生，繖房狀排列；外層總苞片匙形，具緣毛，內層苞片披針形；舌狀花白色，偶略呈紫紅色，花冠長 1～1.5公分；心花黃色。瘦果黑色，有 2 或 3 條具逆刺之芒狀冠毛。

　　產於美國，目前廣布於北美、南美、北非及南亞；在台灣分布於全島低海拔地區，極為常見，為極具侵略性之歸化雜草。

偶見粉紅變異；攝於北竿。

極具侵略性之歸化雜草

狼把草

屬名	鬼針屬
學名	*Bidens tripartia* L.

莖高 20～150 公分，不被毛。單葉，長披針形，或三至五裂，寬齒緣。頭花筒狀，花黃色，花冠四裂。瘦果褐色，邊緣被倒刺，具一對有逆刺的芒刺狀冠毛。

　　產於歐亞大陸、北非及澳洲；在台灣分布於北部低海拔之恆溼環境，稀有。陽明山竹子湖及松蘿湖等地有穩定的族群。

瘦果褐色，邊緣被倒刺，具一對有逆刺的芒刺狀冠毛。

單葉長披針形，或三至五裂葉。

頭花筒狀，花黃色

艾納香屬 BLUMEA

一年生、多年生草本或亞灌木，株多高大粗壯，常被毛。單葉，互生。總苞片 2 ～ 4 層，外層最短，覆瓦狀排列；頭花盤狀，邊花雌性，多數，心花兩性。瘦果圓柱或紡錘形，長 1 ～ 1.5 公釐，常有 10 條縱稜；冠毛單層，淡黃色，宿存。

薄葉艾納香

屬名	艾納香屬
學名	*Blumea aromatica* DC.

多年生直立亞灌木，高 0.8 ～ 2.2 公尺，上部分枝，全株被腺毛及多細胞毛。莖上部之葉較大，長橢圓形，長 24 ～ 30 公分，寬 10 ～ 20 公分，兩面被毛。頭花頂生或腋生，圓錐狀排列；總苞被多細胞毛，苞片反捲；頭花之心花黃色。

產於喜馬拉雅山區、印度、緬甸、泰國及中國；在台灣分布於低至中海拔之林緣。

頭花之心花黃色

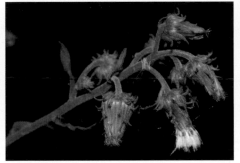

外層總片明顯反捲，總苞僅被有腺毛。

葉較大，長橢圓形，長 24 ～ 30 公分，寬 10 ～ 20 公分。

艾納香

屬名	艾納香屬
學名	*Blumea balsamifera* (L.) DC.

多年生直立草本或亞灌木，高 0.8 ～ 2.5 公尺，莖繖房狀分枝，密被黃色長綿柔毛。葉窄橢圓形，長 15 ～ 18 公分，寬 3.5 ～ 5 公分，上表面密被黃色毛，下表面密被銀毛，短葉柄上有長約 1 公分的耳狀物。頭花之心花黃色。

產於南亞、東南亞及中國；在台灣分布於低海拔地區，南部較常見。

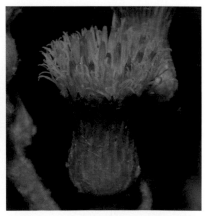

頭花黃色

花序密，小花多數。

全株密被綿毛及曲柔毛；葉亞革質。

葉基部有線狀裂片

大花艾納香(藤艾納香)

屬名　艾納香屬
學名　*Blumea conspicua* Hayata

多年生直立亞灌木，高 2.5 ～ 3.5 公尺。葉長橢圓形，長 30 ～ 45 公分，寬 10 ～ 15 公分，重鋸齒緣，上表面疏被直毛，下表面被柔毛。頭花頂生及腋生，鬆散圓錐狀排列，心花黃色。

　　產於琉球，在台灣僅分布於離島蘭嶼。

花序鬆排列，心花黃色。

葉長橢圓形，長 30 ～ 45 公分，寬 10 ～ 15 公分，僅生於蘭嶼。

裡白艾納香(裏白艾納香)

屬名	艾納香屬
學名	*Blumea formosana* Kitam.

一年生直立草本，高 70～90 公分，密被白色柔毛。莖下部之葉較大，倒卵形至匙形，長 16～18 公分，寬 4～7 公分，兩面密被毛，下表面被白色綿毛。頭花成鬆散的圓錐狀排列，總苞被腺毛及多細胞毛，心花黃色。果表密生毛。

　　產於中國南部；在台灣主要分布於北部之闊葉林林緣，不常見，台東都蘭山亦有之。

總花托中心無毛

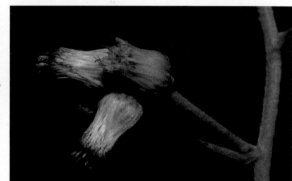

總苞被腺毛及多細胞毛

果甚小，表密生毛。

台灣主要分布於北部闊葉林林緣，不常見。

葉長橢圓形或廣披針形，葉細鋸齒緣。

毛將軍

屬名　艾納香屬

學名　*Blumea hieracifolia* (D. Don) DC.

多年生直立草本，高 20 ～ 120 公分，有時基部分枝；莖密被銀白色綿絨毛，幼時尤甚。葉倒卵形至匙形，長 12 ～ 14 公分，寬 4 ～ 5 公分，葉緣小牙齒狀，上表面密被銀色曲柔毛，下表面密被絲綢狀綿毛。頭花近乎無花序梗，簇生成穗狀圓錐花序；心花黃色。

　　產於南亞、東南亞及中國；在台灣分布於低海拔地區。

頭花近乎無總梗，簇生成穗狀圓錐花序，心花黃色。

莖密被銀白色綿絨毛

生毛將軍

屬名　艾納香屬

學名　*Blumea lacera* (Burm. f.) DC.

一年生直立草本，高 70 ～ 80 公分，莖分枝或不分枝，密被銀色氈毛及腺毛。葉橢圓形或長卵形，長 10 ～ 12 公分，寬 3.5 ～ 4.5 公分，葉基下延，有時有柄，葉緣重鋸齒或有時成琴狀裂葉，上表面被絨毛，下表面被綿毛。頭花腋生及頂生，圓錐狀排列，總苞密被氈毛及多細胞腺毛，心花黃色。

　　產於東南非、東南亞及澳洲北部；在台灣分布於低海拔地區，常見。

頭花具總梗，排列成鬆散的圓錐花序。

總花托中心無毛

總苞密被氈毛及多細胞腺毛。心花黃色。

葉倒披針形，葉緣重鋸齒。

裂葉艾納香

屬名　艾納香屬
學名　*Blumea laciniata* (Roxb.) DC.

一年生直立草本，高 0.5～1.5 公尺，基部常分枝，密被多細胞長毛及腺毛。葉膜質，琴狀分裂，長 10～20 公分，寬 6～8 公分，葉緣倒刺或牙齒狀，兩面被長毛。頭花頂生，圓錐狀排列，花序梗被柔毛及腺毛，心花黃色。

　　產於南亞、東南亞及中國；在台灣分布於低海拔至 1,500 公尺之開闊地。

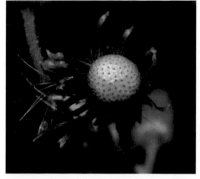
總花托中心無毛

葉膜質，琴狀分裂。

總苞外表有許多毛狀物

頭花頂生，圓錐狀排列。

走馬胎

屬名　艾納香屬
學名　*Blumea lanceolaria* (Roxb.) Druce

多年生直立草本或亞灌木，莖中空，上部分枝，無毛或僅幼時被毛。葉長橢圓形至倒披針形，不被毛或僅下表面被疏毛。葉基下延，有時具葉柄，具有耳狀物。頭花多數，頂生，排列為金字塔形的圓錐花序；心花黃色。

　　產於南亞、東南亞及中國；在台灣分布於低海拔森林邊緣。

頭花側面

葉具有耳狀物

心花黃色

葉長橢圓形至倒披針形

狹葉艾納香 特有種

屬名　艾納香屬
學名　*Blumea linearis* C.I Peng & W. P. Leu

粗壯、直立高大的亞灌木，高 1.5～3 公尺，莖中空，中部分枝。葉草質，線形，長 25～35 公分，寬 2.5～3.5 公分，疏重鋸齒緣，上表面被疏毛，下表面被氈毛，葉基或葉柄不具小耳狀附屬物。頭花腋生及頂生，呈金字塔形的圓錐狀排列；心花黃色。

　　特有種，分布於台灣北部及東部之低海拔山區林道及森林邊緣，蘭嶼亦產。

心花黃色

葉背蒼白色

葉線形

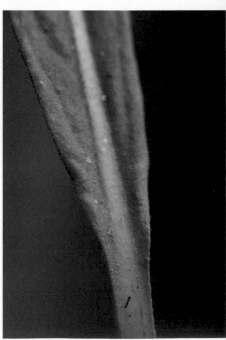

葉基無小耳狀附屬物

柔毛艾納香

屬名　艾納香屬
學名　*Blumea mollis* (D. Don) Merr.

一年生直立草本，高 50 ～ 120 公分，密被軟的長柔毛、腺體及黏絨毛。葉卵狀橢圓形，長 9 ～ 11，公分，寬 3.5 ～ 4 公分，葉緣密重鋸齒，兩面密被銀色曲柔毛、多細胞毛及腺體。頭花頂生，排成穗狀圓錐花序；心花花冠紫紅色。

　　產於非洲、南亞、東南亞及中國；在台灣分布於全島低海拔之開闊地。

果托及果實

花正面

外層總苞均平貼或斜上，總苞被毛及腺毛；心花花冠紫紅色。

葉卵狀橢圓形

台灣艾納香

屬名	艾納香屬
學名	*Blumea oblongifolia* Kitam.

直立草本，高 0.8～1.2 公尺，幼時莖被氈毛。葉卵狀披針形，長 11～13 公分，寬 3～5 公分，上表面被氈毛，下表面被曲柔毛。頭花頂生及腋生，圓錐狀排列；總苞片先端有時紫色，總花托中心被毛；花冠黃色。

　　產於印度、緬甸、東南亞及中國；在台灣零星分布於北部及中部之低海拔山區。

總苞密被氈毛

卵狀橢圓形至卵狀披針形，疏鋸齒緣。

大頭艾納香

屬名	艾納香屬
學名	*Blumea riparia* (Blume) DC. var. *megacephala* Randeria

多年生小灌木或攀緣性灌木，長 4～6 公尺。莖生葉厚，長橢圓形，長 9～11 公分，寬 2.5～4 公分，疏突齒或突鋸齒緣，無毛或兩面被疏毛。頭花半球形，1～1.5 × 1.2～1.3 公分，頂生或腋生，圓錐狀排列；總苞先端帶紫色；心花黃色。

　　產於南亞、日本及中國南部；在台灣廣布於低海拔山區，常見。

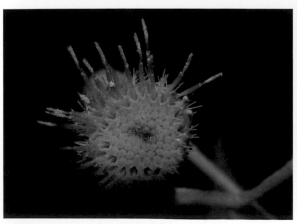

心花黃色

攀緣性灌木

金腰箭舅屬 CALYPTOCARPUS

一年生或多年生小草本，莖通常匍匐或平臥。葉對生，鈍齒緣，有柄。輻射狀頭花單一或數朵簇生；總苞片約 5 枚，總花托具托片；舌狀花 5 ～ 8 朵，花冠黃色，雌性花；心花花冠四或五裂，黃色，兩性花。瘦果倒披針形或倒錐形，具 2 芒狀冠毛。

金腰箭舅

屬名	金腰箭舅屬
學名	*Calyptocarpus vialis* Less.

莖匍匐狀，密被伏剛毛。葉卵形或廣卵形，長 3.5 公分，寬 2.5 公分，兩面密被伏剛毛。頭花單花腋生；總苞長橢圓形，總苞片 4 枚；頭花直徑約 1 公分，舌狀花 5 ～ 8 朵，花冠黃色。

　　產於美國至墨西哥及古巴，歸化於夏威夷；在台灣歸化為低海拔雜草，有時栽植為安全島之草坪。

舌狀花 5 ～ 8，花冠黃色。　　　　　　葉卵形或廣卵形，長 3.5 公分，寬 2.5 公分。

莖匍匐狀，密被伏剛毛。

天名精屬 CARPESIUM

多年或一年生草本。葉互生。盤狀頭花單一或多數成穗狀排列，具花序梗或無；總苞杯狀，苞片約 3 層；邊花雌性，約兩層，黃色；心花黃色。瘦果長橢圓體，先端短喙狀，具由軟骨質包被的腺體；冠毛闕如。

天名精

屬名	天名精屬
學名	*Carpesium abrotanoides* L.

植株高 50 ～ 100 公分，多分枝。莖下部之葉橢圓形，長 20 ～ 28 公分，寬 8.5 ～ 15 公分，突齒緣；莖上部之葉長橢圓形，較小；葉下表面被腺體。頭花直徑 6 ～ 8 公釐，無花序梗，穗狀排列；總苞片外層最短；頭花具 130 ～ 300 朵小花。

　　產於日本、韓國、中國中部及東部；在台灣分布於中海拔，稀有。

分布於台灣中海拔，稀有。

頭花無花序梗

杓兒菜

屬名	天名精屬
學名	*Carpesium cernuum* L.

植株高 25 ～ 150 公分，多分枝，莖被白長毛。莖下部之葉長匙形，長 9 ～ 25 公分，寬 4 ～ 6 公分，葉基下延成長柄；莖上部之葉較小，橢圓形或披針形，兩面被白長毛及腺體。頭花單一，頭花直徑 1.2 ～ 1.8 公分，具多片葉狀苞片，花序梗長。

　　產於亞洲至歐洲溫帶地區；在台灣分布於新竹中海拔山區及蘭嶼，少見。

葉基下延；頭花直徑 12 ～ 18 公釐。

外層總苞片與內層苞片等長或稍長

煙管草

屬名 天名精屬
學名 *Carpesium divaricatum* Sieb. & Zucc.

植株高 25 ～ 150 公分，上半部分枝，莖密被毛。莖下部之葉卵形至長卵形，先端鈍或銳尖，基部圓或有時稍呈心形或截形，具長葉柄；莖中部之葉長卵形；葉向上漸變小，葉兩面被毛，下表面被腺體。頭花單一生於莖頂或分枝頂，或多數總狀排列；頭花直徑 6 ～ 10 公釐，頭花開放時下垂；總苞近乎無毛。

　　產於中國、日本及琉球；在台灣分布於北部海拔 600 ～ 1,600 公尺山區。

頭花直徑 6 ～ 10 公釐

葉卵形至卵橢圓形

外層總苞片較內層苞片短，膜質。

細川氏天名精

屬名 天名精屬
學名 *Carpesium minus* Hemsl.

植株高 50 ～ 70 公分，上部分枝，密被毛。莖下部之葉薄，卵狀橢圓形，長 10 ～ 14 公分，寬 2.5 ～ 3.5 公分，葉基楔形，有柄；莖中部之葉披針形，向上漸小，葉兩面被密毛及腺體。頭花多數，直徑 3 ～ 6 公釐，開放時下垂。本種為台灣產本屬植物頭花最小者。

　　產於日本及中國，在台灣分布於海拔 600 ～ 2,000 公尺森林內。

外層總苞片較內層苞片短，膜質。

葉卵披針形至長橢圓形；頭花直徑 3 ～ 6 公釐。

黃金珠

屬名	天名精屬
學名	*Carpesium nepalense* Less.

株高 25 ～ 60 公分，多分枝，莖密被綿毛。莖下部之葉橢圓匙形，葉基漸狹成葉柄，粗齒緣；莖上部之葉橢圓形至長披針形，兩端銳尖，兩面被曲柔毛，無柄。頭花基部有多片苞葉托著頭花，頭花單生，生於分枝頂，直徑 8 ～ 10 公釐，具長花序梗。

　　產於印度至中國南部，在台灣分布於海拔 1,400 ～ 3,200 公尺森林中。

外層總苞片與內層苞片等長或稍長，葉狀。

葉基突縮成楔形；頭花直徑 8 ～ 10 公釐。

石胡荽屬 CENTIPEDA

一年生小草本，莖多分枝，莖平臥在地上。葉互生。盤狀頭花腋生或為總狀排列，無花序梗；總苞半球形，苞片兩層，於瘦果成熟時開展；邊花雌性，多數；心花兩性，少數。瘦果無冠毛。

石胡荽(吐金草)

屬名	石胡荽屬
學名	*Centipeda minima* (L.) A. Br. & Asch.

平臥在地上的小草本，莖多分枝，密生絨毛。葉長匙形，長 0.7 ～ 2 公分，葉緣疏齒裂，葉下表面被腺體。頭花扁半球形，直徑 3 ～ 4 公釐，幾乎無花序梗，散生於葉腋；小花四或五裂，先端常具紫暈。

　　產於熱帶及亞熱帶之亞洲、阿富汗、太平洋群島及澳洲；在台灣分布於低海拔之開闊地。

頭花扁半球形

莖平臥在地上的小草本，莖多分枝。

葉長匙形，0.7 ～ 2 公分長，葉緣疏齒裂。

鈕扣花屬 CENTRATHERUM

多年生草本或小灌木。筒狀頭花單一或少數聚生；總苞兩型，內層膜質，外層葉狀；小花紫色，具有柄的腺體。瘦果倒卵形，具 10 條縱稜，無毛；無冠毛或具易斷、易脫落的冠毛。

菲律賓鈕扣花

屬名　鈕扣花屬
學名　*Centratherum punctatum* Cass. subsp. *fruticosum*（S.Vidal）K.Kirkman *ex* Shih H.Chen , M.J.Wu & S.M.Li

草本或小灌木，高可達 130 公分。葉簇生於莖頂，扇形或橢圓形，先端寬，銳尖，葉緣鋸齒狀，被茸毛。頭花單獨生於莖頂或側分枝頂；總苞寬鐘形或半球形，長 1 公分，內層總苞片 5 ～ 7 層；頭花直徑 2 ～ 2.5 公分；小花花冠紫紅色，深裂至中部，外被許多腺體。瘦果黑色，圓錐狀至倒圓錐狀，無毛；冠毛 6 ～ 12，乾膜質。

　　歸化種。零星分布於北部及東部之低海拔山區。

花柱二分岔，紫色。

葉緣鋸齒狀，葉脈明顯。

歸化種。零星分布於北部及東部之低海拔山區。

香澤蘭屬 CHROMOLAENA

多年生草本或灌木，偶為攀緣性。葉對生，偶互生或輪生。筒狀頭花繖房狀排列，稀單一；總苞覆瓦狀，苞片先端草質；總花托有時具托片；花冠白、藍或紫色，圓柱形，被毛或腺體。瘦果五稜狀，被毛或腺體；冠毛糙毛狀。

香澤蘭（飛機草）

屬名　香澤蘭屬
學名　*Chromolaena odorata*（L.）R. M. King & H. Rob.

多年生粗壯草本，高可達 2 公尺，莖密被捲毛。葉對生，莖中部之葉最大，卵形至三角形，長 7 ～ 15 公分，寬 3.5 ～ 8 公分，葉基鈍至截形，疏齒緣，三出脈，下表面被腺體，柄長 1 ～ 2.5 公分。頭花繖房狀排列，花序梗密被毛；頭花約有 30 朵小花，花冠白，常帶淡紫藍色；花柱甚長，伸出花冠外。瘦果黑色。

　　原產於熱帶美洲，歸化亞洲，為一侵略性強之雜草；在台灣見於南部地區。

花柱甚長，伸出冠外。

中部葉最大，卵形至三角形。

為一侵略性強之雜草。台灣見於中南部。（郭明裕攝）

薊屬 CIRSIUM

—— 至多年生,多刺、粗壯的直立草本。葉互生,鋸齒緣或羽裂,多刺。總苞球形或卵形;苞片多層,伏貼、開展或反捲、
—— 先端有刺或無;總花托密被毛;筒狀頭花具多數管狀小花,花冠粉紅、白、紫或黃色,小花兩性可稔,花柱明顯伸出
花冠,花柱分枝短。瘦果為四稜的倒錐狀;冠毛多層,剛毛羽毛狀,基部相連成環,易脫落。

阿里山薊 特有種

屬名	薊屬
學名	*Cirsium arisanense* Kitam. f. *arisanense*

植株高 0.5 ～ 1 公尺,密被長柔毛。葉橢圓形,先端銳尖,基部漸縮為翼狀葉柄,
多刺,半抱莖,葉緣羽狀全裂,裂片(6)8 ～ 9 對,裂片卵形至卵狀披針形,
刺長 6 ～ 12 公釐。頭花頂生,或 2 或 3 個頭花簇生,總苞下方有數片 2 ～ 3 公
分的葉托襯;頭花花冠黃白色,花冠長 1.1 ～ 1.6 公分,花冠裂片與花冠筒長相等。
　特有種,分布於台灣海拔 2,300 ～ 3,500 公尺山區。

小花

頭花花冠黃白色

頭花側面

葉淺裂或半裂,缺刻三角形,裂片 6 ～ 9 對。

紫花阿里山薊 特有種

屬名　薊屬

學名　*Cirsium arisanense* Kitam. f. *purpurescens* Kitam.

1937 年北村四郎，將花紫色，總苞常紫色，莖被絨毛者發表為阿里山薊的一品種。其它的特徵與承名型阿里山薊（見前頁）相似。

　　特有型，分布於台灣之高山地區。

花冠紅色

葉緣羽狀全裂，裂片（6）8～9 對，裂片卵形至卵狀披針形。

雞觴刺(島薊)

屬名　薊屬
學名　*Cirsium brevicaule* A. Gray

莖多分枝,密被毛。具基生葉,排成蓮座狀;葉厚,長橢圓形,先端鈍,基部漸狹成為翼狀葉柄,抱莖,葉羽狀全裂,裂片 7 或 8 對,葉緣缺刻齒狀,刺長 3～4 公釐,兩面被毛。頭花頂生,總苞下方有 3 或 4 枚苞片狀的葉,長 2～4 公分;總苞片革質,披針形,先端略反捲;花冠白色,管狀花花冠長;花冠裂片與花冠筒膨大處的長度近等長。

　　產於琉球,在台灣分布於恆春半島南端。

花冠裂片與花冠筒膨大部分的長度近等長

葉羽狀全裂,裂片 7 或 8 對,葉緣缺刻齒狀。

具基生葉,主要分布墾丁附近之野地。

鱗毛薊 特有種

屬名 薊屬
學名 *Cirsium ferum* Kitam.

葉披針形，先端漸尖，基部半抱莖，羽狀全裂，葉緣具 3～9 公釐長的刺，下表面被疏毛，上表面近於無毛。頭狀花序筒狀，下垂，生於分枝頂；總苞片開展，先端具 6～10 公釐長之長刺；頭花花冠紫色。

特有種，分布於台灣海拔 1,600～3,000 公尺山區。

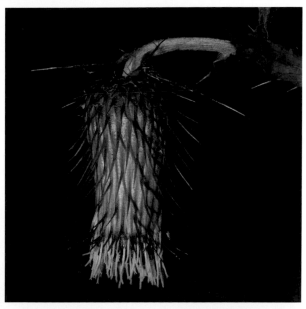

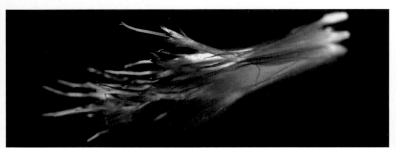

花冠裂片毛細管狀，寬約 0.5 公釐。

總苞片不反捲，先端的刺長 5～15 公釐，頭狀花序筒狀。

葉披針形，先端漸尖。

細川氏薊 特有種

屬名	薊屬
學名	*Cirsium hosokawae* Kitam.

莖單一不分枝，密被長柔毛。葉長橢卵形，先端漸尖，部基抱莖，上表面被白色腺體，下表面密被蛛絲狀毛，葉緣羽狀全裂，裂片三角形，刺長 7 ～ 15 公釐。頭花腋生或頂生；外層總苞片披針形，先端具長 2 ～ 6 公釐之刺，基部常被 3 或 4 枚多刺的苞葉襯托；頭花花冠紫色。

　　特有種，分布於台灣海拔 1,600 ～ 3,000 公尺山區。

頭花花冠紫色

花冠亦有黃色者

葉緣羽狀全裂，裂片三角形葉面披白色腺體。

南國小薊

屬名	薊屬
學名	*Cirsium japonicum* DC. var. *australe* Kitam.

莖多分枝，密被長柔毛。葉披針形，先端銳尖，基部下延，抱莖，葉緣羽狀全裂，多刺，上表面密被毛，下表面沿著葉脈密生毛。總苞片貼伏，先端開展；頭花花冠紫紅色，花冠裂片與花冠筒長相等或較長些。

　　產於越南、澳洲及中國；在台灣分布於低至中海拔之開闊地。

毛葉緣羽狀全裂，多刺。

上表面密被

頭花花冠紫紅色

白花小薊 特有種

屬名　薊屬
學名　*Cirsium japonicum* DC. var. *takaoense* Kitam.

頭花花冠白色，葉上表面近無毛，下表面近於無毛等特徵可與南國小薊（var. *australe*，見前頁）區別。

　　特有變種，分布於台灣南部之濱海地區。

花白色

總苞片貼伏，先端開展

分布於台灣南部濱海地區。

花冠裂片較花冠筒膨大處短

玉山薊（川上氏薊）特有種

屬名　薊屬
學名　*Cirsium kawakamii* Hayata

莖直立，上部分枝。無基生葉；葉長披針形，先端漸尖，基部抱莖或無，兩面光滑，羽狀深裂，裂片線形至線狀披針形，4～5 對，缺刻成方框狀，葉緣具長 1～2 公分的刺。頭花下垂；總苞片反捲，外側總苞增長；小花花冠白色，花冠裂片與花冠筒膨大處之長度相等。

　　特有種，分布於台灣海拔 2,200～3,000 公尺山區。

花紫色者被發表為塔塔加薊

小花花冠白色或紫色

葉兩面平滑

葉片羽狀深裂

華薊

屬名	薊屬
學名	*Cirsium lineare* (Thunb.) Sch. Bip.

莖不分枝或上部分枝。無基生葉；葉線形或披針形，不規則羽裂，多刺，密被蛛絲狀毛。頭花壼狀，頂生，花序梗長；總苞外側總苞片具短刺，內側總苞片先端擴張，乾膜質，上面有白色腺體及白綿絲；頭花花冠紫色。

　　產於日本、韓國及中國；在台灣分布於海拔150～1,500公尺之草生地，如苗栗及六龜野地，稀有。

總苞片，上面有白色腺體；藤枝之族群。

頭花花冠紫色

葉線形或披針形，葉不規則羽裂，多刺。　稀有的薊屬植物，頭花壼狀。

森氏薊 特有種

屬名	薊屬
學名	*Cirsium morii* Hayata

具走莖；莖上部分枝，密被蛛絲狀毛。葉厚，長披針形，先端銳尖或漸尖，基部下延，兩面被蛛絲狀毛，葉緣羽狀淺裂，裂片三角形，先端具長4～6公釐之刺，無柄。總苞闊鐘形，苞片基部膨大，頭花花冠紫色。

　　特有種，分布於台灣東部，如思源埡口或宜蘭山區海拔2,000～2,500公尺處。

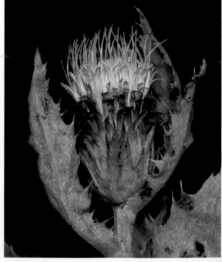

頭花花冠紫色，總苞較寬。（許天銓攝）

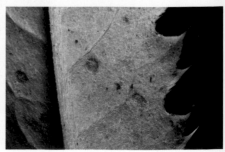

開花之植株　　　　　兩面被蛛絲狀毛（許天銓攝）

鈴木氏薊 特有種

屬名	薊屬
學名	*Cirsium suzukii* Kitam.

莖不分枝，密被長柔毛。葉長卵形，
先端漸尖，基部抱莖，密被蛛絲狀
毛，葉緣羽狀全裂，羽片長卵形，
刺長5～10公釐。頭花頂生或腋生，
下垂；總苞被線狀的黏質腺體，苞
片多層，伏貼，外層總苞片長橢圓
形，先端具長1～2公釐的刺；頭
花花冠紫色。

　　特有種，分布於台灣中至高海
拔山區。

葉長卵形，葉緣羽狀全裂，羽片長卵形。

總苞被線狀的黏質腺體

頭花花冠紫色

野菊屬 CLIBADIUM

單葉；對生。頭狀花序輻射狀、盤狀，排列為繖房狀；總苞圓筒形，一至五輪，覆瓦狀排列，宿存；外圍邊花雌花花萼
冠毛狀；花瓣合生管形花冠，五齒裂；中央心花雄花花萼冠毛狀；雄蕊5枚，著生花冠筒，花藥頂端具附屬物，合生
筒狀包圍花柱；雌蕊花柱細長突出花冠，2岔，分枝頂端截形或具附屬物，被乳頭狀突起或短毛；不孕花花柱不分岔；子房
1室，子房下位。瘦果，頂端冠毛，剛毛狀。

蘇利南野菊

屬名	野菊屬
學名	*Clibadium surinamense* L. .

多年生直立灌木，幼枝密被柔
毛。葉單一，對生，橢圓形至
矩橢圓形，長6～18公分，
先端漸尖，基部常鈍，鋸齒緣。
繖房狀聚繖花序；頭花具小花
10～12朵，花冠白色，五裂，
花冠筒狹；邊花雌性，3～4
朵，白色，筒細長，五裂；心
花兩性，管狀。連萼瘦果肉質，
三稜形，上表面被毛。

　　原產於熱帶美洲，在台灣
常見於南投埔里。

開花植株（曾彥學攝）

花序（曾彥學攝）

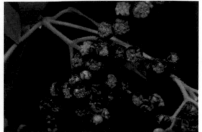

果序（曾彥學攝）

假蓬屬 CONYZA

一年生或多年生草本，稀為灌木。葉互生。頭花盤狀或輻射狀但舌狀花不明顯，多數，繖房或圓錐狀排列；總苞鐘形，苞片 2 ～ 4 層；邊花數層，花冠呈管狀或絲狀，白色或紫色，有時極細，呈舌狀；心花管狀，兩性花。瘦果倒卵形至長橢圓形，稍扁平，常被毛；冠毛多數，易脫落。

埃及假蓬

屬名	假蓬屬
學名	*Conyza aegyptica* (L.) Aiton

一年生直立草本，高 20 ～ 60 公分，密被直柔毛，上部分枝。葉長橢圓形或長匙形，葉基明顯抱莖，寬齒緣或葉緣羽裂。頭花繖房狀排列，頭花直徑較大。

產於熱帶及亞熱帶之非洲、亞洲及澳洲；在台灣分布於低海拔開闊地，少見。

頭花

葉基明顯抱莖

葉羽狀分裂

美洲假蓬(野茼蒿)

屬名	假蓬屬
學名	*Conyza bonariensis* (L.) Cronq.

一年生草本，高 30 ～ 60 公分，被長而平展的毛。莖下部之葉倒披針形，寬鋸齒緣；莖上部之葉線形。頭花排列為總狀圓錐花序，頭花直徑 5 ～ 8 公釐，舌狀花不明顯；冠毛白色，有時於標本中呈紅褐色。

原產於南美，歸化於台灣沿海及低海拔之開闊地。

頭花直徑寬 5 ～ 8 公釐，舌狀花不明顯。

葉線形或披針形

加拿大蓬

屬名	假蓬屬
學名	*Conyza canadensis* (L.) Cronq. var. *canadensis*

一年生草本，高 10 ～ 150 公分，莖被粗毛，不分枝或有許多斜升的分枝。莖下部之葉於開花時凋萎；葉披針形，鋸齒緣。花序常占植株二分之一高度；頭花直徑2.5 ～ 3.5 公釐，舌狀花花冠白色。冠毛黃褐色。

原產於北美，廣泛歸化於世界各地；在台灣歸化於海拔 0 ～ 800 公尺處。

具細小但明顯可見的舌狀花；頭花直徑寬 2.5 ～ 3.5 公釐。

莖被粗毛；葉披針形，鋸齒緣。

光莖飛蓬

屬名	假蓬屬
學名	*Conyza canadensis* (L.) Cronq. var. *pusilla* (Nutt.) Cronq.

承名變種的差別在於本變種之莖及葉幾乎不被毛或僅被疏毛；莖生葉線形，近全緣；總苞不被毛等。舌狀花花冠白色。冠毛黃褐色。

原產於北美，歸化於台灣低至中海拔之開闊地。

台灣低至中海拔開闊地

莖不被毛；葉線形，近於全緣。

總苞不被毛

日本假蓬

屬名　假蓬屬
學名　*Conyza japonica* (Thunb.) Less.

一或二年生直立草本，高 25 ～ 55
公分，莖被長柔毛。葉無柄，抱莖；
莖下部之葉倒卵形至長匙形，齒
緣；葉向上漸小，披針形。頭花
於莖頂成密生的繖房狀排列，頭
花直徑小於 1 公分；總苞片被毛，
先端常呈紅色；花冠黃色。

　　產於阿富汗、印度、泰國、緬
甸、馬來西亞、中國、琉球及日本；
在台灣分布於低至中海拔地區。

頭花於莖頂成密生的繖房狀排列，頭花直徑小於 1 公分。

植株高 25 ～ 55 公分，莖被長柔毛。

葉無柄，抱莖。

粘毛假蓬

屬名　假蓬屬
學名　*Conyza leucantha* (D. Don) Ludlow & Raven

一年生高大草本，高 30 ～ 150 公分，多分枝，多少被有粘毛，花枝部分尤多。葉兩端漸尖，
無柄。頭花圓錐狀排列，總苞片不等長，邊花花冠長度不及花柱及冠毛長度的一半。冠毛銀
白色。

　　產於印度，在台灣分布於中南部山區之開闊處。

花紫紅色（許天銓攝）

頭花圓錐狀排列（許天銓攝）

一年生高大的草本，莖高 3 ～ 150 公分，多分枝，多少被有粘毛。（許天銓攝）

被有粘毛，花枝部分尤多。（許天銓攝）

野茼蒿

屬名　假蓬屬
學名　*Conyza sumatrensis* (Retz.) Walker

一年生草本，高 50 ～ 150 公分，莖密被粗毛，主莖有翼。莖生葉長倒披針形。頭花排列為大而長的圓錐花序，總苞片密被毛，頭花直徑 5 ～ 8 公釐。冠毛黃褐色。

　　原產於南美，歸化於台灣低至中海拔開闊地，為極常見的雜草。

頭花直徑寬 5 ～ 8 公釐，總苞密被毛。舌狀花不明顯。

葉倒披針形；腋生的側分枝不高於主莖頂。

秋英屬 COSMOS

一年生或多年生草本。葉對生,單葉,常羽狀裂。輻射狀頭花單一,具長花序梗,舌狀花色彩變化極多,心花黃色。心花瘦果長紡錘形,稍扁平,先端具短喙;冠毛 2、4 或 8 枚,芒狀。

大波斯菊

屬名	秋英屬
學名	*Cosmos bipinnatus* Cav.

一年生草本,高 60～200 公分,無毛或於莖節處被毛,或具短剛毛於莖上排列為線狀。葉長 6～11 公分,二或三回羽裂,裂片線形。頭花直徑 3～8 公分,具長 5～20 公分的花序梗;舌狀花 8 朵,白、粉紅或紅色。瘦果線形,有喙,喙頂具芒刺 2～4 條,芒刺上有倒鉤刺。

原產於墨西哥,為常見的園藝植物;在台灣廣泛栽培,偶爾逸出。

瘦果線形,有喙,喙頂具芒刺 2～4 條。

舌狀花 8 朵,白、粉紅或紅色。

山莞荽屬 COTULA

一年生或多年生匍匐狀的低矮草本，於基部多分枝，分枝開展。葉互生，羽狀分裂或半裂，全緣或鋸齒緣。盤狀頭花單一，腋生，具花序梗，黃色；邊花1層，雌性，瘦果無冠毛；心花兩性，瘦果卵形，扁平；總苞半球形或鐘形，苞片兩層。

南方山莞荽

屬名	山莞荽屬
學名	*Cotula australis* (Sieber *ex* Spreng.) Hook.

直立至斜倚草本，莖二岔分枝，表面被長柔毛。葉互生，倒卵形，葉基明顯抱莖，中裂、羽裂至二回羽裂，裂片線形，先端漸尖。花頂生或腋生；總苞苞片橢圓形；邊花雌性，具宿存小花梗，無花冠；心花花冠管狀，四裂，淺黃色或白色。瘦果倒卵形壓扁狀，邊花瘦果邊緣具窄膜質翼，心花瘦果無翼。

原生於澳洲，歸化於美國、夏威夷、加那利群島、智利、日本、墨西哥、紐西蘭、南非及挪威；在台灣為新近歸化於新竹都會區的野草，馬祖亦有族群發現。

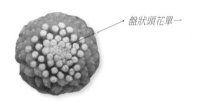

盤狀頭花單一

羽裂至二回羽裂，裂片線形，先端漸尖。

山莞荽

屬名	山莞荽屬
學名	*Cotula hemisphaerica* Wall. *ex* Benth. & Hook.

矮小，多分枝，莖匍匐的一年生草本。葉倒披針形或長橢圓形，長3～5公分，寬1～2公分，二回羽裂，裂片2～5對，先端漸尖。盤狀頭花單一，心花黃色，管狀花冠大多四裂。瘦果有窄翅，無冠毛。

產於非洲、印度及中國；在台灣分布於北部開闊地，甚少採集紀錄。

盤狀頭花單一、腋生，具總柄，黃色。

葉互生，羽狀分裂或半裂。

昭和草屬 CRASSOCEPHALUM

年或多年生直立草本。單葉，互生，琴狀羽裂或鋸齒緣。頭花頂生，繖房排列，開花時頭花下垂，結果時變直立；頭花筒狀，小花皆同型；總苞兩層，外層副萼狀。瘦果圓柱形，冠毛細絲狀。

昭和草

屬名	昭和草屬
學名	*Crassocephalum crepidioides* (Benth.) S. Moore

一年生草本，高 30 ～ 150 公分，莖多汁。葉長橢圓形至長卵形，長 5 ～ 18 公分，寬 1 ～ 10 公分，葉基下延成葉柄，不規則羽裂，裂片具不規則的齒緣。總苞鐘狀；小花花冠筒黃綠色，花冠裂片紅（稀為黃）色。冠毛細絲狀。

原產於熱帶非洲，廣泛歸化於熱帶及亞熱帶地區；在台灣歸化，常見於低至中海拔開闊地。

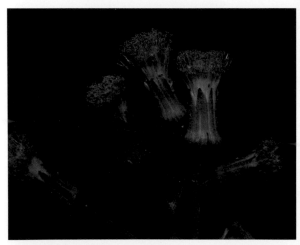

花冠裂片紅（稀為黃）色

冠毛細絲狀

歸化種，常見於台灣低至中海拔開闊地。

假黃鵪菜屬 CREPIDIASTRUM

亞 灌木或多年生主莖縮短之粗壯草本，具主根。基生葉蓮座狀，莖生葉集中於枝端或互生。總苞圓柱狀，總苞片兩層，外層副萼片狀；舌狀頭花由 5～19 朵黃或白色的舌狀花組成。瘦果微扁平，先端漸尖，具 10 條縱稜；冠毛易脫落。

細葉假黃鵪菜

屬名	假黃鵪菜屬
學名	*Crepidiastrum lanceolatum* (Houtt.) Nakai

主莖粗短，木質化；具長主根。葉厚革質，卵形至匙形，全緣或具缺刻緣，莖生葉基部不成耳狀，花莖基部之葉蓮座狀簇生。花莖長在側生的斜倚莖上而不直接長在主莖上，花莖高 10～40 公分，頭花排列為繖房花序；花冠黃色，直徑約 1.5 公分。

　　產於日本及南韓；在台灣分布於北、東、南部濱海之岩岸峭壁，亦見花東山區岩壁。

花冠黃色，直徑約 1.5 公分寬。

花莖長在側生的斜倚莖上，不直接長在主莖上。

葉厚革質，卵形至匙形，全緣或具缺刻緣。

台灣假黃鵪菜 特有種

屬名	假黃鵪菜屬
學名	*Crepidiastrum taiwanianum* Nakai

植株形態與細葉假黃鵪菜（*C. lanceolatum*，見本頁）近似，但花莖直接由主莖長出，莖生葉基部耳狀。

　　特有種，局限分布於恆春半島最南端及蘭嶼、綠島海岸及馬祖。

花黃色

莖生葉基部耳狀

花莖直接由主莖長出

蘄艾屬 CROSSOSTEPHIUM

多年生灌木，全株有芎香味，密被灰白絨毛。葉厚，窄匙形至倒卵披針形，2面被毛。盤狀頭花直徑約7公釐，總狀排列，花序梗長6～17公釐；總苞半球形，密被絨毛，苞片3層；邊花雌性，心花兩性。瘦果長橢圓形，五稜狀；冠毛頂端撕裂呈冠狀。

　　單種屬。

蘄艾

屬名	蘄艾屬
學名	*Crossostephium chinense* (L.) Makino

多年生亞灌木，全株有強烈香氣，密被灰白色絨毛。葉厚，窄匙形至倒卵狀披針形，長2～5公分，寬0.2～2公分，全緣或三至五裂，先端鈍，基部下延，兩面被毛。

　　廣布於中國南部及琉球；在台灣分布於海濱岩岸地區，普遍栽植供觀賞及藥用。

生於蘭嶼礁岩上的開化植株

馬祖的族群。密被灰白絨毛。

菊屬 DENDRANTHEMA

多年生草本或亞灌木。葉常羽狀深裂或淺裂，稀為全緣。輻射狀頭花單一或成鬆散的繖房狀排列；總苞 4 或 5 層；邊花舌狀，雌性，可稔，花冠白、粉紅或黃色；心花花冠筒常被腺體。瘦果倒卵形，無冠毛。

阿里山油菊 特有種

屬名	菊屬
學名	*Dendranthema arisanense* (Hayata) Y. Ling & C. Shih

具匍匐莖，莖斜升，多分枝，初生時密被毛，後變無毛。葉羽狀深裂，下表面被銀白色絨毛。頭花近於繖形排列，直徑約 1.2 公分；總苞半球形，苞片 3 層。與油菊（*D. indicum*，見第 268 頁）相似，但葉裂的程度較深，下表面密被毛。

特有種，分布於台灣海拔 1,500 ～ 3,200 公尺山區。

葉羽狀深裂

舌狀花花冠黃色

蓬萊油菊 特有種

屬名	菊屬
學名	*Dendranthema horaimontana* (Masam.) S. S. Ying

與森氏菊（*D. morii*，見第 269 頁）十分相似，差別在本種之葉為羽狀裂，裂片齒緣或鈍齒緣，頭花直徑略小，舌狀花花冠長 6 ～ 10 公釐。

特有種，局限分布於台灣中部海拔 1,200 ～ 1,400 公尺之岩生環境。

舌狀花花冠長 6 ～ 10 公釐
（潘振彰攝）

葉羽裂（潘振彰攝）

油菊(野菊)

屬名　菊屬
學名　*Dendranthema indicum* (L.) Desmoul.

植株匍匐狀，具走莖。葉長卵形，羽狀半裂，葉基稍呈心形或截形，葉下表面被疏毛，具柄。頭花成鬆散的繖房狀排列，頭花直徑約 2.5 公分。

　　產於俄國、印度、日本、韓國及中國；在台灣零星分布於中海拔山區，金門及馬祖亦有產。

頭花成鬆散的繖房狀排列

葉羽狀半裂；塔塔加的族群。

葉羽狀半裂；馬祖的族群。

新竹油菊 (毛葉甘菊)

屬名　菊屬
學名　*Dendranthema lavandulifolium* (Fisch. *ex* Trautv.) Y. Ling & C. Shih var. *tomentellum* (Hand.-Mazz.) Y. Ling & C. Shih

莖直立，叢生，密被銀色毛。葉薄，長卵形，長 6 ～ 7 公分，寬 5 ～ 6 公分，葉基稍呈心形至截形，突縮成長 1 ～ 2 公分的葉柄，葉緣羽裂，裂片約 2，下表面被銀色毛。頭花直徑約 1.5 公分，舌狀花 10 ～ 20 朵。

　　產於中國；在台灣局限分布於新竹低海拔山區，稀有。

頭花直徑約 1.5 公分，舌狀花大約 10 ～ 20 枚。（林哲緯攝）

葉羽狀深裂，葉緣羽裂。（林哲緯攝）

頭花近於繖形排列

森氏菊 特有種

屬名　菊屬
學名　*Dendranthema morii* (Hayata) Kitam.

具長走莖，莖斜升。葉厚，廣卵形至廣倒卵形，長 2.5 ～ 4 公分，寬 1.5 ～ 2.5 公分，葉基楔形，下表面密被銀毛，葉柄長 0.7 ～ 1.7 公分。頭花單一，頂生，花序梗長；頭花直徑 2.5 ～ 3 公分，舌花花冠長 1.2 ～ 1.8 公分；總苞半球形。

　　特有種，分布於台灣東部海拔 400 ～ 2,400 公尺之石灰山地。

頭花單一、頂生。

分布於東部海拔 400 ～ 2,400 公尺之石灰山地。

魚眼草屬 DICHROCEPHALA

直立草本。葉互生，鋸齒緣或琴狀羽裂。盤狀頭花，球形或半球形，頂生，圓錐狀或總狀排列；總苞 1 或兩層；邊花雌性，可稔，白色或黃色；心花兩性。瘦果倒披針形或長橢圓形，稍扁平，冠毛無或易脫落。

茯苓菜

屬名	魚眼草屬
學名	*Dichrocephala integrifolia* (L. f.) Kuntze

莖直立，分枝。葉不規則鋸齒裂或琴狀羽裂，被毛。頭花直徑 2 ～ 5 公釐，總狀排列，邊花白色，心花黃綠色。瘦果倒披針形，稍扁平，被腺體，無冠毛。

　　產於熱帶及亞熱帶亞洲、非洲；分布於台灣低至中海拔之開闊地。

邊花白色，心花黃色。

葉不規則鋸齒裂或琴狀羽裂

漏盧屬 ECHINOPS

高大粗壯的多年生草本，具白絨毛。葉互生，羽狀淺裂或全裂，葉緣有刺。頭花僅具 1 朵小花，無花序梗，多數頭花聚生為圓球狀的複頭狀花序；小花全為管狀，白或藍色。瘦果密被毛，多數鱗片或剛毛形成一冠狀冠毛。

漏盧（山防風）

屬名	漏盧屬
學名	*Echinops grijsii* Hance

莖高 30 ～ 80 公分。葉似薊屬（*Cirsium*，見第 250 頁）植物之葉，羽狀全裂，裂片約 4 對，葉緣有刺，下表面密被白色絨毛。頭花叢頂生，直徑約 4 公分，花冠淡藍色。瘦果圓柱狀，被長毛。

　　產於中國東部及南部；在台灣分布於北部及中部，野外族群甚少。

分布於新竹及苗栗低山

頭花叢頂生，直徑約 4 公分，花冠淡藍色。

莖被白絨毛

鱧腸屬 ECLIPTA

直立的一年生或多年生草本，莖被粗毛。葉對生，齒緣。輻射狀頭花頂生於莖頂及腋生的分枝頂，具長花序梗；總苞鐘狀，苞片兩層；總花托上有芒狀托片；邊花舌狀，白色，兩性，多可稔，瘦果三稜形；心花瘦果稍扁平，四稜形。冠毛無或短毛狀。

鱧腸

屬名	鱧腸屬
學名	*Eclipta prostrata* (L.) L.

多分枝的一年生草本，莖直立或斜升，常於下部的莖節長出不定根；莖折斷的缺口常迅速變黑；莖高 60 公分以下，被覆短剛毛。葉披針形或長橢圓狀披針形，邊緣微鋸齒或全緣。花序梗長 2 ～ 4 公分，頭花直徑可達 1 公分。無冠毛。

　　產於溫帶地區，在台灣常見於低海拔之溝渠或水田旁。

頭花心花直徑可達 1 公分

葉披針形或長橢圓狀披針形，邊緣微鋸齒或全緣。

莖被覆短剛毛

毛鱧腸

屬名	鱧腸屬
學名	*Eclipta zippeliana* Blume

莖高可達 100 公分，被長柔毛。葉卵形、橢圓形或卵狀披針形，邊緣呈不規則齒狀，被長柔毛。花序梗短於 2 公分，頭花心花直徑約 5 公釐。瘦果黑色，先端被毛。

　　產於馬來西亞及菲律賓；在台灣分布於花東及南部，少見。

頭花心花直徑寬約 5 公釐。（許天銓攝）

葉卵形，橢圓形或卵狀披針形。（許天銓攝）

總梗短於 2 公分。（許天銓攝）

地膽草屬 ELEPHANTOPUS

多 年生草本，全株被毛。葉基生成蓮座狀或互生。筒狀頭花具 2 ～ 5 朵小花，多數頭花成複頭狀簇生，花序外側有葉狀苞片；小花花冠五淺裂，於一側開裂，有時成掌狀裂。瘦果十稜；冠毛剛毛 1 或兩層，堅硬，宿存。

地膽草(毛蓮菜)

屬名	地膽草屬
學名	*Elephantopus mollis* Kunth

植株高 40 ～ 120 公分，全株被毛。葉橢圓形，長 10 ～ 22 公分，寬 3 ～ 7 公分，葉基抱莖。每一頭花具小花 4 朵；花冠白色，長約 5 公釐。瘦果被毛，冠毛為 5 根不等長的剛毛。

　　產於熱帶美洲，引進於熱帶亞洲；在台灣分布於低海拔地區。

花冠白色；每頭花具 4 小花；小花花冠五淺裂，於一側開裂。　全株被毛，葉橢圓形。

燈豎杇

屬名	地膽草屬
學名	*Elephantopus scaber* L.

植株高 10 ～ 45 公分，被剛伏毛。基生葉倒披針形至長橢圓形，長 7.5 ～ 18.5 公分，寬 2 ～ 3.3 公分，被粗毛；莖生葉少數或無。花冠粉紅色或紫紅色，長 7 ～ 9 公釐。

　　產於熱帶及亞熱帶亞洲，由印度至日本、馬來西亞及澳洲西部；在台灣主要分布於中、南部之低海拔地區，偶見於北部。

花粉紅色　　　　　　　　　　基生葉倒披針形至長橢圓形，被粗毛，莖葉少數或無。

離藥金腰箭屬 ELEUTHERANTHERA

直立分枝之一年生草本。單葉，對生，有柄。頭花小，頂生或腋生在上部的葉腋，花少；總苞鐘狀；苞片5～10枚，葉狀，1～兩層，長度不一；邊花常無；心花管狀、窄鐘形，五裂；花藥基部箭形，離生。果實不具冠毛。

離藥金腰箭

屬名	離藥金腰箭屬
學名	*Eleutheranthera ruderalis* (Sw.) Sch. Bip.

外形與金腰箭（*Synedrella nodiflora*，見第350頁）相似，但本種之頭狀花序僅具管狀花，且雄蕊離生，不若一般菊科植物合生為聚藥雄蕊。瘦果表面被毛且具稜，頂端不具冠毛。

原產於熱帶美洲，歸化於東南亞及太平洋地區；在台灣歸化於屏東平原。

頭花小（許天銓攝）

葉卵形（許天銓攝）

歸化於屏東平原（許天銓攝）

紫背草屬 EMILIA

一年生或多年生草本，無毛或被毛。葉互生，基生為主，葉緣羽裂，葉基抱莖或耳狀，具長葉柄。筒狀頭花單一或成繖房狀排列，具長花序梗；總苞長筒形，總苞片單層，等長，不具副萼；小花花冠紅或黃色，兩性，可稔，先端五裂。瘦果五稜；冠毛柔細，白色。

台灣有 2 種。

葉緣牙齒狀

纓絨花

| 屬名 | 紫背草屬 |
| 學名 | *Emilia fosbergii* Nicolson |

草本，莖直立或斜升，高 20 ～ 100 公分，無毛或於莖及葉中肋被白色長毛。葉形變化大，但不為琴狀羽裂。總苞闊圓柱形（長寬比 2：1），總苞片長約為小花花冠長之四分之三；小花花冠磚紅色。

產於非洲，廣布於熱帶地區；在台灣栽植後逸出歸化，以中、南部較常見。

花冠磚紅色

粉黃纓絨花

| 屬名 | 紫背草屬 |
| 學名 | *Emilia praetermissa* Milne-Redh. |

草本，莖高可達 140 公分。葉形變化大，稍肉質；莖基部之葉寬廣卵形，葉基戟狀，葉緣淺鋸齒狀；莖上部之葉長橢圓形至長橢圓狀披針形，葉基抱莖，葉緣淺鋸齒狀。頭花一至多朵，小花花冠淺黃色至淺橘色。

原生於西非熱帶至亞熱帶地區；在台灣為新歸化植物，各地可見。

頭花一至多朵，小花花冠淺黃色至淺橘色。

葉基戟狀，葉緣淺鋸齒狀。

紫背草

屬名　紫背草屬

學名　*Emilia sonchifolia* (L.) DC. var. *javanica* (Burm. f.) Mattfeld

一年生草本，上部花莖常分枝，莖高 20 ～ 60 公分，無毛或被疏毛。葉琴狀羽裂，下表面紫色。頭花 2 ～ 5 朵，頂生，繖房狀排列；小花花冠紫紅色或粉紅色，花冠裂片長 1.1 ～ 1.5 公釐；小花花冠與總苞等長或僅稍微突出總苞。

　　產於溫帶及熱帶，在台灣廣泛分布於低海拔地區。

小花花冠紫紅色或粉紅色

葉琴狀羽裂，葉下表面紫色。

鵝不食草屬 EPALTES

多年生矮小草本，莖平臥於地上，多分枝。葉互生，倒卵形，齒緣，無柄。盤狀頭花單一，腋生，具短花序梗；總苞半球形，1 或兩層，瘦果成熟時反捲；邊花多層，雌性可稔；心花較少，兩性可稔。瘦果十稜，無冠毛。

鵝不食草

屬名　鵝不食草屬

學名　*Epaltes australis* Less.

莖分枝分散，無毛或被疏毛。葉倒卵形至楔形，長 1 ～ 4 公分，寬 0.4 ～ 1.5 公分，不規則齒緣。盤狀頭花，頭花直徑 4 ～ 6 公釐。

　　產於印度、中國南部至澳洲；在台灣分布於低海拔地區，稀有。

盤狀頭花；邊花多層，雌性可稔；心花較少（紅色部分），兩性可稔。

葉互生，倒卵形，齒緣，無柄。

分布於台灣低海拔，稀有。

饑荒草屬 ERECHTITES

一年生草本。單葉，互生。盤狀頭花多數，頂生，圓錐狀排列；總苞圓柱形，基部稍膨大，苞片 1 層，副萼片有或無；邊花兩層，雌性，可稔，花冠二至四裂；心花兩性，可稔，花冠四或五裂。瘦果線形或長橢圓形；冠毛柔細，髮絲狀。

饑荒草

屬名	饑荒草屬
學名	*Erechtites hieraciifolius* (L.) Raf. *ex* DC. var. *hieraciifolius*

植株高 50 ～ 100 公分，莖有縱稜，被毛。葉無柄，披針形或長橢圓形，葉基截形或耳狀，莖下部之葉鋸齒緣，莖上部之葉粗齒緣或羽裂，裂片三角形。頭花直立，黃或黃綠色。冠毛白色。

　　原產於北美；在台灣歸化於低海拔之森林邊緣，不常見。

冠毛柔細，髮絲狀。

頭花直立，黃或黃綠色。

葉無柄，披針形或長橢圓形。

粗毛饑荒草

屬名	饑荒草屬
學名	*Erechtites hieraciifolius* (L.) Raf. *ex* DC. var. *cacalioides* (Fisch. *ex* Spreng) Griseb.

莖及葉密生毛，綠色帶紫暈。內層苞片光滑至疏被毛，小苞片邊緣有腺毛。

　　原產熱帶美洲，在台灣歸化於南部及蘭嶼。

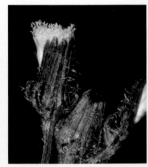

總苞片密生毛（許天銓攝）

葉表具毛（許天銓攝）

歸化南部及蘭嶼（許天銓攝）

莖和葉密生毛，綠色帶紫暈。（許天銓攝）

飛機草

屬名　饑荒草屬
學名　*Erechtites valerianifolius* (Link *ex* Spreug.) DC.

莖有縱稜，近乎無毛，多汁。莖下部之葉有柄，長橢圓形，羽狀淺裂或深裂，裂片不規則粗齒緣。頭花頂生，直立或下垂，圓錐狀排列，花冠紫色帶些黃色。冠毛上半部粉紅色。

　　原產於南美；在台灣歸化於平地至海拔 1,700 公尺之開闊地，較常見。

冠毛上半部粉紅色

羽狀淺裂或深裂，裂片不規則粗齒緣。

歸化種，分布於台灣平地至海拔 1,700 公尺之開闊地，較常見。

飛蓬屬 ERIGERON

草本。葉互生，基生葉常成蓮座狀。輻射狀頭花單一或多數成總狀排列；總苞鐘狀，苞片 2 或 3 層；舌狀花雌性可稔，細長，花冠白、粉紅或紫色，稀為黃色；管狀花兩性可稔，多為黃色，花冠五裂，裂片有時為紫色。瘦果橢圓形；冠毛兩層，外層鱗片狀或無，內層細剛毛狀，易斷。

白頂飛蓬

屬名	飛蓬屬
學名	*Erigeron annuus* (L.) Pers.

一年生或二年生草本；莖多分枝，被粗毛，高 30 ～ 130 公分。莖生葉闊披針形或橢圓形，銳齒緣或葉緣缺刻狀，兩面被毛。頭花單一或少數，繖房狀排列；頭花直徑 1.5 ～ 2 公分，總苞被毛；舌狀花白色。

原產於北美；在台灣歸化於北、中部低至中海拔，以中海拔較常見。

頭花直徑 1.5 ～ 2 公分，總苞被毛，舌狀花白色。

莖葉闊披針形或橢圓形

類雛菊飛蓬

屬名	飛蓬屬
學名	*Erigeron bellioides* DC.

一年生草本。基生葉成蓮座狀排列，倒披針形，兩面被稍稀疏長毛，基部起約三分之二窄縮略呈葉柄狀，匙形。花莖長 10 ～ 15 公分，具鱗片狀小葉；頭花單一，直徑 1.5 ～ 3 公釐；舌狀花白色，管狀花淡黃色。瘦果褐色，冠毛灰白色。

原產於南美洲以及加勒比海大安地列斯群島，目前廣泛分布於太平洋諸島、西太平洋之日本、琉球；在台灣歸化於全島及金門。

頭花單一，徑 1.5～ 3 公釐。

瘦果褐色，冠毛灰白色。

葉子大都基生

玉山飛蓬 特有種

屬名	飛蓬屬
學名	*Erigeron morrisonensis* Hayata var. *morrisonensis*

多年生草本，具粗走莖；莖基部分枝，高 6～10 公分，被剛毛。基生葉蓮座狀排列，匙形，兩面被剛毛，緣毛狀葉緣；莖生葉線形或披針形。頭花單一或少數，頂生，直徑 2～2.6 公分；總苞碗狀，苞片 3 層，密被直柔毛；舌狀花約 3 層，花冠白色至紅紫色；心花黃色或紫紅色。瘦果長卵形，扁平；冠毛白或略帶紅色。典型的玉山飛蓬局限分布於海拔 3,400 公尺以上的高山；而在海拔 2,500～3,400 公尺山區存在著許多形態介於玉山飛蓬及福山氏飛蓬（var. *fukuyamae*，見本頁）的中間型個體。

特有種，分布於台灣海拔 3,400～3,900 公尺山區。

植株高 6～10 公分；頭花直徑 2～2.6 公分寬。

福山氏飛蓬 特有種

屬名	飛蓬屬
學名	*Erigeron morrisonensis* Hayata var. *fukuyamae* (Kitam.) Kitam.

本變種主要區別點在於莖較高，高 10～35 公分，較多分枝；葉線形至長披針形；頭花較小（直徑 1.2～2 公分），小花有 3 型：雌性的舌狀邊花、雌性管狀邊花及兩性的管狀心花。

特有變種，分布於台灣海拔 1,500～3,400 公尺山區。

花直徑 1.5～2 公分寬

植株高 10～35 公分

基生葉線形至長披針形

澤蘭屬 EUPATORIUM

___年生或多年生草本。葉對生或輪生，單葉，有時三裂。筒狀頭花多數，繖房狀或圓錐狀排列；總苞多層，覆瓦狀排列；小花花冠漏斗形，白、紫或粉紅色，被腺體；花柱分枝長，明顯突出花冠筒。瘦果被腺體，冠毛多數為易斷的剛毛。

腺葉澤蘭 特有種

屬名	澤蘭屬
學名	*Eupatorium amabile* Kitm.

直立草本，上部分枝。葉膜質，卵形或長卵形，先端漸尖，近乎無毛，葉背具腺點，葉脈上面疏毛。頭花具 9 ～ 15 朵小花，在莖頂成繖房狀排列。

特有種，主要分布於台灣東部。

台灣特有種。主要分布於東部。

頭花具 9 ～ 15 朵小花

台灣澤蘭

屬名	澤蘭屬
學名	*Eupatorium cannabinum* L. var. *asiaticum* Kitam.

直立亞灌木。葉三裂或三裂的羽狀複葉，裂片披針形，先端漸尖，葉緣鋸齒狀或小鈍齒緣，上表面被短毛，下表面沿著葉脈密被曲柔毛。

產於喜馬拉雅山區及中國，在台灣分布於海濱至海拔 3,000 公尺以上之開闊地。

葉三裂片或三裂的羽狀複葉

小花花冠漏斗形，白、紫或粉紅色。

塔山澤蘭 特有種

屬名 澤蘭屬

學名 *Eupatorium chinense* L. var. *tozanense* (Hayata) Kitam.

亞灌木,莖高可達2公尺。葉羽狀脈,披針形、長披針形或橢圓形,長 10～15 公分,寬 2～4 公分,鋸齒緣,先端顯著延長漸尖,基部圓或楔形。頭花具 5 朵小花。

　　特有變種,分布於台灣海拔 1,000～2,500 公尺山區。

葉羽狀脈,披針形、長披針形或橢圓形。

花序

亞灌木,莖高可達2公尺。

田代氏澤蘭

屬名　澤蘭屬
學名　*Eupatorium clematideum* (Wall. *ex* DC.) Sch. Bip. var. *clematideum*

攀緣性亞灌木，近無毛。葉較薄，常為膜質，披針形至卵狀披針形，長 6～9 公分，寬 2.5～3.5 公分，先端漸尖，基部圓、截形或稍成心形，葉柄長 4～10 公釐，葉緣鋸齒狀。與腺葉澤蘭（*E. amabile*，見第 280 頁）略似，差別為本種葉下表面不被腺點，且頭花僅具 5 朵小花。

　　產於尼泊爾及台灣，在台灣分布於平地至海拔 1,000 公尺山區。

頭花僅具 5 朵小花

攀緣性亞灌木，近無毛。

高士佛澤蘭 特有種

屬名　澤蘭屬
學名　*Eupatorium clematideum* (Wall. *ex* DC.) Sch. Bip. var. *gracillimum* (Hayata) C.I Peng & S. W. Chung

本變種與承名變種（田代氏澤蘭，見本頁）之差別在於本變種葉較厚，葉為三角狀卵形，長 3～3.5 公分，寬 2 公分，寬鋸齒緣，鋸齒 4～6 對，葉柄長 4～6 公釐。

　　產於尼泊爾及台灣，在台灣分布於平地至海拔 1,000 公尺山區。特有變種，局限分布於恆春半島。

小花 5 數

葉為三角狀卵形，3～3.5 公分，寬 2 公分，寬鋸齒緣，鋸齒 4～6 對。

葉較小型

花蓮澤蘭 特有種

屬名 澤蘭屬
學名 *Eupatorium hualienense* C. H. Ou, S. W. Chung & C.I Peng

亞灌木或灌木，高 50 ～ 150 公分，莖不分枝或於基部多分枝。葉厚，卵形，長 6.5 ～ 9 公分，寬 4.5 ～ 6.5 公分，先端鈍或短漸尖，基部稍呈心形或圓形，側脈 5 ～ 7 對，葉柄長 2 ～ 10 公釐，近於無毛，下表面被腺體。頭花具 5 ～ 8 朵小花。

　　特有種，分布於蘇花公路沿線及太魯閣峽谷一帶，墾丁也有產。

蘇花公路的近海邊族群

葉基稍呈心形或圓形，葉側脈 5 ～ 7 對。

基隆澤蘭 特有種

屬名 澤蘭屬
學名 *Eupatorium kiirunense* (Kitam.) C. H. Ou & S. W. Chung

莖多不分枝，直立，高約 1 公尺。葉卵狀披針形或卵狀橢圓形，長 8 ～ 10 公分，寬 5.5 ～ 7 公分，先端銳尖或漸尖，基部，葉柄長 1 ～ 2 公分，上表面綠色，下表面白綠色，被疏毛。頭花具 5 ～ 8 朵小花，花白色至略帶粉紫色。瘦果長橢圓形，冠毛白色。

　　特有種，分布於台灣北部至東部海岸。

葉卵披針形或卵橢圓形

花序

林氏澤蘭

屬名　澤蘭屬
學名　*Eupatorium lindleyanum* DC.

莖直立，高 40～70 公分，密被捲毛。葉厚，披針形或長披針形，長 6～10 公分，寬 1～2 公分，有時三裂，先端窄的鈍形，基部突縮成楔形，不規則的疏鋸齒緣，明顯三出葉脈，兩面被捲毛，近於無柄。頭花頂生，多分枝，呈繖房狀；總苞多層；頭花內有小花 5 朵，花白色或微帶粉紅色。瘦果黑色，長 3 公釐，冠毛白色。

　　產於韓國、日本、中國及菲律賓；在台灣分布於中、北部低海拔的淺山區，少見。

葉厚，披針形或長披針形。

花序

島田氏澤蘭 特有種

屬名　澤蘭屬
學名　*Eupatorium shimadae* Kitam.

莖高 15～70 公分。葉卵狀披針形，鋸齒緣，先端銳尖或漸尖，基部鈍。與腺葉澤蘭（*E. amabile*，見第 280 頁）與田代氏澤蘭（*E. clematideum*，見第 282 頁）相似，差別在於本種頭花具 5 朵小花；葉近乎無柄，下表面被腺點。

　　特有種，分布於台灣低至中海拔地區。

花柱伸出花冠外

葉近乎無柄

為一著名之密源植物

山菊屬 FARFUGIUM

多 年生草本。葉基生，卵形、心形或腎形，葉緣牙齒狀，葉脈掌狀，具長柄。輻射狀頭花繖房狀排列；總苞筒狀，具副萼片；舌狀花雌性，花冠黃色；心花兩性。瘦果長橢圓形，密被毛；冠毛剛毛狀。

山菊

屬名	山菊屬
學名	*Farfugium japonicum* (L.) Kitam. var. *japonicum*

具粗走莖。基生葉厚，常綠，腎形，微齒緣或近全緣，長 4 ～ 15 公分，寬 12 ～ 20 公分，下表面無毛或被蛛絲狀毛。花莖高 30 ～ 70 公分，花莖上小苞片呈闊卵形，被綿毛或近無毛；頭花多數，直徑 4 ～ 6 公分，花序梗長 1.5 ～ 7 公分；舌狀花黃色，花冠長 3 ～ 4 公分，寬 5 ～ 6 公釐。

　　產於中國、日本及韓國；在台灣分布於離島綠島、蘭嶼。

秋冬開花

基生葉厚，常綠，腎形，葉微齒緣或近全緣。

舌狀花雌性，花冠黃色，心花兩性。

台灣山菊 特有種

屬名	山菊屬
學名	*Farfugium japonicum* (L.) Kitam. var. *formosanum* (Hayata) Kitam.

承名變種（山菊，見本頁）差別在於齒狀的葉緣，具 7 ～ 9 粗齒；花莖上小苞片為披針形。

　　特有變種，分布於台灣海拔 100 ～ 2,000 公尺山區。

總苞筒狀，具副萼片。

齒狀的葉緣，具 7 ～ 9 粗齒。

黃頂菊屬 FLAVERIA

單葉，互生。 兩性花或單性花；頭狀花序輻射狀、筒狀，排列為繖房狀或團繖狀；花托突起；總苞長橢圓形、圓柱形、甕形或倒錐形，一輪，宿存；花萼冠毛狀；外圍邊花雌花一、二輪或無，舌狀花，舌片不明顯；中央心花管狀花，先端鐘狀，五裂；雄蕊 5，花藥先端具附屬體；雌蕊心皮 1 枚，花柱細長突出花冠，二岔，分枝細長，先端錐形或尖形，外被毛，柱頭 2。瘦果具縱紋，無冠毛。

黃頂菊

| 屬名 | 黃頂菊屬 |
| 學名 | *Flaveria bidentis* (L.) Kuntze |

一年生，高達 100 公分，強健，散生毛被物；莖直立，常分枝。葉片披針狀橢圓形，長 5 ～ 12 公分，寬 1 ～ 2.5 公分，鋸齒緣或刺狀鋸齒緣，葉具短柄或近無柄。頭花 20 ～ 100 朵，近團繖狀排列後呈蠍尾狀；總苞 3 枚，狹窄，近等大，葉狀，外圍另有 2 枚苞片較小；花托小，光滑；舌狀花 1 朵，雌花，可孕，有時缺；管狀花 3 ～ 8 朵，完全花，可孕，花冠筒長約 0.8 公釐，喉部漏斗狀，具 5 齒，花藥基部全緣，管狀花花柱截形。瘦果長橢圓形或線狀長橢圓形，具 8 ～ 10 肋，無冠毛。

　　原產北美及墨西哥，歸化於歐洲、非洲及南美；在台灣目前歸化於嘉義鰲鼓沿海附近。

花序（曾彥學攝）

開花植株（曾彥學攝）

果序（曾彥學攝）

線葉黃頂菊

| 屬名 | 黃頂菊屬 |
| 學名 | *Flaveria linearis* Lag. |

多年生草本，高 30 ～ 100 公分，莖直立，無毛，上部分枝多。葉對生，近無柄，線形，長 5 ～ 13 公分，寬 4 ～ 8 公釐，全緣或鋸齒緣。頭花簇生葉腋或莖頂，近無花序梗，通常有 1 ～ 3 枚苞片；總苞長橢圓形，總苞片 5 枚；邊花雌性，1 層，卵形至倒卵形，長 2 ～ 3 公釐，黃色，可稔；心花兩性，具 5 ～ 7 朵小花，花冠黃色，5 齒，柱頭二岔。瘦果橢圓形，具 8 ～ 10 縱紋。

　　原產北美洲南部及中美洲，近年已歸化於台灣中部之彰化伸港沿海一帶。

花序側面（曾彥學攝）

花冠黃色，5 齒。（林家榮攝）

開花植株（曾彥學攝）

果序（曾彥學攝）

天人菊屬 GAILLARDIA

一年生或多年生草本。葉全部基生或互生。頭花輻射狀,單一頂生,具長花序梗;花冠黃、紫或紅色;總苞半球形,苞片2或3層;總花托被托片;舌狀花多不稔。瘦果五稜,被毛;冠毛5～10,芒狀。

天人菊

屬名　天人菊屬
學名　*Gaillardia pulchella* Foug.

一年生草本,全株被毛;莖基部多分枝,分枝斜升,株高20～60公分。葉長橢圓形或匙形,兩面被剛毛及腺體,無柄或近乎無柄。頭花直徑3～5公分;舌狀花花冠先端淡黃色,其餘部分深紅色或全為深黃色;花柱上有紫色的毛狀附屬物;托片刺狀。瘦果倒金字塔形,被長柔毛。

原產於北美;引進台灣後逸出歸化,見於海濱地區。

舌狀花花冠先端淡黃色,其餘部分深紅色或全為深黃色。

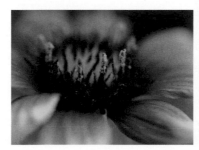

花柱上有紫色的毛狀附屬物

有時花全為黃色

經引進而逸出歸化,見於台灣海濱地區。

小米菊屬 GALINSOGA

一年生草本。葉對生，三出脈。輻射狀頭花小；總苞片 4 或 5 枚，卵形；總花托被托片；舌狀花 4 或 5 朵，雌性，花冠白色略呈紅色。冠毛膜質，鱗片狀，邊緣毛狀，偶無冠毛。

小米菊

屬名	小米菊屬
學名	*Galinsoga parviflora* Cav.

多分枝的一年生草本，高 10 ～ 60 公分，莖下部近於無毛，花序部分被紅色腺毛。葉卵狀披針形，長約 5 公分，寬 3.5 公分，疏齒緣，具短柄。總苞半球形，光滑無毛。瘦果黑色，被剛伏毛。

原產於熱帶美洲，歸化於台灣低至中海拔地區。

歸化種，見於台灣低至中海拔。

邊花白色

總苞半球形，光滑無毛。

粗毛小米菊

屬名	小米菊屬
學名	*Galinsoga quadriradiata* Ruiz & Pav.

多分枝的一年生草本，高 20 ～ 70 公分，密被長毛及剛伏毛。與小米菊（*G. parviflora*，見本頁）在外形上十分不易區分，主要區別方式在於總苞片常被腺毛。

原產於熱帶美洲；歸化於台灣低至中海拔地區，較小米菊常見。

小花

植株高 20 ～ 70 公分，密被長毛及剛伏毛。

總苞片常被腺毛

大丁草屬 GERBERA

多年生草本，花莖葶狀，葉蓮座狀，羽狀裂。輻射狀頭花頂生於長的花莖上，花莖被鱗片狀葉；舌狀花雌性，可稔或不可稔，花冠三裂。瘦果紡錘形，稍扁平，被毛；冠毛多數糙毛狀，宿存。

大丁草

屬名	大丁草屬
學名	*Gerbera anandria* (L.) Sch. Bip.

春秋兩季長出高度不同的花莖，春季花莖高 8 ～ 20 公分，秋季花莖高達 60 公分，花莖密被蛛絲狀毛。基生葉倒卵形至倒披針形，長 5 ～ 16 公分，寬 1.3 ～ 4.5 公分，琴狀羽裂，葉緣突齒狀。頭花直徑 1.5 公分；舌狀花花冠白色，外緣紫紅色，花冠二裂。心花兩性花，花冠長 7 公釐，兩唇化。

產於西伯利亞東部、中國至日本；在台灣分布於海拔 3,000 公尺左右之高山，極為稀有。

頭花直徑 1.5 公分，舌狀花花冠白色。

春季花莖高 8 ～ 20 公分，具明顯舌狀花。

秋季花莖高達 60 公分，舌狀花不明顯。

香茹屬 GLOSSOCARDIA

多年生草本，具粗的主莖，無毛，莖多分枝，少葉。基生葉具長柄，羽狀全裂。輻射狀頭花單一或少數，頂生；總花托具托片；舌狀花雌性，可稔，花冠三裂；管狀花花冠四裂。瘦果扁平，先端截形，具 1 ～ 3 根有倒刺的芒狀冠毛。

香茹

屬名	香茹屬
學名	*Glossocardia bidens* (Retz.) Velkamp

全株無毛的多年生草本，根粗，莖高 15 ～ 30 公分。莖生葉少；基生葉具長柄，羽狀全裂，狀似鹿角，裂片線形或不裂呈線形。頭花直徑 6 ～ 9 公釐，具長花序梗，花冠黃色。

　　產於南亞、澳洲及新幾內亞；在台灣分布於台灣本島南部及澎湖之海濱地區。

心花已開放

花小；舌狀花先開；黃色；心花未開。

瘦果扁平，先端截形，具 1 ～ 3 根有倒刺的芒狀冠毛。

分布於金門、澎湖及台灣本島南部海濱地區。

基生葉具長柄，羽狀全裂，狀似鹿角。

鼠麴草屬 GNAPHALIUM

至多年生草本。全株密被綿毛的草本，莖不分枝或由基部多分枝。葉互生。盤狀頭花多數，頂生或腋生成繖房狀、穗狀或簇生成頭狀排列；總苞卵狀或鐘狀；所有小花皆可稔；邊花雌性，數目多於心花。瘦果卵形；冠毛 1 圈，基部有時相連成環。

紅面番

屬名	鼠麴草屬
學名	*Gnaphalium adnatum* Wall. *ex* DC.

本種為台灣產鼠麴草屬植物中最高大粗壯者，高 50 ～ 120 公分，莖直徑 4 ～ 8 公釐，且頭花直徑亦最大。葉倒披針形至長橢圓形，長 4 ～ 9 公分，寬 1 ～ 2 公分，基生葉於開花時枯萎。總苞淺黃色或乳白色，於秋、冬季開花。

產於中國南部及印度；在台灣分布於路邊、田野至海拔 1,000 ～ 3,000 公尺之山區。

初生葉，葉表密生白毛絨。

本種於秋、冬季開花。

主莖粗壯的草本，植株高 50 ～ 120 公分；葉寬 1 ～ 2 公分。

直莖鼠麴草

屬名	鼠麴草屬
學名	*Gnaphalium calviceps* Fernald

一年生直立草本，於基部多分枝，植株高 15 ～ 40 公分。基生葉早凋，葉線形或長而狹窄的倒披針形，長 1.5 ～ 7 公分，寬 2 ～ 4 公釐。頭花腋生或頂生成穗狀排列，頂生的花序長可達 5 公分，花期 3 ～ 7 月。產於南美，歸化於台灣低海拔地區。

本種及匙葉鼠麴草（*G. pensylvanicum*，見第 296 頁）常被錯誤鑑定為鼠麴舅（*G. purpureum*，見第 297 頁），台灣民間習以「鼠麴舅」概括稱此類頭花總苞呈淡褐色而非亮黃色之植物。

基部多分枝

葉線形或長、狹窄的倒披針形。

秋鼠麴草

屬名　鼠麴草屬

學名　*Gnaphalium hypoleucum* DC. var. *hypoleucum*

一年生草本，高 30 ～ 90 公分。基生葉早凋，葉線形，長 4 ～ 5 公分，寬 2 ～ 7 公釐，葉基耳狀，半抱莖，上表面無毛或被短捲毛，下表面密被白色綿毛。頭花繖房狀排列，總苞片亮黃色，花期 9 ～ 11 月。冠毛白色，易脫落。

　　產於南亞、東南亞、日本、韓國及中國；在台灣分布於中海拔地區。

花呈黃色

頭花繖房狀排列，總苞片亮黃色。

葉上表面無毛或被短捲毛，下表面密被白色綿毛。

葉基耳狀，半抱莖。

假秋鼠麴草

屬名　鼠麴草屬

學名　*Gnaphalium hypoleucum* DC. var. *amoyense* (Hance) Hand.-Mazz.

與承名變種（秋鼠麴草，見前頁）之差別在於本變種葉兩面被白色綿毛。

　　產於中國；在台灣分布於山區，甚為稀少。

葉兩面被白色綿毛

分枝鼠麴草

屬名　鼠麴草屬

學名　*Gnaphalium involucratum* Forst. var. *ramosum* DC.

一年生，莖高可達 50 公分，直立，基部稍木質化，具分枝。葉線形至倒披針形，長 5.5 ～ 5 公分，寬 0.5 公分，上表面被疏毛，下表面密被綿毛。具腋生花枝，簇生的頭花下側有 1 ～ 10 枚苞片葉托襯，總苞片褐色。

　　產於熱帶亞洲至澳洲，在台灣分布於中海拔地區。

植株直立；具腋生花枝。

細葉鼠麴草

屬名	鼠麴草屬
學名	*Gnaphalium involucratum* Forst. var. *simplex* DC.

莖叢生狀，不分枝，常微匍伏狀。
葉線形。頭花簇生於莖頂。

　　產於紐西蘭、澳洲、爪哇及菲
律賓；在台灣分布於高海拔山區。

莖叢生狀，不分枝，常微匍伏狀。葉線形。頭花簇生於莖頂。

父子草（天青地白）

屬名	鼠麴草屬
學名	*Gnaphalium japonicum* Thunb.

多年生草本，具長走莖。基生葉線形至倒披針形，
長 2.5 ～ 10 公分，寬 4 ～ 7 公釐，上表面綠色，有
時被毛，下表面密被綿毛；莖生葉少，披針形，最
上部莖生葉托襯著簇生的頭花。花莖葶狀。

　　產於日本、韓國及中國東部；在台灣分布於海
拔 400 ～ 3,000 公尺山區。

最上部莖葉托襯著簇生的頭花　　　　　　　　　　　具長走莖

絲綿草

屬名	鼠麴草屬
學名	*Gnaphalium luteoalbum* L. subsp. *luteoalbum*

與鼠麴草（subsp. *affine*，見本頁）
十分相似，差別在於本種的總苞片
為淺褐色或淡黃色；葉較狹長，長
5.5 公分，寬 0.1 ～ 1 公分。頭花
繖房狀排列，頭花直徑約 3 公釐。

　　廣布於歐洲、非洲、北美、太
平洋群島及中南亞；在台灣分布於
海拔 1,000 ～ 3,200 公尺之開闊地。

本種與鼠麴草十分相似，差別在於本種的總苞片為淺褐色或淡黃色。

鼠麴草

屬名	鼠麴草屬
學名	*Gnaphalium luteoalbum* L. subsp. *affine* (D. Don) Koster

二年生草本。莖生葉薄，匙形或倒披針形，先端
突尖，兩面及莖密被白色綿毛。莖上部繖房狀分
枝，頭花多數，具短花序梗或無梗，總苞片亮黃
色，花柱較花冠筒短，花期 3 ～ 8 月。

　　產於東南亞至澳洲，在台灣分布於海濱至海
拔 2,000 公尺之開闊地。

總苞片亮黃色，花柱較花冠筒短。

莖上部繖房狀分枝，頭花多數。

莖生葉薄，匙形或倒披針形。

冠毛纖細，瘦果褐色。

匙葉鼠麴草

屬名　鼠麴草屬
學名　*Gnaphalium pensylvanicum* Willd.

一年生草本，莖直立，不分枝或基部多分枝而成為斜升的莖，莖高 10 ～ 50 公分，莖綠色，全株被灰白色的毛。基生葉早凋；莖生葉倒披針形或匙形，長 2.5 ～ 8 公分，寬 0.4 ～ 1.8 公分，先端圓或鈍，上表面被蛛絲狀毛。頭花多數於葉腋成穗狀排列，花序長約 1 ～ 3 公分，再排列為圓錐狀花序，花期 12 月至次年 6 月。冠毛白色，於基部相連接成環。

　　原產於美洲，歸化於台灣沿海至海拔 2,000 公尺地區。

莖直立；莖生葉倒披針形或匙形；基部常多分枝。

多莖鼠麴草

屬名　鼠麴草屬
學名　*Gnaphalium polycaulon* Pers.

植株高不超過 35 公分，莖基部多分枝。葉線形至倒披針形。頭花直筒狀，基部略膨大；總苞外密被絨毛。冠毛基部未於瘦果頂端癒合成環狀（冠毛基部分離）。

　　廣泛分布泛熱帶地區，歸化於全台各地。

頭花密生毛

莖基部多分枝

葉線形至倒披針形，葉表密生白毛

鼠麴舅

屬名	鼠麴草屬
學名	*Gnaphalium purpureum* L.

一或二年生草本，莖不分枝或由基部二岔，莖高 15 ～ 35 公分。基生葉蓮座狀，倒披針形或匙形，長 15 ～ 30 公分，寬 5 ～ 15 公釐，葉基部漸縮下延成葉柄，開花時枯萎但仍宿存。頭花緊密的於莖頂穗狀排列，花序長可達 4 公分，有時於主莖下具 1 ～ 3 腋生的花序。冠毛於基部相連成環。

　　產於南美，歸化於台灣低海拔地區。

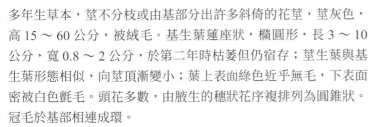

葉成匙形

葉上表面綠色無毛，且兩面明顯不同色，中肋明顯向下凹陷成溝。

裡白鼠麴草

屬名	鼠麴草屬
學名	*Gnaphalium spicatum* Lam.

多年生草本，莖不分枝或由基部分出許多斜倚的花莖，莖灰色，高 15 ～ 60 公分，被絨毛。基生葉蓮座狀，橢圓形，長 3 ～ 10 公分，寬 0.8 ～ 2 公分，於第二年時枯萎但仍宿存；莖生葉與基生葉形態相似，向莖頂漸變小；葉上表面綠色近乎無毛，下表面密被白色氈毛。頭花多數，由腋生的穗狀花序複排列為圓錐狀。冠毛於基部相連成環。

　　原產於南美，歸化於台北盆地北側陽明山及汐止海拔 400 ～ 1,000 公尺山區路旁。

頭花的小花不甚開，花托近光滑。

葉上表面綠色近乎無毛；下表面密被白色氈毛。

線球菊屬 GRANGEA

年生或多年生草本，莖平臥或斜升。葉互生，倒卵形或匙形，琴狀羽裂或齒裂。盤狀頭花單一，腋生或頂生；總苞闊鐘形，苞片 2 或 3 層；邊花一至數層，雌性。瘦果橢圓或倒卵形，稍扁平，被毛；冠毛闕如或合生成杯狀。台灣有 1 種。

線球菊(田基黃)

屬名	線球菊屬
學名	*Grangea maderaspatana* (L.) Poir.

頭花直徑 0.8 ～ 1 公分，黃色。

匍匐或斜倚的草本，多分枝，形成草甸狀，被長茸毛。葉倒卵形至長橢圓形，長 2 ～ 6 公分，羽狀裂，葉緣波浪狀。頭花直徑 0.8 ～ 1 公分，黃色。瘦果被腺體，冠毛膜質。本種常被誤鑑定為鵝不食草（*Epaltes australes*，見第 275 頁），但本種全株被毛，頭花較大，總苞片多層，瘦果具冠毛等特徵，明顯可與之區別。

產於非洲、印度、中南半島及爪哇；在台灣分布於南部低海拔之開闊地、田地或溼地。

開花之植株

葉琴狀羽裂，具毛。

水菊屬 GYMNOCORONIS

年生或多年生草本，半水生，莖具稜。葉對生，無柄或具柄。頭狀花序聚繖狀；總苞片約兩層，等長或近等長，狹長圓形；花序托凸起；一個頭狀花序內有小花 50 ～ 200 朵，花冠狹漏斗狀，裂片三角形；花絲頂端略擴大，花藥頂端附屬物小；花柱分岔，頂端狹長卵形。瘦果稜柱狀，（4 ～）5 肋，肋間具腺體，無冠毛。

光冠水菊

屬名	水菊屬
學名	*Gymnocoronis spilanthoides* DC.

葉對生，卵形、長橢圓形至披針形，長 6 ～ 11 公分，寬 2.5 ～ 5 公分，葉緣具粗鋸齒或微波浪緣，表面光亮，具短柄。花序頂生，筒狀花多數，聚生成頭狀，花下具 1 枚總苞片；萼片五裂，綠色；花白色；花柱分岔，頂端狹長卵形。

原產中美洲，歸化於台灣全島濕地環境。

花柱分枝，頂端狹長卵形。

葉緣具粗鋸齒或微波浪緣，葉子光亮。

三七草屬 GYNURA

多汁草本。葉互生。筒狀頭花單一或多數繖房狀排列；總苞圓柱狀或近似鐘狀，總苞片兩層，外層副萼狀；小花兩性可稔，黃色或紫色，花冠筒五裂，花柱伸出花冠筒，花柱分枝甚長。瘦果多稜形；冠毛柔細，白色。
台灣有 4 種。

紅鳳菜

屬名　三七草屬
學名　*Gynura bicolor* (Roxb. *et* Willd.) DC.

多年生草本，莖多分枝。葉橢圓形或倒披針形，長 5～10 公分，先端銳尖，基部漸縮下延成葉柄，下表面紫色。頭花少數，繖房狀排列，花序梗甚長；花冠五裂，裂片先端常有紅斑；花柱伸出花冠筒，花柱分枝甚長。

產於馬來西亞；在台灣栽做為蔬菜食用，之後逸出歸化。

花橘色

歸化於浸水營的山路上

白鳳菜 特有種

屬名　三七草屬
學名　*Gynura divaricata* (L.) DC. subsp. *formosana* (Kitam.) F. G. Davies

莖平臥狀，斜升的莖高 20～50 公分。葉厚，被毛，匙形或長橢圓形，長 8～10 公分，寬 2～4.5 公分，先端鈍，基部下延成葉柄，葉緣不規則裂或琴狀羽裂。頭花少數，2～5 朵，橘色，長約 1.8 公分，具長花序梗。冠毛白色，長約 1 公分。

特有亞種，分布於台灣濱海地區，偶見於低海拔山區。

頭花橘色

葉厚，被毛，匙形或長橢圓形。（許天銓攝）

蘭嶼木耳菜 特有種

屬名	三七草屬
學名	*Gynura elliptica* Y. Yabe & Hayata *ex* Hayata

植株高約 50 公分。葉長 7 ～ 11 公分，兩端圓，葉基具明顯的耳狀附屬物，兩面密被毛，有葉柄。頭花少數排列為鬆散的繖房花序，頭花長 1.4 ～ 1.7 公分，黃橘色。

特有種，分布於離島蘭嶼、綠島。

花柱伸出花冠筒，花柱分枝甚長。

分布於蘭嶼、綠島。

黃花三七草

屬名	三七草屬
學名	*Gynura japonica* (Thunb.) Juel

高大的草本，高 35 ～ 100 公分，偶爾高達 200 公分以上；莖基部常形成塊莖狀。葉厚，形態變化大，長橢圓形至匙形，長 9 ～ 26 公分，寬 5 ～ 11.5 公分，不規則鋸齒緣，琴狀羽裂或羽狀裂。頭花多數成繖房狀排列。

產於尼泊爾、泰國及中國；在台灣分布於低至中海拔山區。

花冠筒五裂，花柱伸出花冠筒，花柱分枝甚長。

分布於台灣低至中海拔山區

向日葵屬 HELIANTHUS

年生或多年生草本。單葉,莖下部的葉常對生,上部者互生。總苞片二至數層,外層者常葉狀;舌狀花中性,黃色;管狀花兩性而可孕,黃色至淡紫色;花序托平坦式隆起,有托片。瘦果倒卵形,稍壓扁;冠毛為 2 鱗片狀的芒,早落。

向日葵

屬名	向日葵屬
學名	*Helianthus annuus* L.

一年生草本,高 1 ~ 3.5 公尺;莖直立,圓形多稜角,質硬被白色粗硬毛。葉廣卵形,常互生,先端銳突或漸尖,基出 3 脈,邊緣具粗鋸齒,兩面粗糙,被毛,有長柄。頭狀花序,徑 10 ~ 30 公分,單生於莖頂或枝端;總苞片多層,葉質,覆瓦狀排列,被長硬毛;邊花為黃色舌狀花,不孕。

主要分布於北美洲及南美洲,歸化台灣全島。

葉廣卵形

舌狀花中性,黃色,不結實;
心花兩性而結實。

瓜葉向日葵

屬名	向日葵屬
學名	*Helianthus debilis* Nuttall subsp. *cucumerifolius* (Torrey & A. Gray) Heiser

一或多年生,高達 2 公尺,莖直立。葉多莖生,互生,僅於基部對生,三角狀卵形或卵形,下表面常被硬直毛,無腺點。頭花常輻射狀;總苞常半球形;苞片 11 ~ 40 枚,成二至三輪;托片頂端具 3 齒;邊花黃色;心花帶紅色。冠毛 2,線狀披針形。

原產於北美,在台灣歸化於西濱。

葉三角狀卵形或卵形

邊花黃色;心花帶紅色。

泥胡菜屬 HEMISTEPTA

一年生草本，全株無刺。葉羽裂。頭花筒狀，繖房狀排列；總苞卵形，苞片多層，覆瓦狀排列，外層總苞片外側有龍骨狀突起；小花管狀，兩性可稔，花冠筒細長，紫紅色。瘦果多稜形。

泥胡菜

屬名	泥胡菜屬
學名	*Hemisteptia lyrata* (Bunge) Bunge

莖高 40 ～ 100 公分。葉廣倒披針形，羽狀深裂，上表面綠色，下表面被白絨毛。頭花多數，具長花序梗；總苞約有 8 層，具 4 ～ 5 脈，先端常呈粉紅色。瘦果深褐色；外層冠毛短，宿存；內層冠毛為羽毛狀剛毛，易脫落。

產於印度、南亞、澳洲、韓國、日本及中國；在台灣分布於海濱至海拔 800 公尺之開闊荒廢地。

花冠紫色

葉廣倒披針形，羽狀深裂。

山柳菊屬 HIERACIUM

多年生草本，全株被剛毛或直柔毛。頭花舌狀，單一頂生，或多數成繖房狀排列；總苞管狀鐘形，被毛；花冠黃色，柱頭被短毛。瘦果圓柱形；冠毛黃褐色，宿存但易斷裂。

森氏山柳菊 特有種

屬名	山柳菊屬
學名	*Hieracium morii* Hayata

株高 10 ～ 35 公分，全株被長、平展的直柔毛，毛於基部最密，向上漸疏散。基生葉匙形，具長柄，葉向上漸變小，漸無柄，葉緣及上下表面均被毛。花單一至多數排為繖房狀，花莖被密絨毛；總苞 3 層；花冠黃色。瘦果長約 2.5 公釐，寬約 0.8 公釐，冠毛長 3.5 ～ 5.5 公釐。

特有種，分布於台灣高海拔之開闊草生地。

花序鬆散

基生葉湯匙形，具長柄，葉向上漸變小，漸無柄。

貓兒菊屬 HYPOCHARIS

一年生或多年生草本。葉基生，蓮座狀。總苞片多層，覆瓦狀排列；頭花舌狀，單一或數個長於具鱗片狀葉的花莖上；總花托具托片；頭花黃色。瘦果橢圓體或圓柱形，邊花之瘦果有時不具喙，心花瘦果具長喙，冠毛羽毛狀。

智利貓耳菊

屬名	貓兒菊屬
學名	*Hypochaeris chillensis* (Kunth) Britton

多年生草本。單葉，基生葉橢圓形至長橢圓形，先端銳尖至漸尖，全緣至疏鋸齒，兩面無毛，背面中脈疏生短柔毛，疏生緣毛；莖生葉線形、披針形至長橢圓形，基部耳狀抱莖。頭狀花序排列成聚繖狀花序；頭花由舌狀花組成，長約9公釐長，寬3.5公釐；總苞4層，總苞片線形；花冠黃色，長約6.5公釐，柱頭長約1.5公釐。瘦果橢圓形，先端具長喙；冠毛羽狀，長4～6.5公釐。

原產南美，在台灣歸化於北部。

花冠較貓兒菊小很多

基生葉貼地而生

總苞具毛

果實具長喙及白色冠毛

歸化於內湖山區

光貓兒菊

屬名	貓兒菊屬
學名	*Hypochaeris glabra* L.

一年生或多年生草本，具一主根或數條根，莖直立。基生葉倒披針形，齒緣，光滑至被短硬毛，毛長0.3～0.5公釐。頭花繖房狀排列，花托具鱗片，舌狀花黃色；總苞披針形，先端銳尖或漸尖，邊緣膜質，光滑，約7脈，外輪苞片長3～5.5公釐，內輪苞片長8.5～12公釐；鱗片線形，先端漸尖，膜質，具1脈，長9.5～10公釐。瘦果橢球形，具約16條縱脊，縱脊粗糙；邊花所結之瘦果不具喙，心花所結之瘦果有時具喙，無喙之瘦果長約2.7公釐，具喙之瘦果長約7.5公釐；冠毛羽毛狀，長約7.5公釐，分枝長約2公釐。

原生於歐洲，歸化於日本、北美、墨西哥；在台灣歸化於低海拔各野地。

心花瘦果具長喙

頭花黃色

葉光滑到疏毛

總苞苞片外表光滑

白花貓耳菊

屬名　貓兒菊屬

學名　*Hypochaeris microcephala* (Sch. Bip.) Cabrera var. *albiflora* (Kuntze) Cabrera

多年生草本。單葉，基生葉長橢圓形，具裂片，先端鈍至銳尖，全緣，兩面光滑或散生毛被物，裂片線形至披針形，散生毛被物，下表面毛被較上表面密集，邊緣散生毛被物；莖生葉線形，具裂片。頭花聚繖狀排列，僅具舌狀花；總苞披針形，先端鈍，邊緣膜質，長 2.5 ～ 15 公釐；總苞鱗片披針形，先端三裂，具 1 脈，膜質，長約 1.6 公分；花冠白色，長約 8 公釐；花藥聚合，長約 1.5 公釐，先端銳尖，基部鈍；柱頭長約 1.5 公釐。瘦果橢球形，粗糙，長約 4 公釐，先端長喙狀，粗糙，長約 4.5 公釐；冠毛羽毛狀，長約 7.5 公釐，分枝長 1 ～ 2 公釐。

原生於南美，歸化於澳洲及北美；在台灣歸化於北部地區。

花冠白色

總苞披針形，先端鈍，邊緣膜質。

基生葉長橢圓形，齒緣。

果橢球形，先端長喙狀，冠毛羽毛狀。

貓兒菊

屬名　貓兒菊屬

學名　*Hypochaeris radicata* L.

多年生草本。葉全部基生，倒卵形，全緣至一回羽狀裂，兩面均被疏毛。葶狀花莖高 15 ～ 150 公分，花莖上散布鱗片狀之小葉；頭花單生或 2 朵，頭花黃色；總苞多層成覆瓦狀排列。瘦果具長喙，喙長 7 ～ 10 公釐；冠毛淡黃褐色，兩層，外層短，單毛狀，內層長，羽毛狀。

原產歐洲；歸化於台灣，常見於中、高海拔之開闊地、道路旁及農場。

頭花黃色

歸化種，常見於台灣中、高海拔之開闊地、道路旁、農場。

印度寶螺菊屬 INDOCYPRAEA

單種屬，屬特徵如種特徵。

山蟛蜞菊

屬名　印度寶螺菊屬
學名　*Indocypraea montana* (Blume) Orchard

多年生草本，莖直立，高 50～80 公分，粗壯，上半部被疏毛，下半部近光滑。葉卵形或卵狀披針形，莖中部之葉長 5～8 公分，寬 2.5～4 公分，先端漸尖，基部楔形，鋸齒緣，葉面粗糙，具毛狀物，葉柄長 1～2.5 公分。頭花直徑約 1.5 公分，單生於長花序梗上；總苞兩層，排成鐘狀，長 7～10 公釐，寬 4～5 公釐，最外層苞片紙質，綠色，長卵形，長 0.7～1 公分，先端銳尖，表面被毛狀物，果漸熟時，苞片由綠轉為枯乾；邊花 1 層，黃色，5～6 朵，花瓣橢圓形，長 4～6 公釐，寬 1～2 公釐，頂端 2～3 齒；心花管狀，先端五淺裂，兩性，黃色，長 2～2.3 公釐。瘦果棕色至棕黑色，近倒三角形，略壓扁，長 4～5 公釐，寬約 2 公釐。

　　產於中國南部、喜瑪拉雅山區、印度、印尼、日本、馬來西亞、菲律賓、越南、太平洋群島及台灣；在台灣目前的正式紀錄僅有屏東的大漢林道及三地門德文部落二地。

邊花 1 層，黃色，5～6 枚。

頭花小，多單生偶 2～3 聚生。

莖直立或倒臥，葉較小。

小苦蕒屬 IXERIDIUM

多年生直立草本。葉多基生，少或無莖生葉。頭花舌狀，頂生，繖房狀排列；總苞圓柱形或鐘形，總苞片兩層，外層副萼狀；頭花具 5 ～ 12 朵舌狀花，黃色，白或略帶紫色。瘦果紡錘形，具長喙；冠毛黃褐色。

太魯閣刀傷草 特有種

屬名　小苦蕒屬
學名　*Ixeridium calcicola* C.I Peng, S.W.Chung & T.C. Hsu

多年生草本，高 10 ～ 15 公分。基生葉蓮座狀，匍匐，近革質，長橢圓形至披針形，長 1.2 ～ 5.4 公分，寬 3 ～ 16 公釐，先端急尖，基部漸狹，兩面有稀疏細毛，上表面綠色，下表面紫色至紫綠色，邊緣鋸齒狀，齒短尖，側脈 3 ～ 7 對；葉柄長 8 ～ 45 公釐，紫綠色、暗紫色或綠色，具稀疏細毛；莖生葉披針形。花序梗通常不分枝；花序鬆散繖房狀；頭狀花序，直徑 15 ～ 18 公分；總苞狹圓筒狀，總苞片外表無毛；小花 10 ～ 14 朵，黃色，先端五齒裂，花柱長約 1.5 公釐。果具長喙，喙與果同長。

特有種，僅局限分布於太魯閣之石灰岩壁上。

小花 10 ～ 14，黃色，先端五齒裂。

果具長喙，喙與果同長。

僅局限分布在太魯閣石灰岩壁上

葉片長橢圓形至披針形

刀傷草

屬名	小苦蕒屬
學名	*Ixeridium laevigatum* (Blume) J. H. Pak & Kawano

多年生草本，植株變化極大，高可達 90 公分。基生葉革質，橢圓形至倒披針形，長 5 ～ 25（～ 50）公分，寬 0.8 ～ 5 公分，先端鈍，近全緣或不規則牙齒狀至羽狀裂；莖生葉 1 ～ 3 枚，披針形。總苞內層苞片 8 ～ 10 枚，稀為 5 枚；頭花具 8 ～ 11 朵舌狀花。冠毛長 2.5 ～ 3 公釐。

　　產於南亞、日本及中國南部；在台灣廣泛分布於低、中海拔之海岸、河床及路旁開闊地。

頭花具 8 ～ 11 朵舌狀花

基生葉革質，橢圓形至倒披針形。

能高刀傷草 特有種

屬名	小苦蕒屬
學名	*Ixeridium transnokoense* (Sasaki) J. H. Pak & Kawano

多年生草本，高 8 ～ 20 公分，光滑無毛或被鱗片狀多細胞毛；莖直立或斜升，多分枝。葉基生，披針形至線形，長 4 ～ 8 公分，寬 4 公釐，近於全緣或具疏生的突銳齒。總苞內層苞片 5 枚，偶為 7 枚；頭花具 5 ～ 7 朵舌狀花。冠毛長 4 ～ 5 公釐。

　　特有種，分布於台灣高海拔山區。

頭花具 5 ～ 7 朵舌狀花

葉基生，披針形至線形。

苦菜屬 IXERIS

一年生或多年生草本，稀為二年生，根莖匍匐或具主根。葉多基生。頭花舌狀，頂生，排列為繖房狀；總苞圓柱狀，總苞片兩層，外層副萼狀；頭花具 15 ~ 41 朵舌狀花，黃、白或略帶紫色。瘦果紡錘形，具長喙；冠毛白色。台灣有 6 種。

兔仔菜(兔兒菜)

屬名　苦菜屬
學名　*Ixeris chinensis* (Thunb.) Nakai .

多年生草本，莖直立，基部分枝，高 15 ~ 40 公分。下部的莖生葉倒披針形，2 ~ 4 枚，長 8 ~ 25 公分，寬 0.5 ~ 2 公分；莖中部之葉披針形，長 5 ~ 9 公分，全緣或鋸齒緣至羽狀裂；莖上部之葉鱗片狀，長 1 ~ 3 公釐。頭花多數排列為鬆散的繖房狀；總苞兩層，外層鱗片狀，內層 8 枚；頭花具 20 ~ 25 朵舌狀花，花冠黃色，長 9 ~ 12 公釐，寬 2 公釐。瘦果長 4 ~ 6 公釐，具 10 道縱稜，具細長喙，喙長約 3 公釐，冠毛白色。

產於南亞、韓國、日本及中國；在台灣普遍生長於全島低至中海拔之開闊處。

頭花具 20 ~ 25 朵舌狀花，花冠黃色。

果具細長喙

通常花為黃色，偶見白色。

細葉剪刀股

屬名　苦菜屬
學名　*Ixeris debilis* (Thunb.) A. Gray

多年生草本，莖匍匐，節上長根。葉線形至匙形，長 4 ~ 20 公分，寬 0.4 ~ 4 公分，全緣、淺鋸齒緣或羽狀裂，葉柄長 1 ~ 8 公分。花莖高 10 ~ 30 公分，常具 1 枚葉；頭花 1 ~ 5 朵，直徑 2.5 ~ 4 公分，具長花序梗；頭花具 20 ~ 24 朵舌狀花，花冠黃色。瘦果長 6 ~ 8 公釐，喙長 3 ~ 3.5 公釐。

產於日本、韓國及中國；在台灣分布於北部海岸之沙灘。

分布於台灣北部海岸沙灘

多頭苦菜（野剪刀股）

屬名　苦菜屬
學名　*Ixeris polycephala* Cass.

一年生草本，莖高 15 ～ 50 公分，基部分枝。莖生葉長披針形，長 7 ～ 17 公分，寬 0.5 ～ 1.5 公分，葉基箭形，無柄。頭花排列為繖房狀，花開後下垂；頭花具 20 ～ 25 朵舌狀花，花冠黃色。瘦果具深溝。

　　產於南亞、東南亞、日本、韓國及中國；在台灣分布於低海拔之開闊荒野。

葉基箭形

頭花閉合時形狀明顯與兔兒菜不同（vs. 圓筒形）

分布於台灣低海拔之開闊荒野

頭花黃色

瘦果具深溝

濱剪刀股

屬名　苦菜屬
學名　*Ixeris repens* (L.) A. Gray

多年生草本，長於地下的匍匐莖可長達 2 公
尺，節上生根，向上長出具長葉柄之葉。葉
掌狀三或五裂，葉柄長 2.5 ～ 8.5 公分。花
莖腋生，高 7 ～ 9 公分，長有 2 ～ 9 朵頭花；
外層總苞片較內層長或等長；頭花直徑約 3
公分，具 13 ～ 20 朵舌狀花，花冠黃色。瘦
果圓柱形，稍扁，長 6 ～ 7 公分，寬 1 ～ 1.5
公釐，喙長 1.5 ～ 2 公釐。

　　產於東亞，在台灣分布於海岸之沙灘。

頭花直徑約 3 公分，具 13 ～ 20
朵舌狀花，花冠黃色。

葉有時掌狀三或五裂

分布於台灣海岸沙灘

蔓苦蕒

屬名　苦菜屬
學名　*Ixeris stolonifera* A. Gray

多年生草本，具纖細的長匍匐莖，多分枝，節上長根。葉膜質，卵形，長 7 ～ 20 公分，寬 5 ～ 15 公釐；具長柄，柄長 1 ～ 3.5 公分。頭花具 5.5 ～ 10 公分的細長花序梗，頭花直徑 2 ～ 2.5 公分。瘦果長 4 ～ 6 公釐，喙長 2 ～ 3 公釐。

　　產於韓國、日本及中國；在台灣少見，曾見於阿里山、太平山及台大校園內。

頭花具 5.5 ～ 10 公分的細長總梗，頭花直徑 2 ～ 2.5 公分。（彭鏡毅攝）

葉具長柄，柄長 1 ～ 3.5 公分，葉膜質，卵形。（彭鏡毅攝）

澤苦菜

屬名　苦菜屬
學名　*Ixeris tamagawaensis* (Makino) Kitam.

多年生草本，具短、叢生狀的走莖。基生葉線形，長 8 ～ 15 公分，寬 3 ～ 5 公釐，近於全緣至羽狀裂。花莖葶狀，少葉或無葉；外層總苞片大小不一；頭花直徑 1.2 ～ 3 公分，具 25 ～ 30 朵舌狀花，花冠淡黃色。瘦果披針形，長約 3 公釐，具長喙；冠毛白，長 5 ～ 6 公釐。

　　產於韓國及日本；在台灣分布於東部之河床，不常見。

基生葉線形，近於全緣至羽狀裂，寬 0.3 ～ 0.5 公分。

一頭花具 25 ～ 30 朵舌狀花，花冠淡黃色。

分布於台灣東部地區河床，不常見。

瘦果披針形，大約 3 公釐長，具長喙。

萵苣屬 LACTUCA

一年生或多年生草本，有乳汁。葉互生，形狀多種，常羽狀深裂。頭狀花序小，圓柱形，排成圓錐花序；花全部舌狀，兩性，黃色或紫藍色；總苞片 2 ～ 3 層，外層極小，中、內層等長。瘦果壓扁，狹長形，每邊有三至五稜，無或有短喙，頂端有羽毛盤，冠毛白色。

刺萵苣

屬名	萵苣屬
學名	*Lactuca serriola* L.

一年或二年生草本，直立，高 30 ～ 120 公分，莖近光滑，有時具腺毛。基生葉長 13 ～ 16 公分，常羽狀深裂，裂片 2 ～ 4 對，邊緣齒狀；莖生葉不裂或有時羽狀裂，長 5 ～ 10 公分，愈上部葉子愈小，中肋常有刺狀物。頭花直徑 8 ～ 10 公釐，總苞光滑，小花黃色或灰黃色。

原產歐洲，歸化於台灣野地。

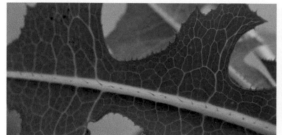

葉表及葉背中肋常有刺狀物

葉常羽狀深裂

一年或二年生草本，直立，30 ～ 120 公分高。

瓶頭草屬 LAGENOPHORA

多年生草本，具走莖。基生葉蓮座狀，倒披針形或匙形。輻射狀頭花常單一，著生於花葶狀頂端；舌狀花雌性，白或紫色；心花少數，筒形，四至五裂，兩性，僅雄蕊可稔。瘦果扁平，倒卵形或倒披針形，不具冠毛。

瓶頭草

屬名	瓶頭草屬
學名	*Lagenophora lanata* A. Cunn.

多年生小草本。基葉蓮座狀，倒卵形或匙形，長 1.5 ～ 4 公分。花莖細，葶狀，高 4 ～ 14 公分；頭花直徑小於 5 公釐；舌狀花多數，2 或 3 層；心花較少數。瘦果披針形，扁平，具一短喙，喙被腺體。

分布東南亞、南亞、馬來西亞及澳洲；在台灣只紀錄於南投及蘭嶼。

頭花直徑小於 5 公釐

基葉蓮座狀，倒卵形或匙形。

六角草屬 LAGGERA

或多年生草本。葉互生，葉基下延至莖，被毛。盤狀頭花多數，圓錐狀排列；總苞鐘狀，多層成覆瓦狀排列，苞片向外開展或稍反捲；邊花雌性可稔，心花兩性。瘦果橢圓形，被毛；冠毛白色。

六角草

屬名	六角草屬
學名	*Laggera alata* (D. Don) Sch. Bip. *ex* Oliver

植株高約 50 公分，全株具毛，莖明顯具翼。葉線形至長橢圓形，長約 8 公分，寬 1.5 ～ 2 公分，鋸齒緣，葉基下延成莖上之翅。頭花具花序梗，頂生或腋生，圓錐狀排列；小花花冠紫紅色；邊花絲狀，6 公釐長，短五裂；心花管狀，7 公釐長，短五裂；果實冠毛 5.5 公釐等長。

產於熱帶非洲及亞洲；在台灣分布於中、南部低海拔之開闊地，不常見。

總苞鐘狀，苞片向外開展或稍反捲，密生毛茸物。

葉線形至長橢圓形

葉基下延成莖上之翅

稻搓菜屬 LAPSANASTRUM

或二年生草本，莖花葶狀。基生葉蓮座狀，倒披針形，琴狀羽裂；莖生葉少，細小。總苞圓柱狀，苞片兩層，外層苞片副萼狀，內層苞片於瘦果成熟時平展；頭花舌狀，黃色。瘦果長橢圓形，具 10 ～ 13 道縱稜，稜溝深淺不一；無冠毛。

稻搓菜

屬名	稻搓菜屬
學名	*Lapsanastrum apogonoides* (Maxim.) J. H. Pak & K. Bremer

一年生小草本，高 7 ～ 20 公分。葉基生，蓮座狀，倒卵形，長 5 ～ 10 公分，琴狀羽裂，頂生羽片最大，側羽片 1 ～ 3，光滑無毛，具長柄。花莖多分枝；總苞兩層，各有 5 枚苞片；頭花直徑約 1 公分，具 5 ～ 10 朵舌狀花。

產於韓國、日本及中國中部；在台灣分布於低海拔之開闊田野，不常見，僅紀錄於苗栗、新竹及花蓮。

葉側羽片 1 ～ 3 對

台灣稻搓菜 特有種

屬名	稻搓菜屬
學名	*Lapsanastrum takasei* (Sasaki) J. H. Pak & K. Bremer

具長匍匐莖，節上長蓮座狀基生葉。葉倒卵形，琴狀羽裂，側羽片 4 ～ 9，被毛，具長葉柄。花莖通常不分枝，頭花多單生，內層總苞 5 枚，頭花具 10 ～ 12 朵舌狀花。

特有種，分布於台灣中海拔之潮濕山區。

頭花具 10 ～ 12 朵舌狀花。

葉具長柄，被毛，葉倒卵形，葉琴狀羽裂。

薄雪草屬 LEONTOPODIUM

多 年生草本，低矮，叢生狀，密被綿毛。盤狀頭花多數複聚集成一密生的繖房狀花叢，花叢下由數枚開展的葉狀苞片托襯；頭花總苞球狀或鐘狀；邊花毛細管狀，心花管狀。瘦果扁平，冠毛基部相連接成環。

玉山薄雪草 特有種

屬名	薄雪草屬
學名	*Leontopodium microphyllum* Hayata

多年生草本，低矮，叢生狀，冬季全株乾枯，隔年春天再抽出新芽。葉舌狀至線形，全緣，密被絨毛或曲柔毛，無柄。頭花盤狀，頂生，多數聚集成一密生的繖房狀花叢，花叢下由數枚開展的葉狀苞片托襯；邊花毛細管狀，心花管狀；頭花總苞球狀或鐘狀，周圍襯以密被白長綿毛之苞葉。瘦果扁平，冠毛基部相連接成環。

特有種，分布於台灣海拔 3,200 ～ 3,800 公尺之石生環境。

頭花周圍襯以密披白長綿毛之苞葉

葉全緣，舌狀至線形，無柄，密被絨毛或曲柔毛。

分布於高海拔 3,200 ～ 3,800 公尺之石生環境。

濱菊屬 LEUCANTHEMUM

多年生草本。輻射狀或筒狀頭花單一或少數繖房狀排列,具長花序梗;舌狀花雌性可稔,白、粉紅或稀為黃色;心花花筒基部膨大。瘦果十稜,冠毛鱗片狀或無。

法國菊

屬名	濱菊屬
學名	*Leucanthemum vulgare* H. J. Lam.

多年生草本,高達 100 公分。基生葉及下部莖生葉倒卵形或匙形,鈍齒緣,有柄;上部莖生葉長橢圓形,鈍齒緣至羽狀全裂,葉基半抱莖。頭花直徑2.5～6 公分,單一頂生;舌狀花白色,心花黃色。

　　產於歐亞大陸,歸化北半球溫帶地區;在台灣歸化於中至高海拔之草生地。

基生葉不規則裂

頭花直徑 2.5～6 公分,
單花頂生;舌花白色,心
花黃色。

歸化種,見於台灣中至高海拔草生地。

橐吾屬 LIGULARIA

多 年生草本。葉多基生，心形、腎形或長卵形；具長柄，葉柄基部具明顯的葉鞘。花莖上的葉苞片狀；輻射狀頭花繖房狀或總狀排列，花序梗上被苞片；總苞管狀或鐘狀，苞片單層；舌狀花雌性，花冠黃色。瘦果圓柱形，無毛；冠毛單層。

大吳風草

屬名	橐吾屬
學名	*Ligularia japonica* (Thunb.) Less.

根莖粗大，莖高約 100 公分。基生葉圓形，長 20 ～ 30 公分，掌狀分裂。頭花 3 ～ 8 朵成繖房狀排列，總苞片 8 枚或更多；舌狀花大約 10 朵，花冠黃色。瘦果圓柱形，無毛；冠毛銹褐色。

　　產於日本、韓國及中國；在台灣分布於北部山區，稀有。

舌狀花大約 10，花冠黃色。

瘦果圓柱形，無毛。

基生葉圓形，長 20 ～ 30 公分，掌狀分裂。

高山橐吾 特有種

屬名 橐吾屬
學名 *Ligularia kojimae* Kitam.

基生葉腎形，長 2.5 ～ 6 公分，寬 3.5 ～ 5.5
公分，先端鈍或近於截形。花莖高約 30 公
分；頭花總狀排列，頭花舌狀，頭花數目 5 ～
11 朵，苞片 5 枚，舌狀花 2 或 3 朵。

　　特有種，分布於台灣海拔 3,000 公尺左
右之潮濕處。

舌狀花 2 或 3

頭花總狀排列，頭花數目 5 ～ 11。

戟葉橐吾

屬名 橐吾屬
學名 *Ligularia stenocephala* (Maxim.) Matsum. & Koidz.

基生葉戟形至心形，長約 24 公分，
寬 17 ～ 20 公分，先端漸尖，葉緣
鋸齒銳尖，葉柄長可達 40 公分。花
莖高可達 100 公分；頭花總狀排列，
頭花數目多於 15 朵，苞片 5 枚，頭
花之舌狀花 1 至 3 朵，有時闕如。

　　產於日本及中國；在台灣分布
於海拔 1,600 ～ 2,800 公尺山區之
潮濕處。

花序頭花數較高山橐吾多些

頭花之舌狀花 1 ～ 3 朵

頭花總狀排列，頭花數目多於 15。

基基生葉戟形至心形，先端漸尖。

鹵地菊屬 MELANTHERA

狀 花序頂生或腋生枝頂葉腋；總苞長橢圓到狹卵形；小花 5 數，花冠黃色或白色，無舌狀化（白花類群）或具中性或可孕性舌狀花。瘦果 三或四稜，向上驟縮為截形或平坦頂部，具 1～15（～20）剛毛。

方莖鹵地菊 **特有種**

屬名	鹵地菊屬
學名	*Melanthera nivea* (L.) Small

多年生亞灌木，高 80～200 公分，直立或斜升。莖生葉三角形或稀披針狀橢圓形，長 4～9 公分，寬 5～7 公分，先端銳尖或漸尖，基部截形或圓形，葉緣不規則鈍鋸齒，常三出脈，葉柄長 1.5～3.5 公分。頭狀花序單一頂生或腋生於枝條末端葉腋；總苞半球形，直徑 1.3～1.6 公分，苞片寬卵形至披針形；頭狀花序由 50～100 朵管狀花組成，兩性；花冠白色，花冠筒長約 3.5 公釐；花藥連合，黑色，長 1.5～2 公釐；柱頭二岔，鬚狀毛緣。果序直徑約 1 公分，瘦果三或四稜，長 2.5 公釐。

花白色（陳柏豪攝）

主要分布於北美東部至中美洲、西印度群島、南美洲、非洲、亞洲及印度及太平洋島嶼。歸化台灣中南部野地。

葉寬卵形至淺三裂狀（陳柏豪攝）

莖被伏毛（陳柏豪攝）

小舌菊屬 MICROGLOSSA

亞 灌木或高大的草本，偶為藤本。葉互生，有柄。頭花多數密生，繖房狀或圓錐狀排列。總苞鐘狀，苞片覆瓦狀排列；邊花雌性，為不明顯的舌狀；心花管狀。瘦果紡錘形，長橢圓形；冠毛極多。

小舌菊(蔓綿菜)

屬名	小舌菊屬
學名	*Microglossa pyrifolia* (Lam.) Kuntze

攀緣性的亞灌木，分枝上有縱溝。葉互生，卵狀披針形，長 5～10 公分，寬 1.5～4 公分，先端銳尖，上表面無毛，下表面被短毛及腺體，有葉柄。冠毛乾燥後略呈紅色。

產於非洲及熱帶亞洲；在台灣分布於海拔 200～1,500 公尺山區。

花序

葉互生，卵狀披針形，先端銳尖。

冠毛極多

蔓澤蘭屬 MIKANIA

藤 本或灌木，偶為多年生草本。葉對生或輪生。總苞片 4 枚；筒狀頭花具 4 朵小花，花冠漏斗狀，白或粉紅色；花柱伸出花冠筒，花柱分枝長。瘦果具四至十稜，冠毛多數。

蔓澤蘭	屬名	蔓澤蘭屬
	學名	*Mikania cordata* (Burm. f.) B. L. Rob.

草本，莖纏繞，無毛。葉對生，卵形或三角狀卵形，長 3 ～ 10 公分，寬 1.5 ～ 5 公分，先端銳尖至漸尖，具長柄。頭花多數，側生，聚繖狀排列，每頭花具 4 朵小花，花冠筒上有小腺點。瘦果被腺體，冠毛紅褐色或白色。

　　產於熱帶亞洲，在台灣分布於低海拔之森林邊緣。

每頭花 4 朵小花；頭花長度 6 ～ 9 公釐。　　葉對生，卵形或三角狀卵形。

小花蔓澤蘭	屬名	蔓澤蘭屬
	學名	*Mikania micrantha* Kunth

多年生草質或稍木質藤本，莖細長，匍匐或攀緣，多分枝，被短柔毛或近無毛。葉對生，心狀卵形，長 4 ～ 13 公分，寬 2 ～ 9 公分，邊緣具數個粗齒或淺波狀圓鋸齒，基出 3 ～ 7 脈，兩面被疏短柔毛，葉柄長 2 ～ 8 公分。

　　與蔓澤蘭（*M. cordata*，見本頁）相似，主要差別在花的特徵，本種花序較繁多而密，顏色為白色（ vs. 花序較為鬆散，顏色為乳白色或淡黃色）；頭狀花長 4.5 ～ 6 公釐（ vs. 6 ～ 9 公釐），總苞長 2 ～ 4.5 公釐（vs. 5 ～ 6 公釐）；瘦果長 2 公釐（vs. 2 ～ 3 公釐）；冠毛長 2 ～ 4 公釐（ vs. 4 公釐）。此外，在非花期有項特徵可供辨識：本種在較幼嫩之節上會有一對半透明撕裂的突起，而蔓澤蘭則是不規則的耳狀突起，較厚、有皺摺，表面被柔毛。

　　原產南美洲，歸化於台灣全島。

小花長 4.5 ～ 6 公釐

為具侵略性之外來植物

葉近三角形

矮菊屬 MYRIACTIS

一年生或多年生草本。葉互生。輻射狀頭花單一，或少數而呈鬆散的繖房狀排列，頭花具長花序梗；總苞半球形；舌狀花花冠短，雌性，3～5層，白或略呈紅色；心花黃色，兩性或僅雄蕊可稔，筒狀，四至五裂。瘦果稍扁平，長卵形；無冠毛。

矮菊

屬名	矮菊屬
學名	*Myriactis humilis* Merr.

形態變化極大。莖高 5～70 公分，被疏毛，不分枝或有斜升的分枝。基生葉長橢圓形、匙形或圓形，長 6～10 公分，寬 5.5 公分，全緣、鋸齒緣或琴狀羽裂，裂片不對稱，兩面被毛；莖生葉較少，半抱莖；葉柄有翅。頭花頂生，直徑約 7 公釐，花序梗長 6～12 公分；舌狀花花冠短，雌性，3～5層，白或略呈紅色；心花綠色。瘦果先端漸縮，環生腺體。

　　產於菲律賓、婆羅洲及新幾內亞；在台灣分布於海拔 1,500～3,600 公尺之森林中。

舌狀花花冠短，雌性，3～5層，白或略呈紅色；心花綠色。

頭花具長總梗

羽葉千里光屬 NEMOSENECIO

多年生草本。葉羽狀深裂。輻射狀頭花繖房狀排列；不具副萼狀總苞片；舌狀花花冠黃色，5～13 朵；心花多數，黃色，花冠五裂。瘦果長橢圓形，有稜；冠毛為多數的纖細剛毛。

台灣劉寄奴 特有種

屬名	羽葉千里光屬
學名	*Nemosenecio formosanus* (Kitam.) B. Nord.

二年生草本，高 40～100 公分，被毛，具走莖。葉二回羽裂，裂片 4 至 6 對，線形至長橢圓形，先端漸尖，葉緣齒裂或鋸齒。頭花直徑約 1 公分，小花約 13 朵；總苞片單層。

　　特有種，分布於台灣中部海拔 2,300～2,800 公尺山區，稀有。

輻射狀頭花繖房狀排列

葉羽狀深裂

紫菊屬 NOTOSERIS

多年生草本。葉全緣或成琴狀羽裂。舌狀頭花圓錐狀排列；總苞狹鐘狀；總苞片紫色，3（～5）層，外層總苞片副萼狀；頭花具 3～5 朵舌狀花，花冠紫色，花冠筒喉部有白柔毛。瘦果紫或褐色，長披針形；冠毛白色或略呈褐色。

台灣福王草 (台灣紫菊) 特有種

屬名	紫菊屬
學名	*Notoseris formosana* (Kitam.) C. Shih

莖無毛。葉對生，革質，披針形至橢圓形或狹倒披針形，稀長橢圓形，長 4.5～12 公分，株高 65～150 公分。莖上部之葉披針形，下部之葉三角形或戟形，琴狀羽裂，葉柄長。總苞紫色，長 1.2 公分；頭花具 5 朵舌狀花，花冠紫色。瘦果褐色，長披針形，稍扁平，具 12 條縱稜；冠毛白色，略帶褐色。與山苦蕒（*Paraprenanthes sororia*，見本頁）十分相似，區別點見山苦蕒之描述。

特有種，分布於台灣海拔 1,500～2,500 公尺山區。

頭花具 5 朵舌狀花，花冠紫色。

下部葉三角形或戟形，琴狀分裂，柄長。

假福王草屬 PARAPRENANTHES

至二年生或多年生草本。葉全緣或分裂。舌狀頭花小，於莖頂成圓錐狀或繖房狀排列；總苞圓柱狀，苞片 3～4 層；頭花具 5～15 朵舌狀花，花冠粉紅或紫色。瘦果黑色，紡錘形，每面具 4～6 條縱稜；冠毛白色。

山苦蕒 (假福王草)

屬名	假福王草屬
學名	*Paraprenanthes sororia* (Miq.) C. Shih

多年生草本，高 60～180 公分，無毛。葉大形，羽裂或琴狀羽裂，頂羽片通常最大，三角形，葉緣突銳齒，具長葉柄。總苞長 8～10 公釐；花冠紫色。

本種與台灣福王草（*Notoseris formosana*，見本頁）十分相似，差別在於本種頭花之舌狀花 6～9 朵（vs. 5 朵），總苞較短（8～10 vs. 12 公釐），瘦果黑色（vs. 紅褐色），且本種瘦果先端縮成近似短喙，台灣福王草先端截形，不成喙狀。

產於韓國、日本、越南及中國；在台灣分布於低至中海拔之山區道路、林道、小徑旁、森林邊緣等半開闊環境。

總苞長 8～10 公釐

頭花舌狀花 7～9 朵

瘦果黑色，先端縮成近似短喙。

葉大形，羽裂或琴狀羽裂，頂羽片通常最大，三角形，葉緣突銳齒。

蟹甲草屬 PARASENECIO

多 年生草本。葉互生，具長柄。頭花筒狀，總狀或圓錐狀排列；花冠呈筒狀，五裂，白色或黃色。瘦果紡錘形，兩端尖；冠毛多數，為纖細的剛毛。

黃山蟹甲草

屬名　蟹甲草屬
學名　*Parasenecio hwangshanica* (Ling) C.I Peng & S. W. Chung

莖高約 40 公分。葉約 4 枚，心形至腎形，先端鈍，基部耳形，銳齒緣，上表面綠色，下表面白綠色，密被蛛絲狀毛。頭花多數，總狀或圓錐狀排列，花序梗長 1～4 公釐，總苞片 5 枚，頭花具 5～7 朵小花。瘦果長約 5 公釐，無毛；冠毛長約 7 公釐。

　　產於中國東部；在台灣分布於雪山山脈海拔 2,400～3,600 公尺山區，稀有。

總苞片 5；頭花具 5～7 朵小花。

葉心形至腎形（楊智凱攝）

玉山蟹甲草

屬名　蟹甲草屬
學名　*Parasenecio monantha* (Diels) C.I Peng & S. W. Chung

莖高 30～60 公分，密被捲毛。形態與黃山蟹甲草（*P. hwangshanica*，見本頁）十分相似，總苞片 2 或 3 枚，頭花具 1 或 2 朵小花。

　　產於中國南部及台灣；在台灣分布於海拔 2,400～3,400 公尺之高山，稀有。

分布於台灣海拔 2,400～3,400 公尺高山，稀有。

總苞片 2 或 3，頭花具 1 或 2 朵小花。

能高蟹甲草 特有種

屬名 蟹甲草屬

學名 *Parasenecio nokoensis* (Masam. & Suzuki) C.I Peng & S. W. Chung

莖高 60～130 公分。莖生葉戟形，長 4～13 公分，寬 4.5～10 公分，先端及兩側漸尖，銳齒緣，具長柄。頭花圓錐狀排列，花序梗長 4～10 公釐，具 7 或 8 枚苞片，頭花具 10～13 朵小花。

特有種，分布於台灣海拔 2,500～3,000 公尺山區，稀有。

花枝

具 7 或 8 片苞。頭花具 10～13 朵小花。

莖生葉戟形

分布於海拔 2,500～3,000 公尺山區，稀有。

銀膠菊屬 PARTHENIUM

一年生或多年生草本或灌木。葉互生，全緣或羽裂。輻射狀頭花管狀，圓錐狀或繖房狀排列；總苞兩層；總花托具托片；舌狀花 5 朵，雌性，可稔，花冠小，二或三裂，白色；心花多數，兩性，不稔，花冠白色。每朵雌性舌狀花的瘦果會與 1 枚總苞片，2 朵相鄰不稔的心花及 2 ～ 4 枚托片癒合，形成瘦果複合體（achene complex）；無冠毛或為 2 或 3 根芒刺狀冠毛。

銀膠菊

屬名	銀膠菊屬
學名	*Parthenium hysterophorus* L.

一年生草本，高 30 ～ 150 公分，偶可高達 200 公分，上部多分枝，具主根。葉互生，形態及尺寸變化大，一回羽狀全裂至二回羽裂。頭花直徑 3 ～ 5 公釐；頭花具舌狀花 5 朵，雌性，可稔，花冠小。瘦果成熟時黑色。

產於美國南部、墨西哥、宏都拉斯、印度西部及南美；歸化於台灣，常見於西部濱海及低海拔之荒廢地。

頭花舌狀花 5，雌性可稔，花冠小。

果無冠毛

葉互生，形態及大小變化大，一回羽狀全裂至二回羽裂。

香檬菊屬 PECTIS

一年生或多年生草本，常具強烈的香味；莖細長，圓柱狀，無毛、微糙硬毛、被微柔毛或具反曲彎毛。單葉，對生，全緣或齒狀淺裂，具腺及油點，無柄。頭花排成聚繖花序或單生；花序梗有或無小苞片；總苞片1層，近等長，背面具各種腺點與腺體，先端稍微或銳尖；舌狀花可結實，花冠黃至紅色，先端三淺裂；心花3至40朵，可稔，兩性，花冠黃色，有時乾燥呈紫色，無毛或鈍毛，五裂，裂片相等或不等，有時呈二唇形，披針形至寬線形。瘦果黑色。

伏生香檬菊

屬名	香檬菊屬
學名	*Pectis prostrata* Cav.

一年生草本。葉線形或狹倒披針形，長1～3公分，寬1.5～7公釐，上表面無毛，下表面密毛及圓形油腺。頭花單生或2～3朵聚生；總苞鐘狀、圓筒狀、橢圓形或倒卵形；總苞片5或6枚，排成一輪，長橢圓形至倒卵形，革質，長5～7公釐，寬1～3公釐，先端截形微凹，無毛，1脊；舌狀花5朵，雌花，花冠淡黃色，長3.5～4公釐，先端微凹；心花10～18朵，兩性，花冠淡黃色，長3公釐，四裂。瘦果倒披針形，黑色，表面具瘤狀物，上部被短柔毛。

原產熱帶美洲，歸化於台灣南部。

頭花甚小，黃色。（郭明裕攝）

近年歸化高雄（郭明裕攝）

高野帚屬 PERTYA

多年生草本、藤本或灌木。葉互生或簇生於短枝，常為三出脈。筒狀頭花單一或少數簇生於側枝，頭花僅具少數小花，花冠五深裂。冠毛為多數易斷的剛毛。

半高野帚 特有種

屬名	高野帚屬
學名	*Pertya simozawae* Masam.

莖木質化，細，多分枝。葉互生，三角卵形，先端銳尖，基部圓或近於截形，邊緣疏銳齒緣，三出脈，近無毛，近乎無柄。頭花之小花管狀，花冠白色；總苞片覆瓦狀，5或6層，苞片先端銳尖。瘦果密被毛，冠毛長約1.2公釐。

特有種，分布於台灣海拔300～1,400公尺山區，稀有。

頭花小花管狀，花冠白色。（許天銓攝）

葉常為三出葉脈（許天銓攝）

款冬屬 PETASITES

雌 雄異株的多年生草本，根莖粗大。葉基生，心形、圓形或掌狀裂，葉脈掌狀，具長柄。頭花圓錐狀、繖房狀或總狀排列；雄性植株頭花之心花為雄性，具有或不具有雌性的邊花；雌性植株之頭花由管狀、不規則二唇裂或舌狀的雌性小花組成，常有少數不稔的心花。瘦果橢圓形；冠毛多數，纖細。

台灣款冬（山菊） 特有種

屬名	款冬屬
學名	*Petasites formosanus* Kitam.

基生葉圓腎形，長 5～13 公分，寬 8～15 公分，葉緣小牙齒狀，葉柄長 7～26 公分，基部膨大抱莖；花莖上的葉長橢圓形，長 3～8 公分。雄性植株高（10～）20～40（～60）公分；頭花排列為寬繖房狀；總苞鐘狀，苞片先端帶點紫色；小花鐘狀，心花兩性可稔，邊花雌性不稔。雌性植株較高，高 40～70 公分；頭花全為毛細管狀的雌性花，總苞片先端反捲。冠毛白色，長約 1.1 公分。

特有種，廣泛分布於台灣海拔 1,000～3,000 公尺山區潮溼處。

頭花排列為寬繖房狀

基葉圓腎形

蜂斗菜

屬名	款冬屬
學名	*Petasites japonicus* (Sieb. & Zucc.) Maxim.

多年生草本，有根狀莖。花莖高 7～25 公分，雌雄異株，雌株花莖在花後增長，高可達 70 公分；雌頭狀花序密集於花莖頂端成總狀聚繖花序；雌花花冠細絲狀，白色；總苞片兩層，近等長，長橢圓形，頂端鈍。雄株花冠筒狀，五齒裂，裂齒披針形，急尖，黃白色，不育。

產於中國、韓國、日本及俄羅斯遠東地區；在台灣曾被紀錄於陽明山、坪林山區、奮起湖山區及大雪山山區。

頭花黃綠色

花莖，高 7～25 公分。

頭花下有許多大型的苞葉

毛蓮菜屬 PICRIS

直立多分枝的草本，全株被剛毛，葉具基生葉和莖生葉。舌狀頭花頂生於分枝頂端成繖房狀或圓錐狀排列；總苞卵圓形至鐘形，總苞片約 3 層；花冠黃色；花柱分枝長，具短毛。瘦果圓柱形或紡錘形，冠毛羽毛狀。

玉山毛蓮菜 特有種

屬名　毛蓮菜屬
學名　*Picris hieracioides* L. subsp. *morrisonensis* (Hayata) Kitam.

多年生草本，高 20 ～ 65（～ 100）公分，全株密被丁字形剛毛。葉莖生及基生，基生葉線狀披針形，長 6 ～ 16 公分。頭花繖房狀排列，花序梗長 3 ～ 7 公分，總苞長 9 ～ 12 公釐。瘦果紅褐色，長 4 ～ 5 公釐，喙長約 0.5 公釐；冠毛淺棕色或白色。

　　特有亞種；分布於台灣中、高海拔之林道、路旁、林緣、草原等開闊地。

花冠黃色

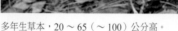
多年生草本，20 ～ 65（～ 100）公分高。

瘦果紅褐色

莖上的毛呈 T 字形

高山毛蓮菜 特有種

屬名　毛蓮菜屬
學名　*Picris hieracioides* L. subsp. *ohwiana* (Kitam.) Kitam.

矮小的多年生草本，基部多分枝，高度多在 20 公分以下，全株被丁字形剛毛。葉多基生呈蓮座狀，長橢圓狀披針形至倒披針形。頭花多數，頂生，成繖房狀排列，總苞長 1.5 ～ 1.7 公分。頭花明顯較玉山毛蓮菜（subsp. *morrisonensis*，見本頁）大。

　　特有亞種，分布於台灣高海拔森林界限以上地區。

頭花明顯較玉山毛蓮菜大

分布於高海拔森林界限以上，如南湖大山。

矮小的多年生草本，基部多分枝，植株多在 20 公分以下。

闊苞菊屬 PLUCHEA

灌木或草本，多少有香氣。葉互生。盤狀頭花多數於莖頂成繖房狀或圓錐狀排列；總苞片覆瓦狀排列；頭花邊花多數，雌性，可稔，花冠毛細管狀；心花數目較少，雖為兩性花，但僅雄蕊可稔。瘦果四或五角柱形，有縱溝，具少數剛毛狀冠毛。

美洲闊苞菊

屬名　闊苞菊屬
學名　*Pluchea carolinensis* (Jacq.) G. Don

灌木，高 1 ～ 2.5 公尺，分枝密被絨毛。葉長卵形至長橢圓形，長 6 ～ 15 公分，寬 2 ～ 6 公分，近於全緣，兩面被細絨毛及腺體，上表面綠色，下表面灰色，葉柄長 1 ～ 2.5 公分。心花 20 ～ 25 朵，花托上無毛。邊花多數，花絲狀。

　　原產於西半球溫帶地區及西非，歸化於台灣中南部低海拔山區。

心花約 20 ～ 25

灌木，葉長卵形至長橢圓形，近於全緣。

鯽魚膽（闊苞菊）

屬名　闊苞菊屬
學名　*Pluchea indica* (L.) Less.

灌木，高可達 2 公尺，莖有縱溝，多分枝，分枝初生時密被細短的捲毛，之後變光滑。葉硬質，倒卵形，長 2.3 ～ 8 公分，寬 1 ～ 4 公分，葉緣牙齒狀。花冠粉紅色，心花 2 ～ 7 朵，花托上密被粗毛。

　　產於印度、泰國、中南半島、中國南部、日本、菲律賓、馬來西亞、澳洲北部及夏威夷；在台灣分布於海濱、紅樹林、內陸漁塭或鹽澤等地。

花淡粉紅色

分枝無毛或被疏毛；葉緣牙齒狀。

分布於台灣海濱、紅樹林、內陸漁塭或鹽澤等地。

光梗闊苞菊

屬名　闊苞菊屬
學名　*Pluchea pteropoda* Hemsl.

草本或亞灌木，莖多分枝，分枝無毛或被疏毛，有縱溝。葉略呈肉質，倒卵形或倒披針形，長 3 ～ 5 公分，寬 0.7 ～ 1.7 公分，先端鈍或圓，基部漸縮，不規則的疏齒緣，側脈不明顯，兩面均無毛，無柄。總苞球形至闊鐘形，不被毛。

　　產於中國南部及中南半島；在台灣分布於西南部海濱，常見於紅樹林或濱海墓地。

莖及葉背無毛；側脈不明顯。

葉無柄，不規則的疏齒緣。

總苞球形至闊鐘形，不被毛。

翼莖闊苞菊

屬名　闊苞菊屬
學名　*Pluchea sagittalis* (Lam.) Cabera

多年生直立草本，高 1 ～ 1.5 公尺，多分枝，密被絨毛，莖基部木質化，基部直徑 1.5 ～ 2 公分，全株具香氣。葉基向下延伸至莖及分枝上形成明顯的翼狀構造；莖中部之葉披針形至廣披針形，長 6 ～ 12 公分，寬 2.5 ～ 4 公分，兩面被細絨毛及粘腺體。

　　原產於南美；近年來歸化於台灣西北部低海拔之開闊地或溼地，族群正迅速擴張中。

心花白色，頭花淡粉紅白色。

葉基向下延伸至莖及分枝上形成明顯的翼狀構造

貓腥草屬 PRAXELIS

　　一年生或多年生草本或亞灌木。葉對生或輪生，偶具腺點。頭狀花序單一或排成繖房狀或圓錐狀；總苞苞片多層，覆瓦狀，背面具 3 ～ 6 肋；花托圓錐形；小花白色、藍色或紫色，漏斗形，上方圓筒形，具腺點；雄蕊花藥附屬體具疏鈍齒；花柱分枝線形，具長乳頭狀細毛。瘦果具三至四稜，被細毛；冠毛刺毛狀，被糙毛。

貓腥草

屬名	貓腥草屬
學名	*Praxelis clematidea* (Griseb.) R. M. King & H. Rob.

老莖木質化，直立，多分枝，分枝圓柱形，斜上生長，莖多毛茸。單葉，對生或輪生，葉片散生，有腥臭，卵圓形至長菱形，先端突尖或微尖，基部圓形至楔形，粗鋸齒緣，每邊有 5 ～ 8 齒左右，兩面密生絨毛及腺點，上表面灰綠或翠綠色，三出脈。頭狀花序總苞多層，表面光滑。每個瘦果具 10 餘枚線形冠毛。

　　原產南美，歸化於台灣全島。

頭狀花序總苞多層，表面光滑至疏毛。

果序

總苞球形至闊鐘形，不被毛。

鋸葉貓腥草

屬名	貓腥草屬
學名	*Praxelis pauciflora* (Kunth) R. M. King & H. Rob.

植物粗壯，高可達 1 公尺，莖密被長硬毛。葉對生，橢圓形至三角形，長 2 ～ 4.5 公分，寬 1 ～ 3 公分，葉緣具牙齒或深裂，兩面有絨毛及腺毛，葉柄長 0.5 ～ 1.8 公分。頭花有 35 ～ 40 朵小花，小花長 3.2 ～ 3.8 公釐。果實長約 2 公釐，冠毛長 3.5 ～ 4.5 公釐。

　　原產南美，歸化於台灣全島及金門。

莖密被長硬毛

與貓腥草相比其花梗較短些

全株密生毛

果約 2 公釐長；冠毛 3.5-4.5 公釐長。

假地膽草屬 PSEUDELEPHANTOPUS

多年生草本，質地硬，密被毛。葉基生及互生，葉脈羽狀。數朵無花序梗的筒狀頭花簇生，穗狀排列於花莖上。瘦果十稜，先端截狀；冠毛為數枚不等長的剛毛。

假地膽草

屬名	假地膽草屬
學名	*Pseudelephantopus spicatus* (Juss.) C. F. Baker

莖通常多分枝，高可達 1 公尺，被細毛。花果期基生葉常凋落；莖下部之葉倒卵形至倒披針形，長 8 ～ 14 公分，常成蓮座狀，鈍齒緣或全緣；莖中上部之葉較小，線形。頭花長約 1.4 公分，單一或常 2 ～ 5 朵簇生，穗狀排列於花莖；總苞下常有線形的苞片狀葉；舌狀花白色，管狀花白色，光滑，五裂。瘦果十稜，密被毛；冠毛剛毛 6 ～ 9 條，不等長，其中 2 條較長且先端彎曲。

　　產於南美，引進歸化於亞洲；在台灣分布於南部低海拔之開闊處。

花冠白色

總苞及花冠側面

冠毛剛毛 6 ～ 9 條，不等長，其中 2 條較長且先端彎曲。

花果期基生葉常凋落

假蓬舅屬 PSEUDOCONYZA

具香氣之一年生草本。葉互生，鋸齒緣。頭花排成疏繖房狀；花紫紅色，花托無苞片；最外層為雌花，絲狀，3 齒；內層花兩性，五裂；花葯基部具長尾狀；花柱二岔。瘦果圓柱形，具毛，冠毛離生。

毛假蓬舅

屬名	假蓬舅屬
學名	*Pseudoconyza viscosa* (Mill.) D'Arcy

植株高可達 1 公尺，基部有時分枝，上半部常分枝，全株密生絨毛及腺毛。葉互生，長卵形至倒卵形，長 1 ～ 8 公分，先端圓至銳尖，鋸齒緣至重鋸齒。頭花長 8 ～ 9 公釐，寬 4 ～ 6 公釐；總苞 4 層，表面具絨毛及腺毛；花冠絲狀，白色至灰紫色，長 3.5 ～ 4.5 公釐。冠毛白色，長 4.5 ～ 5 公釐。

　　廣泛分布於熱帶及亞熱帶，在台灣歸化於南部地區。

總苞 4 層，表面具絨毛和腺毛。（許天銓攝）

植株可達 1 公尺高，基部有時分枝，上半部常分枝。（許天銓攝）

翅果菊屬 PTEROCYPSELA

一、二年生至多年生草本。葉全緣至分裂。舌狀頭花繖房、圓錐狀或總狀排列；總苞卵球形，總苞片 4 ～ 5 層，覆瓦狀排列；舌狀花花冠多為黃色。瘦果黑色，扁平，橢圓形至卵形，兩側擴張成翅狀，具明顯的短喙。

台灣山苦蕒

屬名	翅果菊屬
學名	*Pterocypsela formosana* (Maxim.) C. Shih

二年生的直立草本，高可達 1 公尺以上，莖常呈紫色，全株被短硬毛。葉倒卵形至橢圓形，先端尾狀，基部箭形或戟形，抱莖，葉緣不規則牙齒狀，下表面中肋被毛。頭花繖房狀或總狀排列，花冠淺黃色至紫色。瘦果黑色，中央有一稜，喙長 2 ～ 3 公釐。

　　產於中國；在台灣分布於中、低海拔之開闊地。

瘦果喙長 2 ～ 3 公釐

花冠淺黃色至淡紫色

二年生的直立草本，高可達 1 公尺以上。

葉尖尾狀，葉基箭形或戟形，抱莖。

鵝仔草

屬名	翅果菊屬
學名	*Pterocypsela indica* (L.) C. Shih

高大，直立的一或二年生草本，高可達 2 公尺，全株光滑無毛或近乎無毛。葉形變化極大，線形、長橢圓形至披針形，全緣至深羽裂。頭花圓錐狀排列，花冠淺黃色或白色。瘦果之喙長 1 ～ 1.5 公釐。

　　產於馬來西亞、印度、西伯利亞東部、菲律賓、日本及中國南部；在台灣分布於低至中海拔之向陽開闊地。

花冠淺黃白色者

花冠淺黃色者

葉全緣者

葉深羽裂者

恆春山苦蕒 特有種

屬名　翅果菊屬

學名　*Pterocypsela* × *mansuensis* (Hayata) C.I Peng

形態介於台灣山苦蕒（*P. formosana*，見第333頁）及鵝仔草（P. indica，見第333頁）之間，葉羽裂，具長尾，下表面中肋被毛，基部半抱莖；瘦果之喙短，長約1公釐。
特有種，曾於宜蘭、恆春半島及花蓮太魯閣有發現之紀錄。

花黃色

總苞光滑

瘦果喙短，約1公釐。

葉羽裂，具長尾。

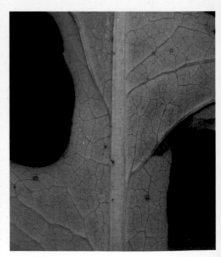

葉背中肋有疏毛

秋分草屬 RHYNCHOSPERMUM

多 年生草本，多分枝，分枝開展。葉互生。頭花輻射狀，腋生；總苞鐘狀；舌狀花雌性，2 或 3 層，白色；心花兩性，可稔。瘦果倒卵形，扁平；舌狀花瘦果具喙；冠毛闕如或具少數易脫落的剛毛。

秋分草

屬名	秋分草屬
學名	*Rhynchospermum verticillatum* Reinw.

植株高 25 ～ 100 公分，上部多分枝。葉橢圓形，長 5 ～ 15 公分，寬 2.5 ～ 4 公分，兩端漸尖，銳齒緣；莖下部之葉於開花時枯萎。頭花腋生，總狀排列；總苞片緣毛狀邊緣；舌狀花白色，瘦果扁平，先端具喙；心花黃色，瘦果無喙。冠毛細絲狀，易脫落。

　　產於南亞、馬來西亞、爪哇、中國、琉球、日本及韓國；在台灣分布於中海拔潮濕處。

心花可見聚藥雄蕊

冠毛脫落；果表面具腺點。

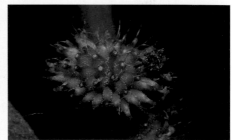

冠毛細絲狀，易脫落。

舌狀花雌性，2 或 3 層，白色。

葉橢圓形，兩端漸尖，葉銳齒緣；上部多分枝。

青木香屬 SAUSSUREA

無 刺的多年生草本。植株大小變化極大；葉全緣或羽裂。筒狀頭花單一或多數圓錐狀或繖房狀排列；小花花冠紅、紫、粉紅或白色。瘦果倒卵形或長橢圓形，角柱形或多稜，無毛。冠毛多為兩層：外層短，易斷，離生，易脫落；內層較長，基部合生成環狀，剛毛羽毛狀。

台灣青木香

屬名	青木香屬
學名	*Saussurea deltoidea* (DC.) C. B. Clarke

粗壯的草本，高 60 公分以上，可達 200 公分。莖下部之葉包括葉柄長 10 ～ 30 公分，琴狀羽裂，頂羽片較大，三角卵形，側裂片闕如或 1 或 2 對，下表面被白色綿毛；葉向上漸小，卵狀披針形或長橢圓形。頭花半球形，直徑 4 ～ 6 公分，初開放時下垂，瘦果成熟時直立；總苞片 6 層，苞片反捲，先端不規則裂。瘦果黑色，四稜；冠毛 1 層，白色，長 1.4 ～ 2 公分。

　　產於喜馬拉雅山區，由印度加爾瓦地區至不丹及中國；在台灣分布於海拔 700 ～ 2,600 公尺之山區道路或林道旁。

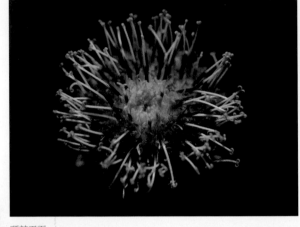

頭花正面

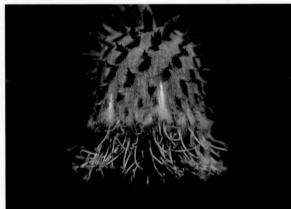

總苞片 6 層，苞片反捲。

瘦果黑色，四稜形。

粗壯的草本，莖高 60 公分以上，可達 2 公尺。

高山青木香（腺毛青木香）特有種

屬名　青木香屬
學名　*aussurea glandulosa* Kitam.

植株高度及葉形變化大。高 10 ～ 75 公分。葉紙質，長披針形，長（3 ～）6 ～ 15（～ 20）公分，寬（1 ～）2 ～ 4（～ 4.5）公分，先端銳尖，基部楔形，疏銳齒緣或琴狀羽裂，下表面被腺體及疏毛，不被白色綿毛，葉柄有翼。頭花 2 ～ 9 朵，繖房狀排列，總苞片 3 ～ 5 層，總苞片外具白色綿毛，小花花冠淡紫紅色。本種矮小的植株與關山青木香（*S. kanzanensis*，見第 338 頁）十分相似。

　　特有種，分布於台灣海拔 2,000 ～ 3,400 公尺山區，如雪山、南湖大山及合歡山等。

小花花冠淡紫紅色

葉疏銳齒緣或琴狀裂片，葉柄有翼。

鳳毛菊

屬名　青木香屬
學名　*Saussurea japonica* (Thunb.) DC.

粗壯的草本，高 50 ～ 150 公分，莖有縱溝。莖下部之葉長卵形至長橢圓形，長 10 ～ 25 公分，羽狀深裂，稀為全緣或齒裂，裂片 5 ～ 8 對。頭花多數，繖房狀排列；總苞筒狀，長 8.5 ～ 12.5 公分，寬 5 ～ 8 公釐，苞片 6 層，被蛛絲狀毛；花冠淡紫紅色。

　　產於日本及中國；在台灣分布於海拔 1,000 ～ 2,300 公尺之森林邊緣或草坡及馬祖山坡，少見。

頭花淡白紫紅色

粗壯的草本，莖高 50 ～ 150 公分。

關山青木香 特有種

屬名　青木香屬
學名　*Saussurea kanzanensis* Kitam.

小草本，高 6～14 公分，莖被毛。基生葉於開花時枯萎；莖生葉長橢圓形，長 2～4.5 公分，寬 1～2 公分，先端銳尖，基部截形或楔形，羽裂，裂片三角形，下表面不被腺體。頭花多單一，偶 2 或 3 朵頭花簇生；內層總苞片先端深紫色，銳尖；頭花具 5 朵小花。冠毛白色。

　　特有種，稀有，僅見於模式標本產地：關山海拔 3,500 公尺附近之稜線。

頭花多單一，偶 2 或 3 朵頭花簇生。

葉羽裂

奇萊青木香 特有種

屬名　青木香屬
學名　*Saussurea kiraisanensis* Masam.

小草本，高 5～15 公分。葉革質，長橢圓形或寬卵形，長 2～5 公分，先端漸尖、銳尖或鈍，葉緣具不規則牙齒狀。與關山青木香（*S. kanzanensis*，見本頁）相似，但葉下表面密被白色綿毛，葉緣小牙齒狀；頭花 1～4 朵簇生，總苞片 4～5 層。

　　特有種，分布於台灣海拔 3,500 公尺之高山，如南湖大山、中央尖山及能高山，稀有。

葉下表面密被白色綿毛，葉緣小牙齒狀，具短芒尖。

分布於南湖大山、能高山及中央尖山岩屑地。

頭花總苞片 4～5 層

黃菀屬（千里光屬）SENECIO

—— 年生或多年生草本、亞灌木、灌木或為小喬木。葉通常互生，形態變化極大。輻射狀或筒狀頭花，具副萼狀苞片，小花通常黃色。瘦果橢圓形或卵形，具稜；冠毛為多數細剛毛。

小蔓黃菀 特有種

屬名	黃菀屬（千里光屬）
學名	*Senecio crataegifolius* Hayata

莖較細，堅硬，直立或略斜升，高 10 ～ 100 公分。葉厚革質，三角形或狹三角形，長 1 ～ 4 公分，寬 1 ～ 2 公分。頭花單一或常 3 ～ 10（～ 15）朵於莖頂成鬆散的繖房狀排列。

　　特有種，分布於台灣海拔 800 ～ 3,000 公尺之石生環境。

葉小，三角形，長 1 ～ 4 公分。

莖較細，堅硬，直立或略斜升。

關山千里光 特有種

屬名	黃菀屬（千里光屬）
學名	*Senecio kuanshanensis* C. I Peng & S. W. Chung

多年生直立草本，具走莖；莖基部不分枝，無毛。莖中部以下之葉二至三回羽狀近全裂，頂羽片狹披針形至線形。頭花多數，生於枝頂，繖房狀排列，花序梗長 3 ～ 7 公分；舌狀花 5 ～ 8 朵。

　　與玉山黃菀（*S. morrisonensis*，見第 340 頁）相近，但本種莖生葉二至三回羽狀深裂，並裂至中肋及側脈處（vs. 鋸齒緣，或羽狀分裂）；花序梗長可達 3 ～ 7 公分（vs. 0.5 ～ 2（～ 3）公分）；總苞較長，8 ～ 10 公釐（vs. 僅 4.5 ～ 6 公釐）；管狀花之管部較長，達 4 ～ 5 公釐（vs. 僅 3 ～ 3.5 公釐）；舌狀花花瓣長 9 ～ 14 公釐（vs. 僅 5.5 ～ 7.2 公釐）。

　　特有種，產於高雄關山海拔 300 ～ 3,300 公尺山區。

莖生葉二回至三回羽狀深裂，並裂至中肋及側脈處。

舌狀花花瓣長 9 ～ 14 公釐

玉山黃菀 特有種

屬名	黃菀屬（千里光屬）
學名	*Senecio morrisonensis* Hayata

植株高 30 ～ 60 公分。葉一回羽狀分裂至二回羽狀深裂，或不規則裂葉。頭花直徑 1.5 ～ 2.5 公分。本種葉形態變化極大，和黃菀（*S. nemorensis* var. *dentatus*，見本頁）常有無法區分之中間個體，其關係需進一步的研究。

　　特有種，分布於台灣海拔 1,600 ～ 3,800 公尺山區。

頭花直徑 1.5 ～ 2.5 公分

葉一回羽狀分裂

葉二回羽狀分裂

黃菀 特有種

屬名	黃菀屬（千里光屬）
學名	*Senecio nemorensis* L. var. *dentatus* (Kitam.) H. Koyama

植株高 20 ～ 100 公分。葉披針形、卵形、長橢圓形至線形，長 5 ～ 11 公分，寬 2.5 ～ 4.5 公分，鋸齒緣或不規則齒緣。頭狀花呈繖房狀排列，黃色；花序梗長 5 ～ 15 公分，細長，光滑無毛；總苞長 5 ～ 8 公釐，由苞片三至五列組成，內緣苞片大，外緣苞片小；舌狀花位於頭狀花的邊緣，黃色，長 1 ～ 2 公分；管狀花位於頭狀花的中央位置，兩性花，可孕，花柱常有分岔。

　　特有變種，分布於台灣海拔 1,600 ～ 3,500 公尺山區。

頭花呈繖房狀排列（陳志豪攝）

葉披針、卵形、長橢圓形至線形。

蔓黃菀

屬名　黃菀屬（千里光屬）

學名　*Senecio scandens* Buch.-Ham. *ex* D. Don. var. *scandens*

攀緣性草本，莖細長，長 1 ～ 5 公尺，多分枝。葉長三角形或橢圓狀披針形，長 4 ～ 10 公分，寬 3 ～ 5 公分，先端漸尖，邊緣有不規則缺刻狀齒裂或微波狀或近全緣，葉柄長 1 ～ 2 公分。頭花多數，直徑 1.2 ～ 1.4 公分，開展的圓錐狀繖房排列。

　　產於南亞、泰國、中南半島、日本、菲律賓及中國；在台灣分布於海拔 400 ～ 2,000 公尺之森林邊緣。

頭花多數，直徑約 1.2 ～ 1.4 公分。

葉長二角形或橢圓狀披針形

攀緣性草本植物，莖細長多分枝。

裂葉蔓黃菀

屬名　黃菀屬（千里光屬）

學名　*Senecio scandens* Buch.-Ham. *ex* D. Don. var. *incisus* Franch.

多年生攀緣性草本，莖細長，長 1 ～ 5 公尺，蔓性，多分枝，有微毛，後脫落。葉互生，長三角形，長 4 ～ 10 公分，寬 3 ～ 5 公分，先端漸尖，基部截形，兩面疏被細毛，葉緣有不規則缺刻狀齒裂或微波狀或近全緣，葉柄長 1 ～ 2 公分。繖狀花序頂生，排成繖房狀；總苞筒形，總苞片 1 層；頭花多數，直徑 1.2 ～ 1.4 公分；花黃色，舌狀花雌性，管狀花兩性，密生軟毛。瘦果圓柱形，有縱溝，被短毛，冠毛白色。

　　產於中國南部、斯里蘭卡、印度南部及尼泊爾；在台灣分布於海拔 1,100 ～ 2,400 公尺山區。

本變種與承名變種之差別在於葉羽裂或琴狀羽裂

草本攀緣性植物，莖細長多分枝。

台東黃菀　特有種

屬名　黃菀屬（千里光屬）

學名　*Senecio taitungensis* S. S. Ying

植株高 10 ～ 35 公分。葉幾乎全部基生，蓮座狀，線形或窄橢圓形，長 3 ～ 10（～ 15）公分，寬 0.5 ～ 3 公分，葉緣深波狀至羽狀全裂；莖生葉少，線形。頭花多數生於花莖頂，繖房狀排列；頭花直徑約 1 公分；舌狀花 5 或 6 朵，花冠黃色。瘦果被疏毛，冠毛白色。

　　特有種，分布於南橫埡口海拔 2,000 ～ 3,200 公尺之公路旁或河床等開闊地。

瘦果被疏毛，冠毛白色。

舌狀花 5 或 6，花冠黃色。

花莖為多分枝的葶狀；葉緣深波狀至羽狀全裂，莖葉少，線形。

太魯閣千里光 特有種

屬名　黃菀屬（千里光屬）
學名　*Senecio tarokoensis* C.I Peng

多年生草本，具短走莖；莖有縱稜，不分枝，斜升，高 15～75 公分。葉厚紙質，葉形由下而上變化極大，長 3～8 公分，上表面深綠色，下表面深紫色或綠紫色，具長柄。頭花大型，直徑 3～3.5 公分，單一或多數繖房狀排列，花序梗長 2.5～12 公分；舌狀花 8～12 朵。

　　特有種，分布於太魯閣國家公園海拔 1,000～2,000 公尺之石灰岩山區，稀有。

舌狀花 8～12 枚

葉具長柄

分布於太魯閣國家公園海拔 1,000～2,000 公尺之石灰岩山區，稀有。

歐洲黃菀

屬名　黃菀屬（千里光屬）
學名　*Senecio vulgaris* L.

稍呈肉質的一年生草本，高 10～60 公分。葉羽裂或深波狀缺刻，不規則齒緣，葉基半抱莖。頭花黃色，繖房狀排列；總苞片披針形，先端黑色。瘦果具縱稜，被短毛。

　　產於歐洲溫帶地區及北非；在台灣歸化於海拔 2,000～2,500 公尺山區之村落、菜園或道路旁。

葉子常不規則羽裂

果實具冠毛

本種為台產本屬中惟一無舌狀花者

葉羽裂或深波狀缺刻，不規則齒緣；頭花不具舌狀花。

豨薟屬 SIGESBECKIA

一年生草本。單葉，對生，被黏腺體。頭花輻射狀，圓錐狀排列；總苞片兩層：外層總苞片較長，匙形，開展或稍反捲，具有柄腺毛；內層總苞片包被舌狀邊花的瘦果；心花黃色，瘦果向內側彎曲，無冠毛。

豨薟

屬名	豨薟屬
學名	*Sigesbeckia orientalis* L.

植株高 20 ～ 100 公分，莖直立，上部分枝，開展。莖中部之葉具長柄，卵狀橢圓形至三角狀卵形，葉基截形或楔形，不規則鈍齒緣，葉脈三出。輻射狀頭花排列於腋生花莖上成鬆散的圓錐狀；外層總苞片5 枚，長匙形；舌狀花三淺裂。瘦果黑色，呈內彎的倒金字塔形，不被毛。

產於南亞、印度至非洲、澳洲、日本及中國；在台灣分布於低至中海拔之開闊地，為常見雜草。

舌狀花有三淺裂

外層總苞片較長，匙形，開展或稍反捲，具有柄腺毛；內層　瘦果黑色
總苞片包被舌狀邊花的瘦果。

植株高 20 ～ 100 公分，莖直立，上部分枝，開展。

一枝黃花屬 SOLIDAGO

多年生草本。葉互生。輻射狀頭花多數，金字塔狀或穗狀的圓錐狀排列；總苞鐘狀，苞片 3 或 4 層；舌狀花雌性，可稔，花冠黃色，稀為白色；心花兩性，可稔。瘦果無毛或被毛；冠毛細剛毛狀，兩層。

北美一枝黃花

屬名	一枝黃花屬
學名	*Solidago altissima* L.

莖直立，高達 0.3 ～ 2.5 公尺。葉互生，紙質，披針形或橢圓形，長 6 ～ 15 公分，葉緣具鋸齒，兩面具短糙毛。圓錐花序，具有外展的分枝，分枝單側著生黃色頭狀花序；頭狀花序很小，長 3 ～ 4 公釐；總苞片條狀披針形，長 3.5 ～ 4 公釐；邊緣舌狀花很短。連萼瘦果，長 1 公釐，有冠毛。

　　原產北美；在台灣歸化，偶見於台北近郊，金門亦有族群。

花柱二分岔

植株甚高大

葉披針形；歸化金門。

一枝黃花

屬名	一枝黃花屬
學名	*olidago virgaurea* L. var. *leiocarpa* (Benth.) A. Gray

具短走莖。莖下部之葉卵形，鋸齒緣，具長而有翼的葉柄；莖上部之葉窄橢圓形。花莖直立單出，上有分枝，光滑；頭狀花序直徑 5 ～ 8 公釐，聚成總狀或圓錐狀，總苞闊鐘形；苞片三列，披針形；花黃色，舌狀花 8 ～ 11 朵，雌性，排列於頭狀花外輪；管狀花位於中央，多數，兩性，呈繖房花序。

　　產於東亞；在台灣分布於海拔 1,500 ～ 3,500 公尺之開闊處及草原，偶見零星的族群分布於北部及馬祖之濱海草坡。

舌狀花約 8 ～ 11 朵

多分布於台灣海拔 1,500 ～ 3,500 公尺之開闊處及草原

假吐金菊屬 SOLIVA

一年生低矮的草本。葉羽裂。盤狀頭花,單一生於葉軸上,無花序梗;邊花雌性,可稔,數層,花冠筒缺,花柱宿存;心花具雄花功能,花冠三或四裂。瘦果背腹側扁平,兩側有翼;無冠毛。

假吐金菊

屬名	假吐金菊屬
學名	*Soliva anthemifolia* (Juss.) R. Br. *ex* Less.

莖斜倚狀,多分枝,具走莖。葉匙形,長 5 ～ 15 公分,寬 1 ～ 3 公分,不規則的一或二回羽裂,裂片先端銳尖,基部截形,兩面被白色長柔毛。頭花直徑 5 ～ 8 公釐,單一或數個簇生於植株基部,並於此長出根;心花花冠筒三裂,具 3 雄蕊;總苞半球形。瘦果黃褐色。

　　原產南美;在台灣歸化,春季常見於荒廢地或耕地。

頭花生於葉基部

葉長 5 ～ 15 公分

翅果假吐金菊

屬名	假吐金菊屬
學名	*Soliva pterosperma* (Juss.) Less.

莖斜倚狀,多分枝,分枝斜升,被毛。葉三回羽狀複葉或全裂,長 1.5 ～ 5 公分,兩面被毛。頭花單一,腋生,直徑約 5 公釐,散生於莖節上,絕不簇生在一起;總苞半球形;心花花冠筒四裂,雄蕊 4。瘦果成熟時宿存之花柱變硬刺狀,瘦果先端不被毛,具紙質之薄翼。

　　原產南美;晚近歸化台灣,春季偶見於北部低海拔草地。

心花花冠筒四裂,雄蕊 4。

頭花散生於莖上,不簇生在一起。

果序

葉長 1 ～ 5 公分

葉羽狀裂,葉柄具毛。　　果周邊有明顯的翅翼

苦苣菜屬 SONCHUS

一、二年生至多年生草本，基部有時木質化。葉互生，常抱莖。總苞卵形或鐘形，覆瓦狀排列；舌狀頭花，花冠黃色。瘦果卵形至線形，稍扁，具 10～20 條稜，兩端漸尖；冠毛白色，多層，纖細，基部連合成環，常整環冠毛一起早落。台灣有 3 種。

苦苣菜

屬名　苦苣菜屬
學名　*Sonchus arvensis* L.

植物具深長而匍匐的根，莖光滑無毛，高可達 2 公尺。基生葉長橢圓形至倒披針形，先端鈍，葉全緣或細齒緣，兩面均無毛；莖生葉之葉基耳狀抱莖。頭花繖房狀排列，總花序梗具腺毛，總苞黑色，被腺毛；頭花開放時直徑 3～5 公分。瘦果長橢圓形，扁平，具 5 條縱稜。

　　產於溫帶及熱帶地區，在台灣分布於低至中海拔之開闊地。

頭花開放時直徑 3～5 公分

基生葉長橢圓形至倒披針形；全緣或有鋸齒。

總梗及總苞具腺毛

鬼苦苣菜

屬名　苦苣菜屬
學名　*Sonchus asper* (L.) Hill

粗壯草本，高 20～180 公分，無毛，莖除節外中空，具主根。莖生葉倒卵形、倒披針形或琴狀羽裂，裂片三角形，葉緣具芒狀銳齒，葉基耳狀抱莖，葉基鈍圓。頭花排列為鬆散的圓錐狀或繖房狀，頭花開放時直徑 1.5～2.5 公分，總苞無毛或具疏毛。瘦果倒披針形，扁平，每面具三縱稜。

　　原產歐洲，廣泛歸化於世界各地；在台灣見於中、高海拔之林道、公路旁、農場、果園等開闊地。

頭花開放時直徑 1.5～2.5 公分，總苞無毛或具疏毛。

葉基為鈍圓，邊緣銳齒的耳狀，耳狀葉基包莖。

苦滇菜(苦菜)

屬名　苦苣菜屬
學名　*Sonchus oleraceus* L.

粗壯草本，高 20 ～ 100 公分，無毛，莖中空，具主根。基部之莖生葉長橢圓形，羽狀裂或分裂，不規則銳齒緣，葉柄有翅；中部之莖生葉琴狀羽裂，葉基耳狀抱莖，葉基為銳尖、戟形的耳狀。頭花纖形狀排列，花序梗具毛，總苞無毛或具腺毛。瘦果成熟時具橫皺紋。

　　產於歐亞大陸，在台灣分布於低至中海拔之開闊地。

花冠黃色

總苞有腺毛

粗壯的草本，高 20 ～ 100 公分。

葉基為銳尖、戟形的耳狀。

戴星草屬 SPHAERANTHUS

直立草本。葉互生，齒緣，葉基下延。盤狀頭花小，多數密生成一球形、卵形或廣紡錘形，頂生的複頭狀花序；總苞鐘狀；邊花雌性，毛細管狀，基部木質化；心花具雄花功能。瘦果橢圓形，稍扁平，先端截形；無冠毛。

戴星草

屬名	戴星草屬
學名	*Sphaeranthus africanus* L.

一年生草本，莖多斜升的分枝。葉長卵形，長 3～5 公分，寬 1.5～2.2 公分，細齒緣，葉基下延並於莖上形成寬翼。複頭狀花序球狀，直徑 4～8 公釐。瘦果紡錘形，長約 1 公釐。

產於熱帶非洲、亞洲、馬來西亞至澳洲；在台灣分布於恆春半島南端，稀有。

葉基下延並於莖上形成寬翼

複頭狀花序球狀，直徑 4～8 公分。

葉長卵形，3～5 公分，寬 1.5～2.2 公分。

金腰箭屬 SYNEDRELLA

一或二年生被粗毛的草本。葉對生。盤狀頭花腋生，單一或少數二歧聚繖排列；總苞球形或橢圓形，苞片及外側托片長橢圓形。瘦果明顯兩型：舌狀花可稔，1 或 2 層，花冠二或三裂；瘦果扁平有翅，多芒刺。心花可稔，花冠筒四裂；瘦果長橢圓形，扁平，冠毛為 2 芒刺。

金腰箭

屬名	金腰箭屬
學名	*Synedrella nodiflora* (L.) Gaert.

莖高 25 ～ 60 公分。葉長橢圓形至卵形，葉脈三出，兩面被伏貼的剛毛。頭花腋生，單一或 2 ～ 7 朵簇生，舌狀花黃色。瘦果明顯兩型。產於熱帶地區；在台灣分布於低海拔，為常見雜草。

心花之果實　　　　邊花之果實

頭花黃色；邊花舌狀，心花管狀。

開花之植株

破傘菊屬 SYNEILESIS

多年生草本。葉掌狀裂，具長柄。筒狀頭花成繖房狀、圓錐狀或總狀排列，具副萼片，小花花冠白色。瘦果長橢圓形，不被毛；冠毛多數細剛毛狀。種子僅具單一的子葉。

台灣破傘菊 特有種

屬名	破傘菊屬
學名	*Syneilesis intermedia* (Hayata) Kitam.

莖高 80 ～ 110 公分。莖下部之葉約 2 枚，圓形，直徑 15 ～ 35 公分，掌狀分裂或深裂，裂片 5 ～ 9 枚，上表面無毛，下表面被毛，具長柄。頭花繖房狀排列，總苞長 9 ～ 11 公釐。冠毛長 8 ～ 9 公釐。

特有種，產於苗栗通宵之低海拔山區。

總苞長 9 ～ 11 公釐

產於苗栗通宵低海拔山區

高山破傘菊 特有種

屬名	破傘菊屬
學名	*Syneilesis subglabrata* (Yamam. & Sasaki) Kitam.

莖高 55 ～ 75 公分。葉亞革質，圓形，掌狀裂，葉柄盾狀著生。頭花圓錐狀排列，總苞長約 8.5 公釐，1 層，苞片 5 枚；小花全部管狀，6 ～ 8 枚；花葯黑紫色，基部具箭狀耳。瘦果圓柱形，無毛，具多數肋；冠毛長 7 ～ 8 公釐。

特有種，分布於台灣海拔 1,700 ～ 2,800 公尺之森林或林道邊緣。

葉亞革質，圓形，掌狀裂，葉柄盾狀著生。（陳柏豪攝）

總苞 6 ～ 8 公釐；花葯紫黑色。

孔雀草屬 TAGETES

一年生草本，莖直立，有分枝，無毛。葉通常對生，少有互生，羽狀裂，具油腺點。頭狀花序通常單生，少有排列成花序，圓柱形或杯形，總苞片1層，幾全部連合成管狀或杯狀，有半透明的油點；花托平，無毛；舌狀花1層，雌性，金黃色、橙黃色或褐色；管狀花兩性，金黃色、橙黃色或褐色；全部結實。瘦果線形或線狀長圓形，基部縮小，具稜；冠毛有具3～10個不等長的鱗片或剛毛，其中一部分連合，另一部分多少離生。

印加孔雀草

屬名　孔雀草屬
學名　*Tagetes minuta* L.

大型一年生草本，莖直立，高1～2公尺，具特殊味道。葉淺草綠色，刺鼻味，光滑，羽狀複葉，小葉9～17枚，線形至披針形，長2～4公分，細鋸齒緣，具橘色透亮腺點。頭花多數，通常成一等平面的聚繖花序；總苞圓筒狀，黃綠色，高8～14公釐，寬2～3公釐，先端具3～5齒；花冠黃色，長約2.5公釐；冠毛為1～2枚不等長的剛毛狀鱗片，長2～3公釐，具3～5枚卵形至披針形鱗片，長0.5～1公釐。瘦果圓筒狀，深褐色至黑色，長6～8公釐。

原生南美南部，引進至歐洲、亞洲、非洲、馬達加斯加、印度、澳洲、夏威夷等地；在台灣歸化於台中。

總苞圓筒狀；花冠白色，長約2.5公釐。（王秋美攝）　　葉羽狀複葉；小葉9～17枚，線形至披針形，細鋸齒緣。（王秋美攝）

蒲公英屬 TARAXACUM

多 年生草本，花莖葶狀，中空。葉基生，葉緣倒齒狀、羽狀裂或全裂，稀為全緣。舌狀頭花大而明顯，單一；總苞橢圓形或鐘形，2 層；花冠黃色，稀為白色。瘦果卵形或紡錘形，具明顯而長的喙；冠毛白色，明顯，宿存。

台灣蒲公英

屬名	蒲公英屬
學名	*Taraxacum formosanum* Kitam.

幼葉兩面被毛，成熟後變無毛；葉倒披針形至線狀披針形，長 8 ～ 20 公分，寬 1 ～ 4 公分，先端鈍，基部漸尖成為有翅的葉柄，羽狀裂，裂片三角形。頭花直徑 3.5 ～ 4.5 公分，總苞片先端具突出之附屬物，外層總苞片平貼。瘦果褐色，長橢圓形，喙長 7 ～ 9 公釐。

產於日本、琉球、韓國及中國；零星分布於台中以北之濱海地區。

冠毛集成球狀

瘦果褐色，長橢圓形，喙長 7 ～ 9 公釐。

總苞片不反捲

頭花由多數之舌狀花組成

產於台灣北部海濱

西洋蒲公英

屬名	蒲公英屬
學名	*Taraxacum officinale* Weber

葉下表面中肋被毛，葉倒披針形，長 6 ～ 40 公分，寬 0.7 ～ 5 公分，葉緣倒鋸齒羽裂或裂片，裂片程度變化極大。花莖高 5 ～ 50 公分；總苞片初平展，漸反捲，總苞片先端不具突出之附屬物。

原產歐洲，廣泛歸化於世界各地；在台灣分布於低至高海拔（0 ～ 3,000 公尺）之開闊地，台北市安全島草坪常見。

冠毛集成球狀

瘦果褐色

外層總苞片明顯反捲

西洋蒲公英一般來說「小花」數量較台灣蒲公英為多。

原產於歐洲，廣泛歸化於世界各地。

狗舌草屬 TEPHROSERIS

草本。基生葉常為蓮座狀。頭花輻射狀或偶為筒狀，單一或多數繖房狀排列；總苞下無副萼片；小花黃、橘或紫紅色。瘦果長橢圓形，多稜；冠毛為多數細剛毛。

台灣有 2 種。

狗舌草

屬名	狗舌草屬
學名	*Tephroseris kirilowii* (Turcz. *ex* DC.) Holub

葶狀花莖，上半部莖略呈紫色，密被蛛絲狀毛。基生葉長橢圓形，先端鈍，近於全緣或齒緣，近乎無柄，兩面被蛛絲狀毛；莖生葉少，披針形，葉基半抱莖。頭花 3 ～ 9 朵，繖房狀或近於繖形排列，直徑 3 ～ 4 公分。

產於中國、韓國及日本；在台灣分布於中海拔草坡，日據時代以後已逾半世紀無採集記錄。

頭花黃色（沐先運攝）

基生葉匙形至狹橢圓形（沐先運攝）

全株被毛，花莖長長抽出。（沐先運攝）

台灣狗舌草（台東黃菀） 特有種

屬名	狗舌草屬
學名	*Tephroseris taitoensis* (Hayata) Holub

莖高 30 ～ 90 公分。基生葉蓮座狀，長橢圓形，長 10 ～ 30 公分，寬 3.5 ～ 8 公分，先端鈍，近於全緣或齒緣；莖生葉少，向上漸小。頭花直徑 2.5 ～ 3 公分，多數繖房狀排列。

特有種，分布於台灣東部低海拔地區，日據時代以後已逾半世紀無採集記錄。

基生葉無毛，長 10 ～ 25 公分。（林哲緯繪）

頭花直徑 2.5 公分；一花莖的頭花數目多於 10。（林哲緯繪）

腫柄菊屬 TITHONIA

粗壯的一年生或多年生草本或灌木。莖基部之葉對生，向上轉為互生。輻射狀頭花單一或少數；花序梗先端膨大，中空；總苞 2 ～ 5 層；托片硬實，先端漸尖或芒刺狀；舌狀花花冠二或三裂，黃或橘色；心花黃色。瘦果卵形或長橢圓形；冠毛為鱗片狀、芒狀或無。

王爺葵（五爪金英）

屬名	腫柄菊屬
學名	*Tithonia diversifolia* (Hemsl.) A. Gray

灌木狀的多年生草本，高可達 3 公尺，被毛。葉卵形或楔形，長 10 ～ 30 公分，先端漸尖或銳尖，全緣或三至五裂，葉柄長 5 ～ 15 公分。頭花大而醒目，直徑約 10 公分，花序梗長 8 ～ 15 公分；總苞寬 2.4 ～ 4 公分；舌狀花橘黃色。

原產於墨西哥及中美洲；歸化於台灣海濱至海拔 1,000 公尺山區。

頭花大而醒目，直徑約 10 公分，舌狀花橘黃色。

見於台灣較乾燥的低海拔開闊地

葉全緣或 3 ～ 5 裂

長柄菊屬 TRIDAX

一或二年生草本。葉常為基生，或兼具有基生及對生葉。頭花筒狀或輻射狀，單一或圓錐狀排列；總苞片 1 ～ 5 層；舌狀花雌性。瘦果倒圓錐形或圓柱形，遠較花冠為小；冠毛多數，羽毛狀或為剛毛，稀缺如。

長柄菊

屬名	長柄菊屬
學名	*Tridax procumbens* L.

多年生草本，全株被粗毛，匍匐莖，多分枝成大群落，節上長不定根；花莖斜升，高 15 ～ 40 公分。葉卵形至披針形，粗鋸齒緣或分裂。頭花直徑 1 ～ 1.5 公分，單一，頂生；總苞鐘狀；舌狀花 5 ～ 8 朵，花冠白或淡黃色。瘦果密被毛，冠毛羽毛狀。

產於熱帶美洲，歸化於台灣較乾燥之低海拔開闊地。

雌花 1 層，舌狀，約 5 ～ 8 片；先端三裂。

頭花直徑 1 ～ 1.5 公分，單一頂生；總柄甚長。

瘦果密被毛，冠毛羽毛狀。

斑鳩菊屬 VERNONIA

生長型、葉形及頭花之排列均極多變。葉互生。頭花筒狀；總苞鐘狀或近於球狀，苞片多層覆瓦狀排列，外層苞片最短；小花花冠五裂，白、粉紅、紫色或藍色，但不為黃色。瘦果有稜或呈角柱形；冠毛 1 或 2 層，外層剛毛短或鱗片狀，內層多數，糙毛狀。

一枝香

屬名	斑鳩菊屬
學名	*Vernonia cinerea* (L.) Less. var. *cinerea*

莖高 20 ～ 100 公分。葉形多變，倒卵形、卵形、菱形、窄匙形、披針形或長橢圓形，長 3.5 ～ 6.5（～ 10）公分，寬 1.5 ～ 3 公分，葉向上漸變小變細，兩面被絨毛；葉柄長 1 ～ 2.5 公分，有時有翼。頭花長 7 ～ 8 公釐，繖房狀的圓錐排列；總苞鐘狀；頭花約有 20 朵小花，紫紅色。瘦果長 1.5 ～ 2 公釐。

　　產於熱帶亞洲，廣泛分布於台灣全島低至中海拔地區。

花及花枝呈紫色

頭花長約 7 ～ 8 公釐

廣泛分佈於台灣全島低至中海拔

瘦果長 1.5 ～ 2 公釐

小花斑鳩菊

屬名　斑鳩菊屬
學名　*Vernonia cinerea* (L.) Less. var. *parviflora* (Reinw.) DC.

葉卵形至廣卵形或稍呈圓形。頭花長約 5.5 公釐，總苞長 3 ～ 3.5 公釐。瘦果長 1 ～ 1.5 公釐，密生毛。

　　為一枝香的變種，形態與原種的差別在於花及果實皆小些。

　　產於熱帶地區；在台灣之中、南部低海拔較常見。

頭花長約 5.5 公釐；總苞長 3 ～ 3.5 公釐。

台灣中、南部低海拔較常見。

瘦果長 1-1.5 公釐，密生毛。

光耀藤

屬名　斑鳩菊屬
學名　*Vernonia elliptica* DC.

攀緣性亞灌木，全株被銀灰色絹毛。葉長橢圓形，長 2.5 ～ 6（～ 10）公分，寬 1 ～ 4（～ 6）公分，全緣。頭花多數，於分枝末稍成圓錐狀排列；頭花約有 5 朵小花，小花花冠白色，先端略呈粉紅色。

　　產於印度及南亞；在台灣栽觀賞用，於南部偶有逸出歸化。

頭花約有 5 朵小花

葉長橢圓形，全緣。

冠毛褐白色

過山龍

屬名　斑鳩菊屬
學名　*Vernonia gratiosa* Hance

攀緣性亞灌木，長可逾3公尺。葉橢圓形至卵形，長8～16公分，寬3～5公分，全緣或疏突齒緣，上表面近於無毛，下表面密被褐色星狀毛，葉柄長4～10公釐。頭花多數，腋生或頂生，圓錐狀排列，頭花約有10朵小花，花冠紫色。

　　產於中國東南部；在台灣分布於海拔50～1,500公尺之森林邊緣。

頭花約有10朵小花

攀緣性亞灌木

總苞片密生毛

濱斑鳩菊

屬名　斑鳩菊屬
學名　*Vernonia maritima* Merr.

低矮的亞灌木，高7～10公分，莖基部多斜倚狀分枝，密被粗毛。莖下部之葉早凋，莖上部之葉常簇生，匙形，長16～27公分，寬4.5～7公分，先端圓，近於全緣，兩面密被柔絹毛。頭花繖房狀排列；總苞鐘狀，長4公釐；花冠紫紅色。

　　產於菲律賓；在台灣侷限分布於最南端之高位珊瑚礁海岸，稀有。

上部葉常簇生，匙形。

侷限分部於臺灣最南端高位珊瑚礁海岸，稀有。

嶺南野菊

屬名 斑鳩菊屬
學名 *Vernonia patula* (Dryand.) Merr.

一年生草本，高 20～70 公分，分枝開展，莖多少被灰色毛。莖中部之葉卵狀橢圓形或近於圓形，長 3.5～6 公分，寬 2～3.5 公分，先端鈍，近於全緣或鋸齒緣，上表面近於無毛，下表面密被絹毛，葉柄長 1～2 公分。頭花繖房狀排列，總苞扁球形，小花 20～30 朵，花冠紫紅色。

廣布於熱帶亞洲，在台灣分布於南部低地。

中部葉卵橢圓形或近於圓形

花冠紫紅色

下表面密被絹毛

蟛蜞菊屬 WEDELIA

草本或灌木。葉對生,常被粗毛。頭花輻射狀或稀為筒狀,單一或多數繖房狀排列;總苞片 2 ～ 4 層,外側苞片常為葉狀,內側膜質;舌狀花雌性或不稔;心花兩性或雄性。瘦果形態多變,常有軟骨質的翼;冠毛缺如,或具 1 或 2 短剛毛,或為呈冠狀的鱗片,早凋。

雙花蟛蜞菊

屬名	蟛蜞菊屬
學名	*Wedelia biflora* (L.) DC. var. *biflora*

亞灌木,莖 4 稜,全株被伏貼的粗毛。葉厚紙質,闊卵形,葉緣齒狀,三出脈,葉柄長 1.2 ～ 2.3 公分。頭花 3 ～ 6 朵,直徑 2 ～ 3 公分,花序梗長 1.5 ～ 5.5 公分;舌狀花 8 ～ 12 朵,心花 20 ～ 35 朵,花冠黃色。瘦果 3 稜。

產於印度至太平洋群島、南亞、中國及日本;在台灣分布於海濱地區。

舌狀花 8 ～ 12 朵,心花 20 ～ 35 朵,花冠黃色。

果序

葉厚紙質,闊卵形,葉緣齒狀。

琉球蟛蜞菊

屬名　蟛蜞菊屬
學名　*Wedelia biflora* (L.) DC. var. *ryukyuensis* H. Koyama

葉卵形，長 6 ～ 12 公分，寬 3 ～ 8 公分，葉基截形，葉柄長 1.5 ～ 3.6 公分。頭花直徑 2.5 ～ 3 公分，頭花之舌狀花 13 至 15 朵，心花達 40 ～ 70 朵。

　　產於日本、九州及琉球；在台灣分布於北部之海岸地區。

頭花直徑 2.5 ～ 3 公分，頭花之舌狀花 13 或 15 朵。

分佈於台灣北部海岸地區

蟛蜞菊

屬名　蟛蜞菊屬
學名　*Wedelia chinensis* (Osbeck) Merr.

莖匍匐狀，分枝斜升。葉紙質，線形至披針形，長 2 ～ 10 公分，寬 0.6 ～ 2 公分，全緣或為疏生齒緣，疏被粗毛。頭花單一，腋生，花序梗長 6 ～ 12 公分，頭花直徑約 2 公分。

　　產於印度、南亞、日本及中國；在台灣分布於低海拔之溼地及田畦，亦見於海濱。

頭花直徑約 2 公分

葉紙質，線形至披針形；分佈於台灣低海拔之溼地及田畦，亦見於海濱附近。

天蓬草舅

屬名	蟛蜞菊屬
學名	*Wedelia prostrata* (Hook. & Arn.) Hemsl. var. *prostrata*

莖長匍匐狀，全株被粗毛。葉長橢圓形、卵形或披針形，長 1.5 ～ 4.5 公分，先端銳尖，基部楔形，葉緣具 1 ～ 3 鋸齒，三出脈，葉柄長 2 ～ 8 公釐。頭花頂生，直徑 1.6 ～ 2.2 公分，花序梗長 1 ～ 7 公分。

　　產於東南亞、韓國、日本及中國；在台灣分布於海濱沙地。

葉緣 1 ～ 3 對鋸齒，三出脈。

莖長匍匐狀。全株被粗毛。

大天蓬草舅

屬名	蟛蜞菊屬
學名	*Wedelia prostrata* (Hook. & Arn.) Hemsl. var. *robusta* Makino

葉卵形，長 3 ～ 12 公分，寬 1.5 ～ 6 公分，疏鈍齒緣，葉柄長 3 ～ 28 公釐。頭花直徑 2 ～ 2.5 公分，單一或常 3 朵簇生。

　　產於日本，在台灣分布於海濱沙地。

　　本變種可能為雙花蟛蜞菊（*W. biflora*，見第 360 頁）與天蓬草舅（*W. prostrata*，見本頁）之天然雜交，但需進一步的研究確認。

頭花直徑 2 ～ 2.5 公分

葉卵形，3 ～ 12 公分

南美蟛蜞菊（三裂葉蟛蜞菊）

屬名	蟛蜞菊屬
學名	*Wedelia trilobata* (L.) Hitchc.

莖匍匐而後斜升。葉稍呈肉質，長橢圓形至披針形，先端銳尖，基部楔形，葉上半部常三裂，裂片銳尖，葉脈明顯下陷，葉柄短於 5 公釐。頭花單一，直徑 2 ～ 3.5 公分，具長花序梗。

原產於西半球熱帶地區；在台灣常為道路旁或邊坡及覆蓋安全島的植栽，偶有逸出。

頭花單一，直徑 2 ～ 3.5 公分，具長總梗。

葉基楔形，葉上半常三裂。

蒼耳屬 XANTHIUM

—— 年生草本，莖有時具刺。葉互生，淺裂或齒緣，具葉柄。頭花單性，兩型，綠色；雌性頭花之小花無花冠，與總苞片癒合成為一內含 2 朵小花，乾燥，橢圓形，具鉤刺的刺球狀胞果，幾乎無花序梗，腋生，排列在雄性頭花下方，瘦果無冠毛；雄性頭花球狀，密生於莖頂；總苞明顯，1 ～ 3 層，開展；總花托圓筒狀，具托片。

台灣有 1 種。

蒼耳（羊帶來）

屬名	蒼耳屬
學名	*Xanthium strumarium* L.

刺球狀胞果長橢圓形至卵形

莖常有紫紅色的斑點，高 20 ～ 60 公分，多分枝。葉互生，淺裂或齒緣，具葉柄。頭花單一或數朵簇生；雄性頭花球狀，密生於莖頂，小花管狀，五齒裂，雄蕊多數，基部連合成筒，花藥近分離；雌花序卵形，總苞片 2 ～ 3 層，外層苞片小，內層苞片大，小花 2 朵，無花冠，子房位於總苞內，花柱線形，突出總苞外。刺球狀胞果長橢圓形至卵形，長 10 ～ 18 公分，寬 6 ～ 12 公釐，褐色。

產於歐亞大陸及北美，在台灣分布於低海拔之開闊地及荒郊廢地。

葉互生，淺裂或齒緣，具葉柄。

雄花小花管狀，5 齒裂。

花柱線形，突出苞外。

黃鵪菜屬 YOUNGIA

一、二年生至多年生草本，莖分枝。葉基生及莖生。總苞圓柱狀或鐘狀，2層，外層副萼狀；花冠黃色。瘦果長橢圓形至線形，稍扁平，具 10 ～ 20 條稜，無喙或具短喙；冠毛白色，單層。

黃鵪菜

屬名	黃鵪菜屬
學名	*Youngia japonica* (L.) DC. subsp. *japonica*

二年生草本，高 20 ～ 50 公分，花莖有時可抽長至 100 公分，全株被疏的細柔毛，基部分枝。基生葉蓮座狀，倒披針形，琴狀羽裂。頭花排列為繖房狀，頭花直徑 7 ～ 8 公釐。瘦果橢圓形，長約 1.8 公釐，褐色，先端漸縮，具 11 ～ 13 條縱稜；冠毛白色，宿存。

產於東南亞及澳洲；在台灣分布於低、中海拔之開闊地，為常見雜草。

頭花直徑 7 ～ 8 公釐

冠毛白色，宿存。

基生葉蓮座狀，倒披針形，琴狀羽分裂。

台灣黃鵪菜 特有種

屬名	黃鵪菜屬
學名	*Youngia japonica* (L.) DC. subsp. *formosana* (Hayata) Kitam.

與承名亞種（黃鵪菜，見本頁）之差別在於本亞種之基生葉較厚，被氈毛；瘦果紅色、紅褐色或紫黑色。

特有亞種，生於高雄柴山及小琉球之珊瑚礁上。

基生葉較厚，被氈毛；產於柴山及小琉球珊瑚礁上。

大花黃鵪菜

屬名	黃鵪菜屬
學名	*Youngia japonica* (L.) DC. subsp. *longiflora* Babc. & Stebbins

一年生或二年生草本，高 30 ～ 85 公分。總苞長 6 ～ 8 公釐。冠毛長約 3.5 公釐。

與承名亞種（黃鵪菜，見前頁）之差別在於本亞種之頭花較大，直徑大於 1.5 公分；瘦果深紫黑色。

產於中國南部；在台灣侷限分布於北海岸，少見。

頭花直徑大於 1.5 公分

侷限分佈於臺灣北海岸，少見。花序上的花大，而花數亦較少。

山間黃鵪菜 特有種

屬名	黃鵪菜屬
學名	*Youngia japonica* (L.) DC. subsp. *monticola* Koh & Peng

株高超過 25 公分。基生葉倒向羽狀裂葉，基生葉較厚，光滑或稍有被毛。花序軸光滑或基部稍有毛，頭花直徑小於 1.5 公分，總苞長 4 ～ 6 公釐。果實紅棕色至黑紫色，長 2 ～ 2.5 公釐。

特有亞種，生於台灣中高海拔山區。

頭花正面

頭花側面

基生葉倒向羽狀裂葉

果實紅棕色到黑紫色

桔梗科 CAMPANULACEAE

草本、灌木或有時為木質藤本，稀喬木。葉對生、互生、輪生或蓮座狀基生。花單生或通常成聚繖狀，稀總狀，腋生、頂生或假頂生；花萼離生或合生，二或三唇形；花冠略呈二唇形，輻射對稱或鐘狀，通常五裂；雄蕊多 5 枚，與花冠裂片互生；蜜腺與子房基部合生或分離；子房上位、半下位或下位，多為 1 室，稀 2 室。果實為蒴果或漿果。

特徵

草本，常具乳汁。單葉，互生，稀為生或輪生，無托葉。蒴果或漿果。（普剌特草）

花萼五裂，裂片常宿存；花冠多為鐘狀，常五裂，裂片相等。（輪葉沙參）

雄蕊 5，合生而圍繞花柱者；花柱單一，柱頭下常有毛，柱頭 2～5（6）岔。（許氏草）

花冠多為鐘狀，常五裂，有的部分深裂至基部，致花冠呈兩側對稱。（半邊蓮）

沙參屬 ADENOPHORA

莖直立，根常肉質。葉互生或輪生（台灣產者）。花兩性，輻射對稱，下垂，常排成總狀或圓錐狀；花冠紫色或藍色；花絲分離，花藥連合。果實為蒴果。

玉山沙參 特有種

屬名　沙參屬
學名　*Adenophora morrisonensis* Hayata subsp. *morrisonensis*

多年生宿根性小草本，根肉質，莖高 20 ～ 100 公分，單一或分支，直立，莖光滑或疏被柔毛。葉互生，幼葉橢圓形，正常葉片披針形或線狀披針形至線形，長 3 ～ 10 公分，寬 3 ～ 5 公釐，先端尾狀或銳尖，基部楔形，疏銳鋸齒緣，兩面疏被白毛，幾無柄。花排成總狀，花冠長 2 ～ 3 公分，上部五裂；雄蕊 5，圍繞花柱基部；花柱線狀，柱頭 3 岔。

特有亞種，產於台灣中、高海拔之林緣或草生地。

葉互生。花冠長 2 ～ 3 公分。莖光滑或稀疏被柔毛。

高山沙參 特有種

屬名　沙參屬
學名　*Adenophora morrisonensis* Hayata subsp. *uehatae* (Yamamoto) Lammers

多年生小草本，高 5 ～ 25 公分，莖明顯被刺毛。葉互生，長橢圓形至狹披針形，長 2 ～ 5 公分，寬 0.5 ～ 1.5 公分，先端銳尖，基部楔形，鈍鋸齒緣，兩面被白毛，無柄。花單生或雙生，花萼短圓柱狀筒形，先端五裂，裂片線形，具毛茸；花冠鐘形，藍紫色，先端五裂，裂片三角形。蒴果長橢圓形，長 0.5 ～ 1 公分，褐色。

特有亞種，產於台灣中、高海拔林下。

結果之植株。植株小，高 6 ～ 27 公分。

花單生或雙生

輪葉沙參

屬名　沙參屬
學名　*Adenophora triphylla* (Thunb.) A. DC.

莖光滑或被短毛。葉常 3 ～ 5 枚輪生（偶互生或對生）。花排成圓錐狀，花冠長 8 ～ 13 公釐。

　　廣布於東亞，由堪察加半島、日本至中南半島及琉球；在台灣通常生於中、高海拔之林緣或草生地，唯在恆春佳洛水亦有生長，但與中高拔者之形態有稍微差異。

生於恆春佳洛水的輪葉沙參之花內部

生於能高越嶺的高海拔族群

生於恆春佳洛水的輪葉沙參之葉片

生於佳洛水的輪葉沙參之花朵較大些

恆春佳洛水海邊之植株

葉常 3 ～ 5 枚輪生

風鈴草屬（鐘花屬）CAMPANULA

附生或岩生的灌木或藤本。葉對生或 3～4 枚輪生，革質或肉質。花單生或成聚繖花序，腋生或假頂生；花冠鮮紅色，二唇形；雄蕊 4，常突出冠筒。蒴果線形，2 或 4 瓣。

桔梗（一年風鈴草）

屬名	風鈴草屬（鐘花屬）
學名	*Campanula dimorphantha* Schweinf.

一年生草本，高可達 40 公分，密生毛。基生葉卵形、倒披針形或匙形，最長可達 3 公分；莖生葉狹披針形或線形。花直立，密毛，先端銳尖，葉緣全緣鋸齒。花排成圓錐花序，兩型花，較大花者為完整花，小花無花瓣和雄蕊；花外表具毛，花冠花萼近等長，淡白紫色。蒴果圓形。

廣布於非洲北部及亞洲南部；在台灣生於低海拔之岩石積土上或溪邊的岩壁上，如南橫、中橫東段、曾文水庫山區、南澳及東埔。

有些花為閉鎖花

果枝

多生於岩壁

全株密生毛

基生葉較寬

山奶草屬 CODONOPSIS

草本，具臭味；莖纏繞性，具白色乳汁。葉互生或對生。花兩性，下垂，常單生，輻射對稱；花絲分離，花藥連合。果實為蒴果。

金錢豹

屬名	山奶草屬
學名	*Codonopsis javanica* (Bl.) Miq. subsp. *japonica* (Maxim. *ex* Makino) Lammers

植物體不具臭味，具白色乳汁。葉對生（偶互生），卵狀心形，基部心形，鈍鋸齒緣，兩面光滑無毛，葉柄長 2 ～ 6 公分。花單生，腋生，外面白色，內面紫色；花萼 5 枚，披針形或卵狀披針形，基部合生；雄蕊 5，花絲絲狀，長約 1 公分；花柱柱頭 5 岔。果實成熟時紫色，花萼反折。

廣布於東亞，由日本至中國南部及喜馬拉雅山區；在台灣分布於中海拔之林緣。

雄蕊 5，花絲絲狀；花柱柱頭 5 岔。

葉對生，偶互生，卵狀心形，基部心形。

果熟紫色，花萼反折。

玉山山奶草 特有種

屬名	山奶草屬
學名	*Codonopsis kawakamii* Hayata

植物體具臭味。葉互生或對生，卵形，先端鈍或銳尖，基部楔形或圓，全緣或鈍齒緣，兩面密被毛，葉柄長 0.5 ～ 1 公分。花單生，頂生，綠色；花萼五裂，裂片長 0.8 ～ 1 公分，寬 3 ～ 4 公釐，長橢圓形，全緣，先端銳尖，反捲，頂端疏被毛；花冠鐘形，五裂；雄蕊 5，長約 1 公分；花柱長約 8 公釐，頂端膨大，密被柔毛，柱頭 3 岔。蒴果圓錐形，長 1 ～ 1.5 公分，徑 1 ～ 2 公分。

特有種，產於台灣中、高海拔之林緣。

花單生，頂生，綠色。

莖為纏繞性，具白色乳汁。葉片長 1 ～ 3 公分，寬 0.5 ～ 2 公分。

土黨參屬 CYCLOCODON

莖直立，根塊狀。葉對生。花兩性，輻射對稱，直立，常 3 朵排成聚繖花序；花萼裂片 4 ～ 6 枚；花冠裂片 4 ～ 6 枚；雄蕊 4 ～ 6，花絲離生，花藥連合。果實為漿果。

台灣土黨參

屬名	土黨參屬
學名	*Cyclocodon lancifolius* (Roxb.) Kurz

多年生草本，高 30 ～ 100 公分，光滑無毛，直立或斜生。葉披針形，長 5 ～ 15 公分，寬 1.5 ～ 5 公分，先端漸尖，基部圓或楔形，細鋸齒緣。花萼裂片羽狀；花冠裂片 5 ～ 7 枚，白色；雄蕊 6；柱頭常 6 岔。漿果扁球形，果面有 10 條左右凹陷縱紋。

　　廣布於東亞，由印度至日本、菲律賓南部及印尼；在台灣分布於低、中海拔山區林緣或草生地上。

花之側面

葉披針形，長 5 ～ 15 公分。

柱頭大，常 6 岔；花萼裂片羽狀。

馬醉草屬 HIPPOBROMA

莖直立。葉互生，淺裂而具粗齒緣。花兩性，略兩側對稱，單生，腋生；花萼裂片 5 枚；花冠白色，五裂；雄蕊花絲合生，花藥合生，頂上被毛。果實為蒴果。

馬醉草(許氏草)

屬名	馬醉草屬
學名	*Hippobroma longiflora* (L.) G. Don

本，單株或偶分株，莖直立，高 15 ～ 35 公分，全株被毛，具白色乳汁。葉倒披針形，長 5 ～ 10 公分，寬 1.5 ～ 3.5 公分，粗大鋸齒緣，鋸齒常大小疏密不一，脈上被毛。花冠筒甚長，花萼裂片狹三角形至線形；花冠長細管狀，長 6 ～ 10 公分，純白色，被短毛，先端五裂，裂瓣平展，披針狀帶形，長 0.8 ～ 1 公分，先端尖微翹；柱頭膨大，2 岔；雄蕊聯合並立，長約 5 公釐，頂端絲狀。

　　產於熱帶美洲、太平洋諸島、馬達加斯加及西印度群島；在台灣分布於全島。

花冠白色，五裂。

柱頭膨大，2 岔；雄蕊連合並立，頂端絲狀。

葉有粗大鋸齒緣

山梗菜屬 LOBELIA

草本。葉互生。花兩性，兩側對稱，單生或排成總狀；花萼裂片 5 枚；花冠單唇或二唇形，花冠筒背面深裂至近基部；花絲合生，與花冠分離，花藥合生成一歪斜藥筒。果實為蒴果或漿果。

短柄半邊蓮

屬名	山梗菜屬
學名	*Lobelia alsinoides* Lam. subsp. *hancei* (Hara) Lammers

莖直立，橫切面明顯三角形，具狹翼。葉橢圓或披針形，無柄。花兩性，淡紫色至白色；花萼裂片 5 枚，披針形；花冠二唇狀，上唇二裂，下唇三裂，裂片卵形，具一中脈，脈上被毛；雄蕊、花柱內藏；喉口白色。

原產於中國、日本及琉球；在台灣分布於海拔 50 ～ 150 公尺沿海山丘、濕地。

花之側面

葉披針形，長 5 ～ 15 公分。

柱頭大，常 6 岔；花萼裂片羽狀。

半邊蓮 (水仙花草、鐮麼仔草)

屬名	山梗菜屬
學名	*Lobelia chinensis* Lour.

莖斜倚或匍匐，橫切面圓形。葉互生，狹橢圓或線狀披針形，長 1 ～ 3.5 公分，寬 2 ～ 6 公釐，無柄。花通常單生，花冠單唇，白色、淡粉紅或淡紫紅色，橢圓狀披針形至條形。蒴果倒錐狀。

廣布於東亞，由印度、斯里蘭卡至日本及印尼；在台灣分布於海拔 100 ～ 650 公尺濕地。

花冠單唇

花側面

葉互生，狹橢圓形或線狀披針形。

克氏半邊蓮

屬名　山梗菜屬
學名　*Lobelia cliffortiana* L.

一年生草本，莖直立，分支多，光滑無毛。葉互生，寬橢圓形，長 1.5 ～ 2.5 公分，寬 1 ～ 2 公分，疏鋸齒緣，羽狀脈，兩面無毛，葉柄具翼。總狀花序；花萼片五裂，裂片三角狀披針形；花冠二唇狀，上唇二深裂，下唇三淺裂，花瓣白至淡紫色；花絲合生，與花冠分離，花葯合生成一歪斜葯筒。蒴果橢圓形。

　　原產於中美洲；在台灣歸化於中部平地至低海拔山區之溝渠、畦畔、池澤濕地或休耕田地。

花瓣白色至淡紫色

萼片五裂，裂片三角狀披針形。

葉寬橢圓形，長 1.5 ～ 2.5 公分，寬 1 ～ 2 公分，疏鋸齒緣。

普刺特草

屬名　山梗菜屬
學名　*Lobelia nummularia* Lam.

草本，莖纖細，具匍匐性，略呈四稜形，綠紫色。葉卵心形或圓心形，長 1 ～ 2.5 公分，寬 1 ～ 2 公分，先端銳尖，常稍偏斜，齒牙緣。花單一，腋生，花冠二唇形，白至淡紫色，花冠裂片長 2 ～ 4 公釐，線形；雄蕊 5，長 3 ～ 4 公釐，圍繞花柱。漿果紫紅色。

　　廣布於東亞，由印度、斯里蘭卡至中國，南至澳洲；在台灣分布於低至中海拔之森林內或林緣。

雄蕊 5，圍繞花柱。

葉卵心形或圓心形

果實紫熟

大本山梗菜

屬名　山梗菜屬
學名　*Lobelia sequinii* H. Lev. & Vant.

莖直立，高可達 1.5 公尺餘。葉狹橢圓形或披針形，長 6～25 公分，寬 0.5～4 公分，無柄。花萼 5 枚，披針形；花冠白至紅紫色，二唇形，上唇深裂至花冠筒基部；雄蕊合生，包住花柱。蒴果橢圓形。

　　產於中國東部，在台灣分布於低至中海拔山區林緣。

上唇深裂至花冠筒基部

花萼披針形

葉狹橢圓形或披針形，長 6～25 公分，寬 0.5～4 公分，無柄。

蒴果橢圓形

圓葉山梗菜

屬名　山梗菜屬
學名　*Lobelia zeylanica* L.

莖直立或平臥，橫切面略呈三角形。葉互生，卵形，長 2～3.5 公分，寬 1～2.2 公分，葉柄長 3～10 公釐。花單生葉腋，花萼裂片 5 枚，花冠二唇形，白至紅紫色，花冠筒背面深裂至近基部。蒴果倒卵形，被毛，具鈍縱稜。

　　廣布於東亞，由印度、斯里蘭卡至中國，南至新幾內亞；在台灣分布於低至中高海拔森林中。

花二唇形，白色至紅紫色。

葉互生，卵形，長 2～3.5 公分，寬 1～2.2 公分，葉柄長 3～10 公釐。

山桔梗屬 PERACARPA

具柔軟走莖之草本，莖直立或匍匐。葉互生。花兩性，輻射對稱，單生，腋生；花冠白色，有時帶紫色條紋；花絲分離，花藥連合。果實為漿果。

單種屬。

山桔梗

屬名	山桔梗屬
學名	*Peracarpa carnosa* (Wall.) Hook. f. & Thomson

莖光滑，高4～25公分。葉卵形至圓形，長3～38公釐，寬3～28公釐，基部急尖、截形或略呈心形，鋸齒4～6對，葉表上有疏毛，葉柄長2～17公釐。花萼裂片長0.5～2.3公釐；花冠長3～10公釐，白色，有時帶紫色條紋；花梗長2～70公釐。果實倒卵形。

廣布於東亞，由薩哈林、日本至喜馬拉雅山區、菲律賓及新幾內亞；在台灣分布於中至高海拔之森林潮濕地上。

花冠白色，有時帶紫色條紋。

果倒卵形

葉小，卵形至圓形。

異檐花屬 TRIODANIS

莖直立或平臥。葉互生。花兩性，輻射對稱，無梗，常簇生葉腋；花萼裂片3～5枚；花冠紫色或白色；花絲與花藥均分離。果實為蒴果。

卵葉異檐花

屬名	異檐花屬
學名	*Triodanis biflora* (Ruiz & Pav.) Greene

一年生小草本，莖直立，高30～45公分，多不分支。葉卵形或闊橢圓形，基部心形，無柄。花1～3朵簇生，腋生或頂生，花細小，花冠藍色或紫色。蒴果近圓柱形。

由北美引進台灣後逸出，先記錄於竹東低海拔，近年在土城河濱公園亦有發現，在台灣目前尚不常見。

花紫色（陳文君攝）

花苞及初果；一植株內通常閉鎖花較多。　一年生草本，為不常見的歸化植物。

蘭花參屬 WAHLENBERGIA

莖 直立或平臥。葉互生或對生。花兩性，輻射對稱，單生，或成不同型之花序；花萼片 3 ～ 6 枚；花冠裂片 3 ～ 6 枚；雄蕊花絲分離，花藥連合。果實為蒴果。

細葉蘭花參

屬名	蘭花參屬
學名	*Wahlenbergia marginata* (Thunb.) A. DC.

多年生草本，高 20 ～ 40 公分，莖叢生，直立，細弱，被毛。基生葉倒披針或匙形，長 2 ～ 4 公分，寬 3 ～ 8 公釐，疏淺鋸齒緣，無柄；莖生葉線形或狹橢圓形，長 1 ～ 3 公分，無柄。花單生於枝端；花萼先端五裂，裂片披針形，長 2 ～ 3 公釐；花冠藍色或白色，鐘形，深五裂，裂片倒卵形，長 5 ～ 8 公釐；雄蕊 5，花絲基部膨大，花藥長橢圓形；花柱細長，柱頭 3 岔。蒴果倒圓錐形。

　　廣布於東亞，由印度、斯里蘭卡至日本、菲律賓及印尼；在台灣分布於低海拔之海岸附近至高海拔，生長於草生地或開闊地上。

果實為蒴果，倒圓錐形。

柱頭已沾黏許多花粉

柱頭剛伸出，尚未開展。

柱頭全開展，外表具許多毛。

花單生枝端，藍色或白色。

草海桐科 GOODENIACEAE

直立或匍匐性小灌木。單葉，叢生於枝頂，無托葉。花兩性，單生或成聚繖花序；花一般為兩側對稱，5 數；花萼與子房合生，五裂；花冠常五裂，唇形，僅具 1 唇片；雄蕊 5，與花冠裂片互生；子房下位或半下位，花柱柱狀，單一或在頂端 2～3 岔，柱頭為一個杯狀（有時二裂）的集葯杯（indusium）所圍繞，集葯杯的口沿常有緣毛。果實為蒴果，略為肉質。

特徵

直立或匍匐性小灌木。單葉，叢生於枝頂端，無托葉。（草海桐）

花萼與子房合生，五裂；花冠常五裂，唇形，僅具 1 唇片。（火花離根香）

花柱柱狀，單一或在頂端 2～3 岔。（海南草海桐）

離根香屬 CALOGYNE

一年生草本，直立或鋪散。葉互生。花單生於葉腋，無苞片及小苞片；花萼筒部與子房貼生，簷部五裂；花冠后方開裂過半，裂片向前方伸展，每邊具寬翅，後方 2 枚具不對稱的翅；雄蕊 5，離生；子房下位，不完全 2 室，有胚珠數顆，花柱從中部起有 2～3 分支，柱頭基部的集粉杯淺二裂，口沿密生刷狀毛，柱頭片狀而不裂。蒴果與隔膜平行開裂。種子扁平，邊緣稍稍加厚。

火花離根香

屬名	離根香屬
學名	*Calogyne pilosa* R. Br. subsp. *chinensis* (Benth.) H. S. Kiu

一年生小草本，莖直立或斜生，高約 15 公分，疏生短毛。葉互生，狹披針形或近線形，兩端漸狹，疏齒緣，兩面疏被短糙毛，莖上部之葉基部兩側各具 1 枚耳片。花單生葉腋，花梗細小；花萼筒卵球形，被白色短毛，裂片 5 枚，披針形，約為萼筒之 2 倍長；花冠黃色，外被毛，先端二唇狀，上唇二裂，下唇三裂；雄蕊 5；花柱 3 岔。蒴果 2 瓣裂。

分布於中國福建、廣東、廣西及海南；在台灣產於離島金門。

花冠二唇狀，上唇二裂，下唇三裂。

植株矮小。葉狹披針形或近線形，疏齒緣。

草海桐屬 SCAEVOLA

草本，亞灌木或灌木。 葉互生而螺旋狀排列，或對生。聚繖花序腋生，或單花腋生，有對生的苞片和小苞片。花筒部與子房貼生，籌部常很短，成一個環狀的杯，且具 5 齒，或 5 裂。 花冠兩側對稱，後面縱縫開裂至近基部，籌部 5 個裂片幾乎相等。 子房 2 室，每室有一個軸生而直立向上的胚珠，或僅 1 室，有 1-2 顆軸生胚珠，柱頭 2 裂。 核果常為肉質，內果皮堅硬，每室 1 顆種子。

海南草海桐

屬名　草海桐屬
學名　*Scaevola hainanensis* Hance

匍匐性肉質灌木。葉集生於枝端及小枝端，肉質，線狀匙形，長 2 ～ 4 公分，寬 2 ～ 4 公釐，先端圓鈍，全緣，光滑無毛，具光澤綠色，無柄。花單朵腋生，短梗至無梗；花冠呈筒狀，兩側對稱，粉紅色，後變白色；雄蕊 5，雌蕊 1，柱頭膨大，2 岔。花萼宿存而包圍果實，核果成熟時由綠轉黑。

產於中南半島及海南島；在台灣分布於將軍鄉臨海墳墓及附近原野，稀有。

葉線狀匙形，集生於枝端及小枝端。

花冠常五裂，唇形，僅具 1 唇片。蒴果，略為肉質。

在台灣分布於將軍鄉臨海墳墓及附近原野，稀有。

草海桐

屬名　草海桐屬
學名　*Scaevola sericea* Forster f.

直立灌木，高可達 1 ～ 5 公尺，莖叢生，枝條粗肥，葉腋具毛叢，其它部位光滑無毛。葉倒披針形至匙形，長 6 ～ 25 公分，寬 4 ～ 10 公分，全緣、略缺刻緣或齒緣。聚繖花序，腋生；花白色，花萼五裂，花冠筒狀，兩側對稱；雄蕊 5，雌蕊花柱彎曲，子房 2 室。核果白色，球形，莖約 1 公分。

產於馬達加斯加、南亞、澳洲熱帶地區、密克羅尼西亞、馬來西亞及夏威夷；在台灣分布於全島之海岸。

葉倒披針形至匙形，全緣。

花冠唇形，僅具 1 唇片。

睡菜科 MENYANTHACEAE

水生草本，具細軟長莖。單葉，螺旋狀著生，圓心形或腎形，上表面綠色，下表面帶淡紫紅色，具長柄，具葉鞘，無托葉。花兩性，輻射對稱，各部 5 數，單生或排成各類花序；萼片有時合生；花冠五裂；雄蕊與花冠裂片常同數，花絲與花冠裂片互生，著生於花冠筒上；子房上位或半下位，花柱自子房的頂端伸出。果實為蒴果。

特徵

花兩性，輻射對稱，各部 5 數，單生或排成各類花序，萼片有時合生，花冠五裂，雄蕊插於花冠上。（龍潭莕菜）

水生草本，具細軟長莖。單葉，螺旋狀著生，圓心形或腎形，具長柄。（龍骨瓣莕菜）

莕菜屬 NYMPHOIDES

多年生水生草本，具根莖；莖伸長，分支或否，節上有時生根。葉基生或莖生，互生，稀對生，葉片浮於水面。花簇生節上，5 數；花萼深裂近基部，萼筒短；花冠筒通常甚短，喉部具 5 束長柔毛，花冠常深裂近基部呈輪狀，稀淺裂呈鐘形，裂片在蕾中呈鑷合狀排列，邊緣全緣或具睫毛，或在一些種中，邊緣寬膜質、透明（或稱翅），具細條裂齒；雄蕊著生於花冠筒上，與裂片互生，花藥卵形或箭形；子房 1 室，胚珠少至多數，花柱短於或長於子房，柱頭 2 裂，裂片半圓形或三角形，邊緣齒裂或全緣；腺體 5，著生於子房基部。蒴果成熟時不開裂。

黃花莕菜（橙花莕菜）

屬名　莕菜屬
學名　*Nymphoides aurantiaca* (Dalz.) O. Kuntze

莖上的每一節都具 2 枚葉片。單葉，圓狀心形或腎形，徑約 4.5 公分，上表面綠色，下表面淡紫紅色，葉柄長 3 ～ 9 公分。花於節上常 2 朵，花梗長 1.5 ～ 4.5 公分；花萼裂片 5 枚；花冠黃色，五裂，每裂片長約 1 公分，稀疏鬚毛緣，呈輻射對稱排列。

　　主要分布於印度西部與斯里蘭卡；台灣目前唯一的引證標本採自宜蘭大溪，台灣在日據時代曾有記錄。

單葉，圓心形或腎形。花冠黃色，五裂，裂片長約 1 公分，稀疏鬚毛緣。（許天銓）

小莕菜

屬名	莕菜屬
學名	*Nymphoides coreana* (Lev.) Hara

莖細長。葉圓心形,長2～8公分,寬3～6公分,上表面深綠色,下表面深紫色,葉柄細長。花少數至多數,在節上簇生,4或5數;花萼裂片寬披針形,長3～4公釐,先端急尖;花冠裂片白色,近花中心部分黃色,花瓣邊緣具緣毛;花梗長1～3公分。蒴果橢圓形,長4～5公釐,稍長於花萼;宿存花柱短,長不及1公釐。

　　產於中國、韓國、日本及琉球;在台灣分布於全島及蘭嶼之水池中。

花冠裂片白色,近花中心部分黃色,花瓣邊緣具緣毛。

台灣東北角貢寮水田中的族群

蘭嶼產的小莕菜之花瓣較窄些

銀蓮花（龍骨瓣莕菜）

屬名	莕菜屬
學名	*Nymphoides cristata* (Roxb.) O. Kuntze

莖細長。葉漂浮水面,圓心形,徑2～7公分,先端鈍圓,全緣,葉柄長3～6公分。花冠裂片白色,近花中心部分黃色,全緣,無緣毛,中間下部具縱形褶疊,花冠筒沿喉部具一圈白毛。

　　產於琉球、中國南部、印度、馬來西亞及菲律賓;在台灣僅見於恆春半島,而美濃有大量栽植。

花冠無緣毛,中間下部具縱形褶疊,花冠筒沿喉部具一圈白毛。

葉圓心形

葉漂浮於水面,具葉柄。白花挺出水面。

印度莕菜

屬名　莕菜屬
學名　*Nymphoides indica* (L.) O. Kuntze

多年生水生草本。葉大，長 8～30 公分，基部心形，全緣，葉背有腺點。花多數，簇生節上，5 數；花梗細弱，圓柱形，不等長，長 3～5 公分；花白色，中心具黃塊斑，花瓣裂片直徑 1.5～2.5 公分，上表面具濃密的鬚毛。蒴果橢圓形，長 3～5 公釐。

　　世界廣泛分布；1930 年前在台北市、基隆、南投水社、蓮華池、高雄及屏東皆有採集記錄，近數十年來在野外無任何記錄。作者的照片攝於蘭嶼之芋田水池中，可能是外來引進種。

花之直徑 1.5～2.5 公分

葉大，長 8～30 公分。

龍潭莕菜 特有種

屬名　莕菜屬
學名　*Nymphoides lungtanensis* S. P. Li, T. H. Hsieh & C. C. Lin

多年生浮葉型水生草本。葉卵形或心形，長 3～12 公分，深綠色，上表面有紫色塊斑。繖形花序，生長於葉柄頂部；花萼深四至五裂，裂至基部；花冠白色，喉部黃色，花徑 1.2～1.5 公分，上表面及邊緣密被鬚毛。不結果。

　　特有種，僅分布於桃園龍潭之埤塘。

花徑 1.2～1.5 公分，上表面密被鬚毛。

僅分布於桃園龍潭之埤塘，但棲地已破壞。

花柱草科 STYLIDIACEAE

單葉，對生、互生或簇生於莖上，或基生而成蓮座狀排列。花兩性或單性，常兩側對稱，罕為輻射對稱，組成總狀花序、聚繖花序或繖房花序，罕有單生；花冠合瓣，裂片覆瓦狀排列，不相等，最下方的裂片成唇瓣；雄蕊 2，合生成柱，與花柱貼生，花藥 2 室；花盤存在或無，有時具腺體；子房下位，2 室或在基部 1 室，每室有胚珠多顆，中軸胎座，柱頭 2 岔。蒴果 2 室或由於隔膜退化而成 1 室，開裂，罕有不開裂者。種子多數，有肉質的胚乳。

　　本科植物為雄蕊先熟，蟲媒授粉。合蕊柱具有感應性，接觸會引起運動，其正常位置是向前彎曲，觸及它時，就向後彎曲，隨後又回到原先的位置。

花柱草屬 STYLIDIUM

一年生或多年生草本，常有腺毛。葉小，單葉，互生，莖生或基生而排成蓮座狀，全緣。聚繖花序或總狀花序，或疏穗狀花序，頂生；花兩性，兩側對稱；花萼五裂，前方 2 枚裂片常聯合為 1 枚二淺裂的裂片；花冠不規則，五裂，常有由喉部的腺體狀附屬物組成的副花冠，裂片彼此分離或其中 2 或 4 枚聯合，前方 1 枚小而反折，成為唇瓣；雄蕊位於花兩鍘，完全與花柱聯合成一根長，一般伸出花冠而膝曲的合蕊柱，花藥無柄，恰在柱頭下，2 室；子房 2 室或部分 1 室，胚珠多數。種子小。

狹葉花柱草

屬名	花柱草屬
學名	*Stylidium tenellum* Swartz

高 5 ～ 20 公分。葉互生，矩圓狀倒卵形至倒披針形，先端鈍，基部楔形，全緣，長 6 ～ 10 公釐，莖上部者較小，逐漸過渡為條狀的苞片，無毛，無柄或近於無柄。花單朵頂生，或由 2 ～ 3 朵組成穗狀花序，或花序近於兩歧分支；花小，無梗；花萼有腺毛或無毛，筒部細長，裂片中有 2 枚聯合成稍微二裂的裂片；花冠很小，白色或粉紫色，有極稀疏的腺毛，筒部略長於花萼裂片，裂片分離，後方者二裂，前方者小得多，唇瓣很小。

　　產中國雲南、廣東、福建南部、緬甸、越南、柬埔寨、馬來西亞、蘇門答臘；在台灣產於離島金門之溼地。

雄蕊完全與花柱連合成一根長且伸出花冠而膝曲的合蕊柱

花之側面

葉互生，披針形，無柄或近於無柄

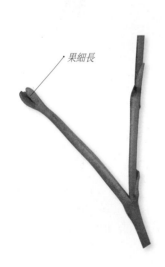

果細長

在台灣產於離島金門的溼地

繖形科 UMBELLIFERAE (APIACEAE)

草本或半灌木。葉互生，葉片通常分裂或多裂，一回掌狀分裂或一至四回羽狀分裂的複葉，或 1～2 回三出式羽狀分裂的複葉，很少為單葉；葉柄的基部有葉鞘，通常無托葉，稀為膜質。無限繖形花序，稀圓錐花序，花序基部常具苞片；小繖形花序的基部有小總苞片，全緣或很少羽狀分裂；萼齒 5；花瓣 5 枚，通常內曲，早落；雄蕊 5，與花瓣互生；子房下位，心皮 2；花柱 2，直立或外曲，柱頭頭狀。果實為離果，成熟時分成 2 分果片。

特徵

葉互生，通常分裂或多裂，1回掌狀分裂或1-4回羽狀分裂的複葉，或1-2回三出式羽狀分裂的複葉，很少為單葉。（紫花竊衣）

繖形花序，基部常具苞片；小繖形花序的基部有小總苞片。（細葉零餘子）

花柱 2。果實為離果，成熟時分成 2 分果片。（三葉山芹菜）

花瓣 5 枚，通常內曲，早落；雄蕊 5，與花瓣互生；花柱 2。（台灣山薰香）

蒔蘿屬 ANETHUM

特徵如種描述。
單種屬，原產歐洲南部，今於世界各地廣泛栽植，台灣南北各地均有栽種。

蒔蘿（洋茴香）

屬名	蒔蘿屬
學名	*Anethum graveolens* L.

植株高 60～75 公分，莖直立。葉互生，具長柄，基部具鞘狀苞葉，葉片三至四回羽狀分裂，裂片線形。複繖狀花序，直徑約 15 公分；花梗不等長，無總苞與小總苞；花細小，花瓣 5 枚，黃色，向內彎曲；雄蕊 5，花絲長於花瓣，花藥 2 室；雌蕊 1，子房下位，花柱 2。

原產歐洲南部，在台灣全島歸化。

花細小，花瓣 5 枚，黃色，向內彎曲。

葉片具三至四回羽狀分裂，裂片線形。

當歸屬 ANGELICA

多年生草本，莖明顯。葉有柄，膜質至半革質，羽狀複葉，小葉鋸齒緣或分裂。複合繖形花序，總苞苞片全緣；花白色，萼齒無或甚微小。分果片果稜明顯，側果稜延伸成翅，腹面膨大。

野當歸 特有種

屬名	當歸屬
學名	*Angelica dahurica* (Fisch.) Benth. & Hook. var. *formosana* (Boiss.) K. Y. Yen

莖高 1～2 公尺。小葉卵形至卵狀披針形，長 5～10 公分，寬 2～5 公分，先端漸尖，鋸齒緣，上表面糙澀，無毛，下表面脈上微毛或無毛。最小單位之繖形花序具 20～40 朵花，花瓣無毛。離果長 5～7 公釐。

特有變種，產於台灣北部之低海拔山區。

離果長 5～7 公釐

花藥紫黑色

最小單位之繖形花序具 20～40 朵花，花瓣無毛。

二至三回羽狀複葉，葉無毛，小葉長 5～10 公分。

特產於台灣北部低海拔山區，其中以大屯山最多。

濱當歸

屬名　當歸屬
學名　*Angelica hirsutiflora* S. L. Liou, C. Y. Chao & T. I. Chuang

多年生大型草本，高 1 ～ 2 公尺。小葉闊卵形，長 15 ～ 20 公分，寬 10 ～ 15 公分，先端鈍，兩面脈上皆被毛。最小單位之繖形花序具 20 ～ 30 朵花，花瓣背面被毛，花絲比花瓣長 3 ～ 4 倍。離果長 6 ～ 8 公釐。

產琉球，在台灣生於北部濱海地區。

花瓣被毛

最小單位之繖形花序具 20 ～ 30 朵花。

初果

產於台灣北部濱海地區

森氏當歸 特有種

屬名　當歸屬
學名　*Angelica morii* Hayata

莖高 30 ～ 50 公分。小葉卵狀披針形，長 2 ～ 3 公分，寬約 1 公分，先端漸尖，無毛。最小單位之繖形花序具 20 ～ 50 朵花，花瓣無毛，花藥紫色。離果長 4 公釐。

特有種。產於中央山脈海拔 3,000 公尺以上之山區。

最小單位之繖形花序具 20 ～ 50 朵花，花藥紫色。

莖高 30 ～ 50 公分

小葉卵狀披針形，長 2 ～ 3 公分。

花瓣無毛，花藥帽紫色。

離果長 4 公釐

葉無毛，鋸齒不規則。

玉山當歸 特有種

屬名	當歸屬
學名	*Angelica morrisonicola* Hayata var. *morrisonicola*

莖高 1 ～ 2 公尺。小葉長橢圓形，長 6 ～ 7 公分，寬約 2 公分，先端銳尖，鋸齒緣，上表面無毛，下表面僅脈上被毛。最小單位之繖形花序具 30 ～ 60 朵花，花瓣無毛，花葯黃色。離果長約 5 公釐。

特有種，產於中央山脈海拔 3,000 公尺以上山區。

花葯黃色

基生葉之小葉長橢圓形，先端銳尖，鋸齒緣。

莖高 1 ～ 2 公尺

南湖當歸 特有種

屬名	當歸屬
學名	*Angelica morrisonicola* Hayata var. *nanhutashanensis* S. L. Liou, C. Y. Chao & T. I. Chuang

與承名變種（玉山當歸，見本頁）的區別在於葉較小，兩面被粗毛。

特有變種，產於南湖大山。

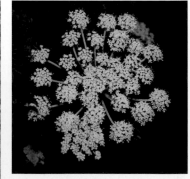

最小單位之繖形花序具 30 ～ 60 朵花

葉兩面被粗毛

產於南湖大山圈谷

果序

毛當歸

屬名　當歸屬
學名　*Angelica pubescens* Maximovicz

植株高可達 3 公尺，植株及葉表均被毛，莖常為紫色。葉末稍小羽片略成菱形，網脈凸起。小苞片常缺如，子房不被毛，花可達 70 朵，花藥紫色。

分布日本及中國，在台灣產於能高越嶺道及宜蘭四季山區。

植株可長至 2.5 公尺高

花序甚大

花朵數量可達 7 植株可長至 2.5 公尺高 0，花藥紫色。

太魯閣當歸 特有種

屬名　當歸屬
學名　*Angelica tarokoensis* Hayata

多年生草本，高 30 ～ 50 公分，基部木質化。葉片輪廓近卵形，長約 20 公分，寬約為 15 公分，二回羽狀分裂，小葉長橢圓狀披針形，長 5 ～ 8 公分，寬 1 ～ 2 公分，先端漸尖，鋸齒緣。最小單位之繖形花序具 20 ～ 50 朵花；花白色；萼齒 5，三角形；花瓣卵形至倒卵形，頂端內凹；子房倒圓錐形，無毛，花柱短。離果長約 7 公釐。

特有種，產於台灣南部及東部中低海拔山區。

初果（許天銓攝）

最小單位之繖形花序具 20 ～ 50 朵花。（許天銓攝）

小葉長橢圓披針形（許天銓攝）

柴胡屬 BUPLEURUM

多 年生直立草本，基部常木質化，莖明顯。單葉，膜質，全緣，有柄至無柄。複合繖形花序，總苞苞片葉狀，花黃色，萼齒退化。分果片果稜明顯，無翅，腹面膨大，無毛。

高氏柴胡 　特有種

屬名	柴胡屬
學名	*Bupleurum kaoi* S. L. Liou, C. Y. Chao & T. I. Chuang

離果長 1 ～ 3 公釐

莖高 40 ～ 70 公分。基生葉長橢圓狀披針形或匙形，長 5 ～ 10 公分，寬 5 ～ 10 公釐，基部長楔形或披針形；莖生葉向上漸小。最小單位之繖形花序具 5 ～ 6 朵花，花黃色，花瓣常反捲，花梗不等長。離果長 1 ～ 3 公釐。

　　特有種，產於苗栗低海拔山區。

特產於苗栗低海拔山區。葉長橢圓狀披針形或匙形。

花黃色，花瓣常反捲。

雷公根屬 CENTELLA

多 年生匍匐性草本，節上生根，無托葉。單葉，膜質，具長柄。繖形花序單一或簇生，總苞具 2 ～ 3 枚苞片，花白色或玫瑰色，萼齒退化。分果片果稜明顯，無翅，腹面膨大，被毛。

雷公根

屬名	雷公根屬
學名	*Centella asiatica* (L.) Urban

莖枝幼時被棉毛。葉膜質至紙質，圓腎形，徑 2.5 ～ 5 公分，鈍鋸齒緣，無毛，葉長柄被毛。繖形花序具 3 ～ 5 朵花，簇生葉腋。分果片長約 3 公分。

　　產於熱帶及亞熱帶地區；在台灣分布於全島中、低海拔之空曠地、草生地及灌叢。

花玫瑰色（郭明裕攝）

葉圓腎形，具長柄。（郭明裕攝）

芎窮屬 CNIDIUM

多年生直立草本，莖明顯。二至三回羽狀複葉，具膨大葉柄鞘。複合繖形花序，總苞片線形或闕如，纖毛緣，花白色，萼齒明顯或退化。分果片果稜明顯，具約略等長之翅，腹面稍扁平，無毛。

台灣芎窮 [特有種]

屬名	芎窮屬
學名	*Cnidium monnieri* (L.) Gusson var. *formosanum* (Yabe) Kitagawa

莖枝無毛至微被毛。葉膜質，羽裂，頂小葉長約 2 公分，寬約 1 公分，頂裂片披針形，長 0.5 ～ 1 公分。最小單位之繖形花序具 10 ～ 12 朵花，花梗不等長，萼齒退化。分果片長約 4 公釐。

特有變種，產於台灣西部平原。

最小單位之繖形花序具 10 ～ 12 朵花

分果片果稜明顯

彎柱芎屬 CONIOSELINUM

多年生直立草本，莖明顯，高 60 ～ 100 公分。二至三回羽狀複葉，具膨大葉鞘柄。複合繖形花序，總苞片線形或闕如，花白色，萼齒退化。分果片果稜明顯，具近等長之翅，無毛。

玉山彎柱芎 [特有種]

屬名	彎柱芎屬
學名	*Conioselinum morrisonense* Hayata

莖枝無毛。小葉深羽裂，頂裂片線形，長 0.5 ～ 1 公分。最小單位之繖形花序約具 15 朵花；小總苞片絲狀，長 3 ～ 5 公釐；萼齒不發育；花白色，花瓣長圓形，先端內折。分果片長約 5 公釐。

特有種，產於中央山脈之高海拔地區。

葉背

分果片果稜明顯，無毛。

產於中央山脈高海拔地區，如南湖大山。

二至三回羽狀複葉

鴨兒芹屬 CRYPTOTAENIA

多年生直立草本，無毛，莖明顯。三出葉，小葉膜質。繖形花序不規則，形成圓錐花序，總苞片缺或葉狀，花白色，萼齒退化。分果片橫斷面圓形，具 5 鈍稜角。

鴨兒芹

屬名	鴨兒芹屬
學名	*Cryptotaenia japonica* Hassk.

多年生草本，高 20 ～ 50 公分，具根莖。三出葉，頂小葉卵形，長 3 ～ 8 公分，寬 2 ～ 6 公分，不規則雙鋸齒緣，先端漸尖。複繖形花序呈圓錐狀，最小單位之繖形花序具 1 ～ 4 朵花；花瓣白色，倒卵形，長 1 ～ 1.2 公釐，寬約 1 公釐，頂端有內折；花絲短於花瓣，花藥卵圓形，長約 0.3 公釐；花柱基圓錐形，花柱短，直立。分果片長 3 ～ 6 公釐。

產於日本、琉球、韓國、中國及台灣；在台灣分布於中、北部中海拔森林。

最小單位之繖形花序具 1 ～ 4 朵花，花白色。

三出複葉，小葉膜質。

細葉旱芹屬 CYCLOSPERMUM

草本，一年生草本，無毛；莖纖細，多分支，開展至直立。葉片三至四回羽狀全裂，末回裂片狹窄，纖細。複繖形花序疏鬆頂生或對生，花序梗短或敗育；萼齒不明顯；花瓣白色，帶綠色或帶粉紅色，卵形，銳尖，先端不狹窄的和內折，中間的稜明顯；花柱基淺圓錐形，花柱短到幾乎廢退。果實卵球形至球狀，側面稍壓扁。

細葉旱芹 (薄葉芹菜)

屬名	細葉旱芹屬
學名	*Cyclospermum leptophyllum* (Persoon) Sprague *ex* Britton & P. Wilson

植株高 25 ～ 45 公分，莖多分支，光滑。基生葉有柄，柄長 2 ～ 5 公分，基部邊緣略擴大成膜質葉鞘；葉片輪廓為長圓形至長圓狀卵形，長 2 ～ 10 公分，寬 2 ～ 8 公分，三至四回羽狀多裂，裂片線形至絲狀；莖生葉通常三出式羽狀多裂，裂片線形，長 1 ～ 1.5 公分。小繖形花序具 5 ～ 23 朵花，花梗不等長；無萼齒；花瓣白色、綠白色或略帶粉紅色。

分布於大洋洲、日本、印尼、美洲、馬來西亞、中國南方；在台灣歸化於全島。

花甚小，白色。

果卵球形至球形，側面稍壓扁。

莖纖細，多分支。

葉三至四回羽狀多裂，裂片線形至絲狀。

最小單位的繖形花序具 5 ～ 23 朵花

刺芹屬 ERYNGIUM

一年生或多年生草本，莖直立，無毛，有縱條槽紋。 單葉，革質，全緣或稍有分裂，有時呈羽狀或掌狀分裂，邊緣有刺狀鋸齒，葉脈平行或網狀，葉柄有鞘，無托葉。花小，白色或淡綠色，無柄或近無柄，排列成頭狀花序，頭狀花序單生或成聚繖狀或總狀花序；總苞片 1～5 枚，全緣或分裂；萼齒 5，直立，硬而尖，有脈 1 條；花瓣 5 枚，狹窄，中部以上內折成舌片；雄蕊與花瓣同數而互生，花絲長於花瓣，花藥卵圓形；花柱短於花絲，直立或稍傾斜；花盤較厚。果實卵圓形或球形，側面略扁，表面有鱗片狀或瘤狀凸起，果稜不明顯，通常有油管 5 條。

刺芫荽

屬名	刺芹屬
學名	*Eryngium foetidum* L.

多年生草本，高 8～60 公分，全株具特殊氣味，莖綠色。基生葉成蓮座狀，互生，披針形或倒披針形，長 5～25 公分，寬 1～4 公分，先端鈍，具硬齒或針狀齒緣，基部鈍至下延至柄，葉柄短或無；莖生葉對生，針狀鋸齒緣至深裂，無柄。頭狀花序具短花序梗，繖形，頂生或側生，側生者常形成單歧聚繖狀；頭花圓柱狀，長 0.5～1.2 公分，寬 3～5 公釐；苞片 4～7 枚，葉狀，長 1.5～3.5 公分，針狀鋸齒緣；萼齒 5 枚，卵狀披針形，長 0.5～1 公釐；花瓣 5 枚，白色或淡黃色；花柱直立，長約 1.1 公釐。果實球形或卵圓形，略具 5 稜。

　　產墨西哥及南美，在台灣栽植後逸出於各地。

基生葉蓮座狀，具硬齒或針狀齒緣。

頭花圓柱狀

果卵圓形或球形，表面有鱗片狀或瘤狀凸起。

濱防風屬 GLEHNIA

多年生海濱肉質草本。三出複葉或三出羽狀複葉，小葉通常三裂，鋸齒緣。複合繖形花序，花白色，萼齒甚微小。分果片果稜明顯，具約略等長之翅，腹面稍扁平，被毛。

濱防風

屬名	濱防風屬
學名	*Glehnia littoralis* F. Schmidt *ex* Miquel

植株通常具長根莖，莖高 5～30 公分。葉通常具長柄，小葉橢圓形、倒卵橢圓形至卵狀圓形，長 2～5 公分，寬 1～3 公分，通常帶紅色，葉面僅脈上被毛，不規則細齒牙緣。最小單位之繖形花序著花 10 朵以上。分果片長 5～13 公釐。

　　產於日本、中國及北美沿岸；在台灣分布於北部海濱。

分布於台灣北部海濱。植株低矮。

水芹菜屬 OENANTHE

多 年生草本，無毛。羽狀複葉，葉柄鞘膨大。複合繖形花序，花白色，宿存萼齒小三角形。分果片腹面較扁，長橢圓形，無毛，無子房柄。

水芹菜

屬名	水芹菜屬
學名	*Oenanthe javanica* (Blume) DC.

莖圓柱形。一至三回羽狀複葉，長 3 ～ 10 公分，小葉深羽裂，頂裂片卵形至狹卵形，全緣或鋸齒緣。最小單位之繖形花序具 5 ～ 21 朵花。離果長約 2.5 公釐。

　　產於日本、琉球、中國、馬來西亞、印度及澳洲；在台灣分布於全島中、低海拔之溝渠、水田及溼地。

複合繖形花序

葉柄不為扁平

一回至三回羽狀複葉，葉長 3 ～ 10 公分，小葉深羽裂。

翼莖水芹菜 特有種

屬名	水芹菜屬
學名	*Oenanthe pterocaulon* S. L. Liou, C. Y. Chao & T. I. Chuang

莖具翼，5 ～ 6 稜。二回羽狀複葉，小葉長橢圓形，長 3 ～ 6 公分，寬 1 ～ 2 公分，鋸齒緣。最小單位之繖形花序具 11 ～ 21 朵花，花小，花瓣先端凹。離果長 2.5 ～ 3 公釐。

　　特有種，產於台灣北部之水田中。

花小，花瓣先端凹。

花莖不為圓柱形，具稜。

莖具翼，5 ～ 6 稜。

特產於台灣北部之水田中

小葉長橢圓形

葉柄扁平

多裂葉水芹

屬名　水芹菜屬
學名　*Oenanthe thomsonii* C. B. Clarke

多年生草本，高 20 ～ 50 公分；莖細弱，匍匐，分支，下部節上生根。葉有柄，長 2 ～ 6 公分，基部有短葉鞘；葉片輪廓三角形或長圓形，長 6 ～ 17 公分，寬 2.5 ～ 6 公分，三至四回羽狀分裂，稀為五回羽狀分裂，末回裂片線形，長 2 ～ 3 公釐，寬 1 ～ 2 公釐。複繖形花序頂生及側生，花序梗長 3 ～ 8 公分；無總苞；傘輻 4 ～ 8，長 1 ～ 1.5 公分，直立，開展；小總苞片線形，長 2 ～ 2.5 公釐；小繖形花序有花 10 餘朵，花梗長 2 ～ 3 公釐；花瓣白色，倒卵形，長 1 公釐，寬 0.6 公釐，有一長而內折的小舌片；花柱基圓錐形，花柱直立或分開，長 0.7 ～ 0.8 公釐。幼果近圓球形。

　分布於不丹、錫金以及中國大陸的西藏、雲南等地．台灣北部濕地及山溪間。

花與水芹菜差異不大 (許天銓攝)

初果 (許天銓攝)

葉可達五回羽裂，為台產本屬中最為細裂者 (許天銓攝)

山薰香屬 OREOMYRRHIS

多年生草本，僅具根生葉。二回羽狀複葉，葉柄鞘膨大。頂生單繖形花序。總苞包片 4 ～ 10，通常長於果序，前半部三裂，每一裂片羽裂。花白色，萼齒退化。分果片果稜明顯，無翅，腹面較扁。

山薰香 特有種

屬名　山薰香屬
學名　*Oreomyrrhis involucrata* Hayata

莖枝被粗毛。葉連葉柄長 5 ～ 15 公分，膜質，小葉有 6 ～ 9 個羽狀深裂的裂片，頂裂片披針形。繖形花序具 10 ～ 20 朵花，總苞大於 1 公分；花瓣白色，帶有紫暈。每個果序少於 10 個離果。

　特有種，產於中央山脈之高海拔地區。

繖形花序具 10 ～ 20 朵花

小葉有 6 ～ 9 個羽狀深裂的裂片

每個果序少於 10 個離果

南湖山薰香 特有種

屬名	山薰香屬
學名	*Oreomyrrhis nanhuensis* Chih H. Chen & J. C. Wang

植株高 6～12 公分。小葉有 9～11 個羽狀深裂的裂片，葉柄下側密生毛。總苞片基部的邊緣有硬毛，花瓣白色。每個果序有 10～25 個離果。

特有種，生於台灣高山岩屑地。

每個果序有 10～25 個離果

小葉有 19～23 個羽狀深裂的裂片。花瓣白色。

生於南湖大山，結果之植株。

葉之羽狀裂片線形

台灣山薰香 特有種

屬名	山薰香屬
學名	*Oreomyrrhis taiwaniana* Masam.

小葉有 9～11 個羽狀深裂的裂片，葉柄下側近光滑。總苞片小於 1 公分，總苞基部的邊緣有軟毛，花瓣紫色。每個果序有 10～25 個離果。

特有種，產於中央山脈之高海拔地區。

特產於台灣高海拔山區

花瓣紫色

每個果序有 10～25 個離果

臭根屬 OSMORHIZA

多 年生草本，被疏長毛。三回三出複葉，葉柄鞘稍膨大，小葉鋸齒緣至羽裂。複合繖形花序，萼齒退化。分果片不具明顯果稜，基部長尾芒狀，表面常具剛毛。

臭根

屬名	臭根屬
學名	*Osmorhiza aristata* (Thunb.) Makino

莖高 40 ～ 80 公分，具根莖。葉片菱狀卵形，長 7 ～ 20 公分，被小剛毛，頂裂片卵形至長橢圓形，鋸齒緣，葉柄長 5 ～ 20 公分。最小單位之繖形花序具 3 ～ 9 朵花。離果長 1.8 ～ 2 公釐，寬 0.2 公釐，稜上被剛毛。

產於西伯利亞南部、薩哈林、滿州地區、日本、中國及喜馬拉雅山區；在台灣分布於中部中、高海拔山區。

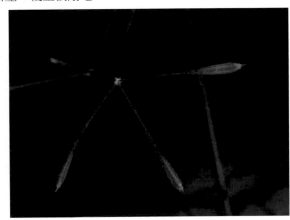

果實被剛毛，基部具長尾芒狀。（許天銓攝）

三回三出複葉，小葉鋸齒緣至羽裂。（許天銓攝）

前胡屬 PEUCEDANUM

多 年生草本，莖明顯。三出複葉或羽狀複葉，小葉膜質至半革質，葉柄鞘不明顯。複合繖形花序，雜性花。分果片果稜明顯，被毛，側邊果稜延伸成翅，腹面較扁平。

台灣前胡 特有種

屬名	前胡屬
學名	*Peucedanum formosanum* Hayata

莖高 1 ～ 2 公尺。二至三回三出複葉，小葉深羽裂，葉基生者三角形，長 5 ～ 25 公分，小葉卵形至披針形，長 1 ～ 5 公分，先端驟尖，葉柄長 5 ～ 15 公分。最小單位之繖形花序具 10 ～ 15 朵花，花白色，雄蕊較花瓣長甚多。離果寬 3 ～ 4 公釐。

特有種，產於台灣全島中高海拔山區。

最小單位之繖形花序具 10 ～ 15 朵花，花白色，雄蕊較花瓣長甚多。

複葉呈三角形；小葉卵形至披針形，深羽裂。

日本前胡

屬名　前胡屬
學名　*Peucedanum japonicum* Thunb.

莖高 60 ～ 100 公分。一至二回三出複葉，小葉微齒牙緣或淺裂，葉基生者三角卵形，長 5 ～ 20 公分，小葉倒卵楔形，長 3 ～ 6 公分，寬 2 ～ 4 公分，先端通常三淺裂，葉柄長 10 ～ 20 公分。最小單位之繖形花序具 15 ～ 30 朵花，花白色。離果寬 2 ～ 4 公釐。

　　產於日本、琉球、中國及菲律賓，在台灣分布於北部及東部海濱。

約於五至六月開花

花白色，花瓣常反捲。　　在台灣分布於北部及東部海濱　　　　　　小葉先端通常三淺裂

茴香屬 PIMPINELLA

多年生直立小草本，被毛。單葉，三出複葉至羽狀複葉；莖生葉與基生葉通常二型，莖生葉小葉較窄，羽狀，往上漸小。複合繖形花序，花白色，萼齒微小。分果片具果稜，橢圓柱形，側邊微扁。

三葉茴香

屬名　茴香屬
學名　*Pimpinella diversifolia* DC.

莖高 50 ～ 100 公分。單葉或三出複葉，小葉長 3 ～ 6 公分，鋸齒緣，基生葉卵形，長 3 ～ 6 公分，寬 2 ～ 3 公分，羽裂至三出複葉。最小單位之繖形花序具 5 ～ 15 朵花。離果寬 1.5 ～ 2 公釐，寬較長大。

　　產於日本、中國、喜馬拉雅山區及印度北部；在台灣分布於北部、南部及東部之低海拔坡地及路旁。

花序及果序

花白色，甚小，背面具毛。　　基生葉單葉或三出複葉或羽狀複葉　　　開花之植株

玉山茴香 特有種

屬名　茴香屬
學名　*Pimpinella niitakayamensis* Hayata

莖高 15～30 公分。羽狀複葉，小葉長 0.5～2 公分，齒牙緣，小葉 5～9 枚，寬卵形至近圓形，長 5～0 公釐，偶三深裂至羽裂，葉柄長 5～10 公分。最小單位之繖形花序具 6～12 朵花；雄蕊花藥紅色，花絲稍彎。離果寬 1.5～2 公釐，寬較長短。

特有種，產於台灣中部中、高海拔地區。

複合繖形花序

葉齒牙緣，小葉 5～9 枚。

花藥紅色，花瓣先端微內彎。

山芹菜屬 SANICULA

草本，無毛，莖明顯近無。掌狀三至五出葉，托葉鞘稍膨大，小葉膜質，鋸齒緣，葉脈突出葉緣外。不規則複合繖形花序，單性或雜性花，萼齒明顯，完全花在內，無梗，雄花在外，有梗；無花柱腳。分果片具刺，無可見果稜，腹面稍膨大。

三葉山芹菜

屬名　山芹菜屬
學名　*Sanicula lamelligera* Hance

莖高 5～20 公分，叢生。三出複葉，葉心狀近圓形，徑 2～5 公分，柄長 5～15 公分，小葉菱狀卵形，常二至三裂。最小單位之繖形花序具 4～7 朵花，雄花 3～6 朵。果長約 2.5 公釐，寬約 2 公釐。

產於日本、琉球及中國南部；在台灣分布於全島中、低海拔森林中。

最小單位之繖形花序具 4～7 朵花

三出複葉，葉心狀近圓形。

離果，成熟時分成 2 分果片。

五葉山芹菜 <small>特有種</small>

屬名	山芹菜屬
學名	*Sanicula petagioides* Hayata

莖高 5 ～ 20 公分，叢生。五出葉，葉五角形，寬 2 ～ 3 公分，柄長 5 ～ 10 公分，小葉菱狀卵形，常三裂。最小單位之繖形花序具 6 ～ 8 朵花，雄花 5 ～ 7 朵。果寬約 1.5 公釐。

　　特有種，產於台灣全島中海拔森林中。

整個花序生於一長梗上

花瓣常彎曲

五出葉，葉五角形。

零餘子屬 SIUM

多年生草本，無毛，莖明顯。羽狀複葉，小葉膜質，鋸齒緣。複合繖形花序，花白色。分果果片果稜明顯，無翅至窄翅，腹面較扁。

　　台灣有 1 種。

細葉零餘子

屬名	零餘子屬
學名	*Sium suave* Walt.

莖高 60 ～ 120 公分，無毛，莖具稜角突出。葉長 3 ～ 10 公分，小葉長 5 ～ 25 公釐，寬 1 ～ 10 公釐，先端銳尖，鋸齒緣。最小單位之繖形花序具 10 ～ 20 朵花，萼齒明顯。離果長寬相等，1 ～ 3 公釐。

　　產於美國北部、歐洲東部、中國北部、韓國及日本；在台灣分布於台中清水、大里、大安一帶及彰化鹿港低海拔之水田地，目前僅餘個位數之生育地。

分果片果稜明顯

最小單位之繖形花序具 10 ～ 20 朵花

以往分布於台中清水、大里、大安一帶及彰化鹿港低海拔水田地，然目前僅餘個位數之生育地。

一回羽狀複葉

竊衣屬 TORILIS

一年生或多年生草本，被粗毛。二至三回羽狀複葉。複合繖形花序，花白色。分果片腹面扁具鉤刺，鉤不明顯。

竊衣

屬名	竊衣屬
學名	*Torilis japonica* (Houtt.) DC.

一年生草本，高 30 ～ 75 公分。二回羽狀複葉，小葉長橢圓形至披針形，常羽裂，長 1 ～ 10 公釐，寬 2 ～ 15 公釐。總苞片 3 ～ 6 枚，傘輻（花軸）4 ～ 8。離果圓卵形，長 1.5 ～ 4 公釐。

產於日本、琉球、中國、印度東部、北非及歐洲；在台灣分布於全島中、低海拔坡地及路旁。

花瓣先端凹

分果片腹面扁，具鉤刺。

二回羽狀複葉；小葉長橢圓形至披針形，常羽裂。

傘輻（花軸）4 ～ 8。

紫花竊衣

屬名	竊衣屬
學名	*Torilis scabra* (Thunb.) DC.

一年生草本，高 10 ～ 75 公分。二回羽狀複葉，小葉長 2 ～ 10 公釐，寬 2 ～ 5 公釐。總苞片通常無，或具一線形的苞片，傘輻（花軸）2 ～ 4（5）。離果長 5 ～ 7 公釐。

分布於南韓、日本、琉球、小笠原群島及巴基斯坦；在台灣見於全島中低海拔之坡地及路旁。

開花之枝條，花白色或淡紫色。

傘輻（花軸）2 ～ 4（5）。

五加科 ARALIACEAE

灌木、喬木或草本，常被刺。單葉或掌狀複葉或羽狀複葉，互生，有柄，有或無托葉。常為繖形或頭狀花序（偶為其他類型花序），此兩型花序常單生，或成總狀、繖房、圓錐或繖形狀；苞片小，早落；花兩性或單性；萼筒與子房合生，花萼裂片小，稀缺；花瓣 5～10 枚；雄蕊 5～10，生於花瓣上；子房下位或半下位。果實為堅果或核果。

特徵

灌木、喬木或草本，常被刺。單葉或掌狀複葉或羽狀複葉，互生，有柄。（通脫木）

常為繖形或頭狀花序（偶為其他類型花序），此兩型花序常單生、總狀、繖房、圓錐或繖形狀。（台灣五葉參）

花瓣 5～10 枚；雄蕊 5～10，生於花瓣上。（台灣常春藤）

刺楤屬 ARALIA

灌木或草本，常具粗刺。一至三回羽狀複葉，無托葉。繖形花序單生或數個排成總狀或圓錐狀；花雜性，雌雄同株；萼筒細齒緣，萼齒 5 枚；花瓣 5 枚；子房 2 ～ 5 室；花盤肉質。果實為漿果狀核果。

虎刺楤木

屬名	刺楤屬
學名	*Aralia armata* (Wall.) Seem.

多刺灌木，高達 4 公尺，莖密被刺。二至三回羽狀複葉，近葉基部之每對小葉基部有一對小型之葉，膜質；小葉卵狀長橢圓形至披針形，長 6 ～ 10 公分，細鋸齒緣，兩面具長硬毛。圓錐花序大，長達 50 公分，疏生鉤曲短刺；繖形花序直徑 2 ～ 4 公分，有花多數；花序梗長 1 ～ 5 公分，有刺及短柔毛；花梗長 1 ～ 1.5 公分，有細刺及粗毛；花萼無毛，長約 2 公釐，邊緣有 5 個三角形小齒；花瓣 5 枚，卵狀三角形，長約 2 公釐；雄蕊 5；子房 5 室，花柱 5，離生。

產於印度、錫金、緬甸、馬來西亞及中國南部；在台灣分布於全島低海拔之次生林或灌叢中。

花柱先端 5 岔，花瓣易落。

全株具粗刺

初果

裡白楤木

屬名	刺楤屬
學名	*Aralia bipinnata* Blanco

灌木，莖疏被刺。二回羽狀複葉，紙質；小葉卵形，長 4 ～ 7 公分，細鋸齒緣，兩面光滑或近光滑，下表面灰白色。大型圓錐花序，每一個小繖形花序有 15 ～ 25 朵花；花萼無毛，長約 1.2 公釐，邊緣有 5 個三角形小齒；花瓣 5 枚，長卵形，長約 1.5 公釐；雄蕊 5；子房 5 室，花柱 5，離生。果實球形，直徑約 2 公釐，有 5 稜。

產於菲律賓及琉球，在台灣分布於全島低海拔之林緣或灌叢中。

花瓣 5 枚，花盤肉質。

圓錐花序，花序中軸長而明顯。

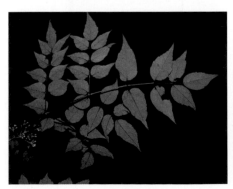
葉下表面灰白色，無毛，有明顯小葉柄。

花序之一小分支：花序軸無褐色毛。

台灣五葉參 特有種

屬名	刺楤屬
學名	*Aralia castanopsisicola* (Hayata) J. Wen

大型攀緣灌木，喜攀生大樹上。小葉 5 ～ 7 枚，卵形，下半部全緣，上半部細鋸齒緣，側脈 10 ～ 15 對，無或具短柄。花序甚大，繖形花序排成圓錐狀，密生紅褐色絨毛，花梗長約 1 公分；花梗被毛，萼無毛；花黃色，花瓣 5 枚，雄蕊 5，花藥玫瑰紅色。果實扁球形，徑約 3 公釐。

　　特有種，產於台灣全島中海拔地區，喜生於雲霧帶，不常見。

繖形花序

雄花序

花序甚大，繖形花序排成圓錐狀。

大型攀緣灌木，喜攀生大樹上。

食用土當歸

屬名	刺楤屬
學名	*Aralia cordata* Thunb.

多年生草本，高 1 ～ 2 公尺，莖無刺，枝被長及短柔毛，漸變光滑。大多數為大型二回羽狀複葉，著生莖先端者偶而為一回羽狀複葉；小葉卵形至橢圓形，長 5 ～ 12 公分，兩面被粗直毛，重細鋸齒緣。花多數，較小，淡黃或淡綠色，長常 25 ～ 40 朵排成繖形花序，然後由許多繖形花序組合成一頂生直立之大型圓錐花序；花序軸長 40 ～ 60 公分。

　　產於中國及日本；台灣分部於中央山脈中高海拔地區。

果序

大多為大型二回羽狀複葉，著生莖先端者偶而有一回羽狀複葉。

雄花

鵲不踏

屬名 刺楤屬
學名 *Aralia decaisneana* Hance

小喬木，高可達 10 公尺，莖疏被刺及黃褐色絨毛。二回羽狀複葉，羽片 4 ～ 5 對，小葉卵形至卵狀長橢圓形，長 8 ～ 15 公分，細鋸齒緣。花瓣 5 枚，乳黃色或乳白色，長卵形，長 2 ～ 2.5 公釐，先端鈍；雄蕊 5，花絲線形，長 3 公釐；子房下位，5 室，柱頭 5 岔，花梗有長毛。

　　產於中國南部及海南島，在台灣分布於全島低海拔之次生林及灌叢中。

花序軸被黃褐色毛

繖形花序，花序無明顯的中軸。

葉被黃褐色毛，小葉柄不明顯。

蘭嶼八角金盤屬 BOERLAGIODENDRON

小　喬木；枝光滑，無刺。葉具長柄，三至七掌裂或不裂，裂片圓齒狀鋸齒緣。花序頂生；萼筒具數齒；雄蕊 4 ～ 30；子房下位，1 至多室。果實具 4 ～ 5 溝紋。

蘭嶼八角金盤

屬名 蘭嶼八角金盤屬
學名 *Boerlagiodendron pectinatum* Merr.

小喬木。葉常叢生於枝端，闊卵形，長 20 ～ 25 公分，三至七近中裂，裂片卵形，鋸齒緣，上表面光滑，下表面沿脈被毛；葉柄長 15 ～ 25 公分，基部具梳狀物。果實成熟時黑色。

　　產於菲律賓，在台灣分布於離島蘭嶼及綠島。

葉柄長 15 ～ 25 公分，其基部具梳狀物。

果黑熟

樹參屬 DENDROPANAX

喬木或灌木，光滑，無刺。單葉，不裂或三至五掌裂，具透明腺體。花兩性或雜性，單或複繖形花序；萼筒全緣或具5小齒；花瓣5枚；雄蕊5；子房5室。

台灣樹參

屬名　樹參屬
學名　*Dendropanax dentiger* (Harms *ex* Diels) Merr.

單葉，互生，形狀多變化，幼小植株之葉常二至三中裂，成株之葉形呈卵形，基部漸變狹或銳尖，全緣或前端略具齒緣。頂生繖形花序；花小，多數，綠白色，徑5～6公釐；花萼小，倒圓錐形，淺5齒裂，齒呈三角形，長4～5公釐，先端銳尖；花梗細長，長1～1.2公分，光滑，綠色。

　　產於中南半島及中國，在台灣分布於全島中海拔森林。

花小，多數，綠白色。

成株之葉呈卵形，全緣或前端略具齒。

果熟呈黑色

三菱果樹參

屬名　樹參屬
學名　*Dendropanax trifidus* (Thunb. *ex* Murray) Makino

葉卵形至闊卵形或菱形，寬於5公分，幼株之葉常三至五深裂，成株之葉不裂或二至三淺裂，基部鈍或闊楔形，全緣。繖形花序，花綠色。

　　產於日本，在台灣分布於離島蘭嶼。

繖形花序，花綠色。

果枝

葉卵形至闊卵形或菱形，寬於5公分。

五加屬 ELEUTHEROCOCCUS

落葉小灌木或藤本,常具刺。掌狀複葉常具 3 小葉。花兩性或雜性,頂生繖形或繖形狀圓錐花序;花萼 5 小齒裂;花瓣 5 枚;雄蕊 5;子房 2 ~ 5 室。

台灣有 1 種及其 1 變種。

三葉五加

屬名	五加屬
學名	*Eleutherococcus trifoliatus* (L.) S. Y. Hu var. *trifoliatus*

花綠色

蔓性灌木或木質藤本,莖伸長,長 5 ~ 9 公尺,全株具有鉤刺。小葉常 3 枚,紙質,橢圓狀卵形至近橢圓形,細鋸齒緣,兩面光滑。 繖形花序 3 ~ 10 個,花序梗長 2 ~ 7 公分;花黃綠色;花萼無毛,邊緣有 5 個三角形小齒;花瓣 5 枚,三角狀卵形,開花時反曲;雄蕊 5,花絲長約 3 公釐;子房 2 室,花柱 2,基部或中部以下合生。核果卵形,徑 3 ~ 3.5 公釐,成熟時黑色。

廣布於喜馬拉雅山區至中國及菲律賓;在台灣分布於全島低、中海拔灌叢中。

小葉常 3 枚

果實為核果,卵形,徑 3 ~ 3.5 公釐,成熟時黑色。

毛脈三葉五加

屬名	五加屬
學名	*Eleutherococcus trifoliatus* (L.) S. Y. Hu var. *setosus* (Li) Ohashi

攀緣性灌木或藤本。葉重細鋸齒緣。花多數,小形,白色或淡黃色,多數小花組合成一繖形花序,生長於葉腋,花序單生。與承名變種(三葉五加,見本頁)之區別為本變種上表面之葉脈被硬毛。

產於中國南部,在台灣分布於全島高海拔山區。

本變種與承名變種之區別為上表面葉脈被硬毛。

結果之植株

八角金盤屬 FATSIA

小 喬木或灌木。單葉，掌狀中裂，裂片鋸齒緣。繖形花序排成圓錐狀，頂生，被柔毛；苞片大，早落；花萼筒全緣或淺裂；花瓣 5 枚；雄蕊 5；子房 5 室，花柱 10。

台灣八角金盤 特有種

屬名	八角金盤屬
學名	*Fatsia polycarpa* Hayata

小喬木或大灌木，高可達 5 公尺，幼枝與花序被褐色絨毛。葉叢生枝端，葉片大，圓形，直徑 15 ～ 30 公分，掌狀五至七深裂，裂片卵狀長圓形至長圓狀橢圓形，先端長尾狀漸尖，基部狹隘，上表面綠色，下表面淡綠色，疏鋸齒緣，具長柄。圓錐花序，頂生，長 30 ～ 40 公分，密生黃色絨毛；繖形花序，直徑 2.5 公分，有花約 20 朵；萼筒短，邊緣近全緣，有 10 稜；花瓣長三角形，先端尖，長約 3.5 公釐，開花時反捲；雄蕊 5，花絲線形，較花瓣長，外露；子房 10 室，有時 8 ～ 11 室，花柱 8 ～ 11，離生，長約 0.5 公釐；花盤隆起。果實核果狀，球形，徑 3 ～ 4 公釐。

特有種，產於台灣中、高海拔森林中或林緣。

花瓣長三角形，先端尖，長約 3.5 公釐，開花時反捲。

葉具長柄，葉片大，圓形，直徑 15 ～ 30 公分，掌狀五至七深裂。

常春藤屬 HEDERA

攀 緣灌木。單葉，互生，具粗齒或略齒裂，具長柄，無托葉。繖形花序，單生或排成總狀，花於花梗上端脫落；萼筒緣略 5 齒裂；花瓣 5 枚；雄蕊 5；子房 5 室。果實球形。

台灣常春藤 特有種

屬名	常春藤屬
學名	*Hedera rhombea* (Miq.) Bean var. *formosana* (Nakai) H. L. Li

葉於一般枝上常三至五裂或粗齒裂；於生殖枝上不裂，卵形或卵狀披針形，上表面略深綠色，具光澤，下表面灰白色。花序被星狀毛；花綠色，花瓣 5 枚，雄蕊 5。果實球形，先端具突尖物，成熟時黑色。

原種產於日本及韓國；此為特有變種，產於台灣全島低、中海拔森林中。

果球形，先端具突尖物，黑熟。

花瓣 5 枚，雄蕊 5。

葉於一般枝上常三至五裂或粗齒裂；於生殖枝上不裂，卵形或卵狀披針形。

天胡荽屬 HYDROCOTYLE

多年生匍匐性草本，通常節上生根。單葉，膜質，具葉柄及托葉。花序通常為單繖形花序，細小，有多數小花，密集呈頭狀；花序梗通常生自葉腋，短或長過葉柄；無萼齒；花白色、綠色或淡黃色，花瓣卵形，在花蕾時鑷合狀排列。離果側邊扁平。

台灣天胡荽

屬名　天胡荽屬
學名　*Hydrocotyle batrachium* Hance

葉圓形，寬 0.5 ～ 3 公分，三至五深掌裂，裂至少超過 2/3 長度，上表面光滑無毛或近無毛，下表面被長反曲毛；葉柄無毛，長 0.5 ～ 3 公分。繖形花序約 10 朵花，花綠白色，花絲與花瓣同長或稍超出，花葯卵形，花柱長 0.6 ～ 1 公釐。離果寬約 1.5 公釐。

　　產於越南、中國中南部、台灣及琉球；在台灣分布於全島中、低海拔農田邊緣及草生地。

花綠白色

離果寬約 1.5 公釐

葉三至五深掌裂

莖被貼伏且卷曲的長柔毛

姬天胡荽

屬名　天胡荽屬
學名　*Hydrocotyle delicata* Elmer

葉圓腎形，寬小於 5 ～ 7 公釐，淺五至七裂，裂片鈍鋸齒緣，稍具光澤，近無毛，兩面脈上僅具稀疏的非常不明顯的微刺；葉柄長 2 ～ 3 公釐，密被白毛。單一繖形花序，花序梗微稀毛，通常著花 4 ～ 8 朵，花粉紅白色或綠白色，花徑 0.8 公釐。離果寬 1 公釐。

　　分布於日本及琉球，在台灣主要生長於北部潮濕的石壁上及溪流邊坡。

花紅白色或綠白色，花徑 0.8 公釐。

葉圓腎形，寬小於 5 ～ 7 公釐。

毛天胡荽

屬名 天胡荽屬

學名 *Hydrocotyle dichondroides* Makino var. *dichondroides*

葉膜質，圓腎形，寬 5 ～ 15 公釐，寬鈍鋸齒緣，五淺裂，深度約五分之一，裂片之間通常不重疊，上表面無毛，偶而被毛，下表面被毛，兩面脈上具稀疏的毛；葉柄疏生平展或下垂的直長毛。繖形花序具 8 ～ 10 朵花，花序梗具長而稀疏的白色柔毛；花梗長 4 ～ 7 公分；花綠白色或紅色，花徑 1 公釐。離果寬 1 公釐。

　　產於日本及琉球；在台灣分布於海拔 1,500 ～ 2,500 公尺之潮溼草地及湖邊。

葉兩面脈上具稀疏的毛

葉下表面被毛

單葉、具長柄，葉腎形。

熟果

葉柄疏生平展或反折的直長毛

白頭天胡荽

屬名 天胡荽屬

學名 *Hydrocotyle leucocephala* Cham. & Schletdl.

葉近圓形或腎形，長 2 ～ 3 公分，寬 1.8 ～ 2.5 公分，基部心形，五至七淺裂，裂片有鈍鋸齒，淺裂約等於鋸齒深度，掌狀脈 7 ～ 9，葉面疏生短硬毛；葉柄長 5 ～ 15 公分，柄上密被柔毛；托葉膜質，長 1 ～ 2 公釐，頂端鈍圓或有淺裂。花序梗長於葉柄，長 5 ～ 15 公分，被有柔毛；繖形花序具 18 ～ 26 朵花，密生成球形的頭狀花序；花瓣 5 枚，白色或乳白色，先端漸尖。

　　原產南美洲；引進台灣，歸化於全島各地。

繖形花序有花 18 ～ 26 朵，密生成球形的頭狀花序。（郭明裕攝）

葉近圓形或腎形，長 2 ～ 3 公分。（郭明裕攝）

乞食碗

屬名	天胡荽屬
學名	*Hydrocotyle pseudoconferta* Masamune

多年生草本，莖匍匐蔓生，節上生不定根或分生短枝而直立，漸成長達5～30公分，葉圓腎形，寬2～7公分，鈍鋸齒緣，脈上疏被粗毛；葉柄密被毛，長5～15公釐。繖形花序，花多數，20～30朵，花序梗極短，近無梗，花白色。

產於非洲、澳洲、喜馬拉雅山區、印度、緬甸、馬來西亞、中南半島、中國、韓國、日本及夏威夷；在台灣分布於全島中、低海拔路旁及荒野。

花序及果序

葉圓腎形，寬2～7公分，鈍鋸齒緣，脈上疏被粗毛。

花序梗極短

阿里山天胡荽

屬名	天胡荽屬
學名	*Hydrocotyle ramiflora* Maxim

葉圓腎形，寬5～20公釐，淺五至七裂，裂片寬淺鈍鋸齒緣，密被粗毛；葉柄被長反曲毛，長2～5公分。繖形花序具15～30朵花，花序梗長於葉柄；花徑常大於5公釐，花瓣乳白色，卵形，長約1公釐，寬0.6公釐，具透明黃色腺點；花柱幼時內捲，果熟時向外反曲呈水平狀；花梗明顯。離果寬約1.5公釐。

產中國浙江，在台灣廣泛分布於海拔1,500公尺以上之中高海拔山區。

葉似乞食碗。花序梗長於葉柄。

毛茛葉天胡荽 特有種

屬名 天胡荽屬

學名 *Hydrocotyle* × *ranunculifolia* Ohwi

莖被貼伏且捲曲的長柔毛。葉深三裂，裂深度為葉寬的三分之一，不會裂至葉基部，上表面被稀疏的毛，葉柄被貼伏的長柔毛。繖形花序具 10 ～ 15 朵花，花序梗長 15 ～ 25 公釐，成熟之花藥不具花粉。本種可能為台灣天胡荽（*H. batrachium*，見 407 頁）與大屯山天胡荽（*H. dichondroides* var. *tatunensis*，見下頁）之天然雜交種。

特有種，產於台灣北部及東北部山區。

成熟之花藥不具花粉

葉深三裂，裂之深度為葉寬三分之一，不會裂至葉基部。

天胡荽

屬名 天胡荽屬

學名 *Hydrocotyle sibthorpioides* Lam. var. *sibthorpioides*

葉近圓形，徑 5 ～ 15 公釐，淺五至七裂，裂片鈍鋸齒緣，無毛；葉柄無毛，長 0.5 ～ 3 公分。繖形花序具 5 ～ 10 朵花，花綠色。離果寬 0.8 ～ 1.5 公釐。

產於亞洲熱帶及溫帶地區，在台灣分布於全島低海拔之陰涼處。

花序及果序

葉柄無毛

葉近圓形，淺五至七裂，裂片鈍鋸齒緣，無毛。

基隆天胡荽

屬名　天胡荽屬
學名　*Hydrocotyle sibthorpioides* Lam. var. *tuberifera* (Ohwi) T. Yamaz.

節間常膨大。葉圓腎形，寬 8 ～ 15 公釐，五至七淺裂，裂片較為圓鈍，上表面疏被毛，下表面無毛，基部被白色長反曲毛；葉柄長 1.5 ～ 2.5 公分，無毛，僅在葉柄與葉片連接處具簇生短毛。繖形花序 5 ～ 7 朵花，花綠白色或淡紅白色。離果寬約 1.2 公釐。

　　產日本琉球，在台灣見於北部海邊。

花綠白色或淡紅白色

葉圓腎形，葉柄無毛。

離果寬約 1.2 公釐無毛。

大屯山天胡荽 `特有種`

屬名　天胡荽屬
學名　*Hydrocotyle* sp.

莖多為褐色，不具光澤，密被毛。葉 1 ～ 1.8 公分，五淺裂，深度約四分之一，裂片常重疊，兩面脈上具有極濃密的毛，葉柄具有極濃密伏貼葉柄的捲曲長棉毛。繖形花序具 10 ～ 15 朵花。

　　特有變種，分布於陽明山一帶，海拔 1,000 公尺以下。

　　本種為黃韋嘉（2005）於碩士論文中提出的新變種，擬名為 *H. dichondroides* var. *tatunensis*，但由於該學名未正式發表，暫不使用於書中。

花黃綠色，微紅。

葉裂片常重疊，葉上表面明顯被毛。

在陽明山區普遍分布。莖密被長毛。

葉柄具有非常密集伏貼葉柄的捲曲長棉毛

鵝掌柴屬 SCHEFFLERA

喬木或灌木，有時為藤本。掌狀複葉。繖形花序或複繖形花序。萼齒短或近無，花瓣 5 ～ 15 枚，雄蕊 5 ～ 15。果實球形。

鵝掌蘗(鵝掌藤)

屬名	鵝掌柴屬
學名	*Schefflera arboricola* (Hayata) Kanehira

附生性木質藤本，莖伸長，常攀緣。掌狀複葉，互生，小葉 6 ～ 12 枚，革質，黃綠色，長橢圓形或長橢圓狀倒卵形，先端鈍至銳尖，有時凹頭，全緣，光滑，側脈 5 ～ 6 對。花多數，小形，直徑 3 ～ 4.5 公釐，6 ～ 20 朵組成一繖形花序，然後由多數繖形花序組成一頂生圓錐花序；花瓣 5 ～ 7 枚，淡黃色或黃綠色，橢圓形，長 2.5 ～ 3 公釐，寬 1.5 公釐，有 3 條脈紋；雄蕊 5 ～ 7，花絲長 3 ～ 3.5 公釐，花葯 2 室；花柱圓柱形，柱頭殆無。

產於海南島；在台灣分布於全島低、中海拔之林緣。

數繖形花序組成一頂生圓錐花序

掌狀複葉，互生，小葉 6 ～ 12 枚。

6 ～ 20 朵花組成一繖形花序

鵝掌柴(江某)

屬名	鵝掌柴屬
學名	*Schefflera octophylla* (Lour.) Harms

小喬木或灌木。掌狀複葉，小葉 7 ～ 13 枚，紙質至革質，橢圓形或卵狀橢圓形，長 10 ～ 20 公分，寬 3 ～ 6 公分，先端銳尖至短漸尖，有時略淺裂或具疏齒，側脈 7 ～ 9 對，綠或深綠色，兩面被毛，不久脫落。花小形，多數，兩性，直徑 2.5 ～ 5 公釐，常 7 ～ 15 朵組成一繖形花序；花瓣 5 枚，淡黃色或黃綠色，長三角形，長 3 ～ 3.5 公釐，中央有龍骨突起；雄蕊 5，花絲平滑，與花瓣互生；雌蕊圓錐形，平滑，柱頭不明顯 5 岔。

產於中國南部至中南半島、菲律賓、琉球及九州南部；在台灣分布於全島低海拔灌叢中。

花瓣 5 枚，長三角形，長 3 ～ 3.5 公釐，中央有龍骨突起。

掌狀複葉，小葉 7 ～ 13 枚。

蘭嶼鵝掌藤（南洋鵝掌藤、鵝掌藤）

屬名　鵝掌柴屬
學名　*Schefflera odorata* (Blanco) Merr. & Rolfe

大型藤本，在蘭嶼原生森林內，可長達數十公尺。小葉 5 ～ 9 枚，革質，橢圓至闊卵形，先端鈍或極短漸尖，小葉柄長於小葉。繖形花序長可達 4 公分，排成頂生圓錐狀，長 10 ～ 20 公分。果實球形，直徑 4 ～ 5 公釐。

　　分布於菲律賓，在台灣產於離島蘭嶼及綠島。

花序

葉橢圓至闊卵形

大型藤本，在蘭嶼原生森林內，藤本可長至數十公尺。

台灣鵝掌柴（高山鴨腳木） 特有種

屬名　鵝掌柴屬
學名　*Schefflera taiwaniana* (Nakai) Kanehira

小喬木，樹幹及枝條具有階段狀髓心，葉痕顯著。掌狀複葉，小葉 4 ～ 9 枚，卵狀長橢圓形至長橢圓狀披針形，長 10 ～ 15 公分，寬 2.5 ～ 5 公分，先端尾狀，下表面灰白色，側脈 5 ～ 7 對。花小形，白色或淡黃色，直徑 2.5 ～ 3 公分，常 5 ～ 7 朵叢生一處，排列成密集的圓柱狀總狀花序，花序長 10 ～ 25 公分，光滑無毛；花萼小形，先端有不明顯 5 ～ 6 齒裂，外面略有毛茸；花瓣長三角形，5 ～ 6 枚，長 2.5 公釐，寬 2 公釐，外面有微柔毛，中央有小龍骨突起；雄蕊 5 ～ 6。

　　特有種，產於台灣中海拔之森林。

花瓣長三角形，5 ～ 6 枚。

葉卵狀長橢圓形至長橢圓狀披針形

果枝

華參屬 SINOPANAX

小 喬木或灌木，被褐色星狀絨毛。單葉，略三至五裂或不規則粗齒緣，具長柄，具托葉。花無梗，成繖形近頭狀花序，排成圓錐狀；萼筒緣具細齒；花瓣5枚；雄蕊5；花盤厚；子房2室。

華參 特有種

屬名	華參屬
學名	*Sinopanax formosana* (Hayata) H. L. Li

高可達3～5公尺。葉革質，圓形，基部截形至心形，基出五至七脈，下表面密被絨毛。花序密生絨毛；花黃綠色，花瓣長2.5公釐，被毛；子房2室，各具1胚珠。核果球形，直徑約5公釐。

特有種，分布於台灣中海拔之林緣、灌叢中或開闊地。

花序密生絨毛，頂生。

葉下表面密被絨毛

通脫木屬 TETRAPANAX

灌 木，具走莖，無刺。單葉，掌狀裂，具長柄，具2芒狀托葉。花成繖形，再成圓錐狀；花瓣4～5枚；雄蕊4～5；花柱2。果實為堅果，核果狀。

通脫木(蓪草)

屬名	通脫木屬
學名	*Tetrapanax papyriferus* (Hook.) K. Koch

莖具白色髓心。葉常綠，紙質，直徑達50公分，7～12掌裂，裂片卵狀長橢圓形，全緣至粗鋸齒緣；葉柄長達50公分，光滑。花序密被絨毛；花淡黃色，花萼密生柔毛，長約1公釐；花瓣長三角形，長約2公釐，外面有毛茸；雄蕊4；花柱2。

產於中國南部；在台灣分布於北部、中部及東部，低至中海拔灌叢中。

花瓣長三角形，長約2公釐，外面有毛茸；雄蕊4，花柱2。

葉七至十二掌裂，裂片卵狀長橢圓形。

花成繖形，再成圓錐狀。

海桐科 PITTOSPORACEAE

地生或附生的直立或蔓性灌木或喬木。單葉，互生或近輪生，全緣，極稀齒緣，無托葉。花通常兩性，單生或成繖房或圓錐花序；萼片 5 枚，基部離生或合生；花瓣 5 枚，下位；雄蕊 5；子房 2 ～ 4 室，花柱單一，柱頭 2 ～ 5 岔。果實為蒴果，內具黏質。

特徵

常綠喬木或灌木。單葉，互生或近輪生，全緣，極稀齒緣，無托葉。（海桐）

花瓣 5 枚，下位；雄蕊 5；子房 2 ～ 4 室，花柱單一，柱頭 2 ～ 5 岔。（疏果海桐）

蒴果，內具黏質。（蘭嶼海桐）

海桐屬 PITTOSPORUM

常綠小喬木或灌木。葉互生或近輪生,全緣或略波狀。花整正;萼片分離或基部合生;花瓣分離或稍合生。蒴果球狀卵形。種子 2 至多數。

大葉海桐（楠葉海桐）

屬名	海桐屬
學名	*Pittosporum daphniphylloides* Hayata

地生或附生性灌木。葉革質,長橢圓形或長橢圓狀披針形,長 10 ～ 22 公分,寬達 7 公分,先端漸尖至尾狀,側脈 9 ～ 12 對。頂生繖房狀複聚繖花序花序;萼片 5 枚;花瓣 5 枚,長橢圓形,長約 6 公釐。果實球形,直徑約 6 公釐,2 瓣裂。種子 10 ～ 15 粒,紅色。

分布於中國,在台灣產於本島中海拔山區。

花序

葉背

葉革質,長橢圓或長橢圓狀披針形,長 10 ～ 22 公分。

果枝

疏果海桐

屬名	海桐屬
學名	*Pittosporum illicioides* Makino var. *illicioides*

常綠灌木;小枝纖細。葉紙質至革質,長橢圓形至披針形,長 8 ～ 12 公分,寬 1.5 ～ 4 公分,兩端均漸尖,側脈約 10 對,葉柄長 5 ～ 10 公釐。花單生或少數於葉腋簇生或成繖形,3 或 4 朵,花冠長約 5 公釐,花梗長 1.5 ～ 2.5 公分。果 2 ～ 3 瓣裂,長 8 公釐。

廣布於中國,在台灣產於本島中海拔地區。

花瓣 5;雄蕊 5。

葉紙質至革質,長橢圓至披針形。

細葉疏果海桐 特有種

屬名	海桐屬
學名	*Pittosporum illicioides* Makino var. *angustifolium* T. C. Huang *ex* S. Y. Lu

與承名變種（疏果海桐，見前頁）之差別僅在於葉為狹披針形，寬 0.5 ～ 2 公分；蒴果橢圓形。

　　特有變種，僅產於台灣本島中部中海拔地區，數量不多。

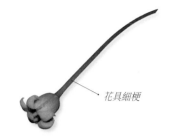

花具細梗

果熟裂開

花枝

葉為狹披針形

蘭嶼海桐

屬名	海桐屬
學名	*Pittosporum moluccanum* Miq.

常綠灌木。葉革質，倒卵狀長橢圓形至倒披針形，長 8 ～ 12 公分，寬 4 ～ 5.5 公分，先端鈍至圓，基部楔形，側脈約 6 對，葉柄長 0.5 ～ 1.5 公分。頂生圓錐花序，花白色。果實稍大，徑約 8 公釐，2 瓣裂。

　　產於馬來西亞；在台灣分布於恆春半島及蘭嶼、綠島之低海拔次生林中。

果稍大，徑約 8 公釐。

果枝

花白色

葉革質，倒卵狀長橢圓至倒披針形。

台灣海桐(七里香)

屬名　海桐屬
學名　*Pittosporum pentandsum* (Blanco) Merr.

灌木或小喬木,小枝有毛。葉倒卵狀披針形或橢圓狀披針形,長達11公分,寬達4公分,兩端均銳尖。花多數頂生,成圓錐狀,花白色,直徑約5公釐。果實球形,黃色,2瓣裂。種子紅色。

　　產於菲律賓;台灣分布於本島南部及蘭嶼低海拔山區或近海森林中。

花白色

葉倒卵狀披針形或橢圓狀披針形

結果植株

海桐

屬名　海桐屬
學名　*Pittosporum tobira* (Thunb.) Ait.

常綠灌木,幼枝被褐色短毛。葉革質,倒卵狀長橢圓形至倒披針形,長4～9公分,寬2～4公分,先端鈍至圓,基部楔形,側脈6～8對,葉柄長1～2公分。頂生短圓錐花序,花白色,花瓣長約1公分。果實球狀,直徑約1.5公分,3瓣裂。種子8～10粒,紅色。

　　廣布於東亞,在台灣分布於北部之海岸叢林,很常見。

分佈於台灣北部海岸叢林

花瓣5;雄蕊5;花柱單一。

初果表面具毛

葉倒卵狀長橢圓形至倒披針形;葉緣波浪狀。

葉背

五福花科 ADOXACEAE

多年生草本、灌木或小喬木。單葉或羽狀複葉，對生，托葉無或小。花莖直立，花序為總狀、聚繖或團繖花序排列成間斷的穗狀花序，頂生或稀為腋生；花小，合萼，合瓣，通常 4 ～ 5 數；雄蕊 2 輪，內輪退化，外輪著生在花冠上，分裂為 2 半蕊，花藥單室，盾形，外向，縱裂；心皮與花部同數或異數，子房半下位至下位，花柱連合或分離，柱頭點狀。果實為核果。

灌木或多生年草本。單葉或複葉，對生，齒緣，具或無托葉。圓錐、聚繖或繖形花序。花兩性，小，多數，輻射對稱或略兩側對稱；萼 2-5 齒裂；花瓣 5 或 4，合生；雄蕊常 5，偶 8-12，生於花冠筒上；子房下位或半下位，頂端或具蜜腺。核果。台灣有 2 屬，分子親緣關係的分類系統，將台灣原置於忍冬科的接骨木屬及莢蒾屬移至五福花科。

特徵

核果（紅子莢蒾）

花瓣 5 或 4 枚，合生；雄蕊常 5，偶 8 ～ 12，生於花冠筒上。（接骨木）

灌木或多生年草本。單葉或複葉，對生，齒緣。（台灣蝴蝶戲珠花）

接骨木屬 SAMBUCUS

落葉灌木或小喬木。羽狀複葉，小葉鋸齒緣。花輻射對稱，頂生聚繖花序，小苞片 1 或無，花萼筒三至五裂，花冠筒三至五裂，雄蕊 5，子房 3～5 室。果實為核果，漿果狀。

冇骨消(蒴翟)

屬名	接骨木屬
學名	*Sambucus chinensis* Lindl.

莖有稜，小枝髓部白色。小葉3～5枚，膜質，長7～20公分，先端漸尖，細鋸齒緣，上表面綠色，下表面淺綠色，側生者無柄或具短柄。花序間有黃色杯狀蜜腺，短筒形；花萼五淺裂；花冠輪狀鐘形，白色，直徑約 3 公釐，五裂；雄蕊 5，著生於花冠筒基部而與花瓣互生；柱頭 3 岔。果實成熟時紅色。

　　產於中國、日本及琉球；在台灣分布於全島中、低海拔之開闊地，常見。

花正面

花側面

小葉基部有腺點

果熟呈橘紅色

分佈於台灣全島中及低海拔開闊地，常見。

黃色杯狀蜜腺常有許多螞蟻來取蜜

莢蒾屬 VIBURNUM

落葉或常綠灌木或小喬木。單葉，殆對生，托葉存或無。聚繖花序成頂生繖房或圓錐狀排列。花長於花序邊緣者常中性；花萼五裂；花冠白色，輪狀至漏斗狀，五裂；雄蕊 5；子房上位。

著生珊瑚樹 特有種

屬名	莢蒾屬
學名	*Viburnum arboricolum* Hayata

灌木或小喬木，偶附生於其他樹上，全株殆光滑。葉橢圓形至長橢圓形，長 8～12 公分，寬 4～6 公分，先端銳尖或鈍，上半部淺齒緣，兩面光滑，側脈 6～9 對，葉柄長 1～2 公分。花白色，花瓣長約 5 公釐。果實成熟時紅色，橢圓形或球形，長 8 公釐。

特有種，產於台灣中、北部中海拔山區之林緣。

花冠輻形

開花之植株

果卵球形之族群（球果莢蒾）

樺葉莢蒾（玉山莢蒾）

屬名	莢蒾屬
學名	*Viburnum betulifolium* Batal.

灌木，冬芽被 2 枚光滑鱗片。葉紙質，卵狀圓形，長 4～8 公分，寬 3～6 公分，先端銳尖至短尾狀，基部圓至心形，突尖狀鋸齒緣，上表面光滑，下表面脈上被毛，側脈約 7 對；葉柄長 1～3 公分，光滑或略被毛。花白色，花序軸被星狀毛。果實紅色。

產於中國，在台灣分布於中央山脈中高海拔之林緣。

花序頂生，花序軸被星狀毛。

果熟呈鮮紅色

卵狀圓形，側脈約 7 對。

下表面脈上被毛

松田氏莢蒾 (宜昌莢蒾)

屬名　莢蒾屬
學名　*Viburnum erosum* Thunb.

落葉灌木，小枝密被柔毛及星狀絨毛及長柔毛。葉卵狀披針形，長 3～11 公分，先端漸尖，常尾狀，基部圓或略呈心形，銳鋸齒緣，兩面密被柔毛及星狀毛，側脈約 9 對，葉柄長約 2 公釐。花白色。果實紅色，被星狀毛。

　　產於中國、韓國及日本；在台灣分布於中央山脈中海拔之林緣或灌叢中。

兩面密被柔毛及星狀毛，側脈約 9 對。

花冠白色

葉卵狀披針形

果被星狀毛

狹葉莢蒾 (太平山莢蒾)

屬名　莢蒾屬
學名　*Viburnum foetidum* Wall. var. *rectangulatum* (Graebn.) Rehder

灌木，小枝被星狀毛。葉橢圓形至卵狀長橢圓形，長 3～6 公分，先端銳尖或鈍，基部楔形至圓，前半部鋸齒緣，上表面光滑或中脈被短毛，下表面脈上被短毛，三出脈，側脈 1～3 對，葉柄長 4～10 公釐。花白色。果實紅色。

　　產於中國；在台灣分布於全島中、高海拔之林緣。

花白色

三出脈，側脈 1～3 對。

常結實纍纍

紅子莢蒾(台灣莢蒾)

屬名	莢蒾屬
學名	*Viburnum formosanum* Hayata

灌木；一年生枝有稜，無毛。葉紙質或近革質，卵形，長4～7公分，先端銳尖或漸尖，基部圓，銳鋸齒緣，上表面光澤，下表面脈上疏被短毛，葉柄長5～15公釐。花白色。果實紅色。

產於中國南部，在台灣分布於全島低至中海拔山區之林緣或灌叢中。

花梗具密毛

果熟呈紅色

下表面脈上疏被短毛

開花之植株

葉側脈明顯

表面光澤

玉山糯米樹(狹葉糯米樹) 特有種

屬名	莢蒾屬
學名	*Viburnum integrifolium* Hayata

灌木，小枝光滑。葉紙質，長橢圓狀披針形，長5～9公分，先端尾狀漸尖，基部銳尖，全緣，兩面光滑，側脈4～6對，葉柄長5～7公釐。花白色，花冠裂片卵形。果實黑色。

特有種，分布於台灣全島中海拔山區森林中。

花白色，裂片卵形。

長橢圓狀披針形，長5-9cm，先端尾狀漸尖，全緣。

日本莢蒾

屬名　莢蒾屬
學名　*Viburnum japonicum* (Thunb.) Spreng.

灌木，小枝光滑。葉革質，卵狀圓形至闊倒卵形，長 7 ～ 20 公分，先端突銳尖，基部楔形至圓，鋸齒緣，兩面光滑，下表面灰色具腺點，側脈 5 ～ 8 對，葉柄長 1.5 ～ 3 公分。花白色。果實紅色，卵球形。

　　產於日本，在台灣僅分布於離島蘭嶼之紅頭山及大森林山等山區。

花白色

果紅色，卵球形。

灌木；小枝光滑。

葉卵狀圓形至闊倒卵形，兩面光滑。

呂宋莢蒾

屬名　莢蒾屬
學名　*Viburnum luzonicum* Rolfe

灌木，一年生小枝被黃褐色簇狀毛。葉紙質，生殖枝上者卵形，長 5 ～ 8 公分，營養枝上者長橢圓形至橢圓形，先端漸尖或銳尖，基部銳尖，鋸齒緣，上表面近光滑，下表面被星狀毛，側脈 5 ～ 7 對，葉柄長 5 ～ 10 公釐。花白色，外被星狀短毛。果實紅色。

　　產於中南半島、中國、菲律賓及馬來西亞；在台灣分布於全島低海拔之林緣或灌叢中。

果熟呈紅色

葉背具星狀毛

葉上表面近光滑，下表面被星狀毛。

花白色，外被星狀短毛。

珊瑚樹

屬名	莢蒾屬
學名	*Viburnum odoratissimum* Ker

灌木或小喬木，小枝被微毛或光滑。葉革質，倒卵形至橢圓形，長 7 ～ 14 公分，先端鈍至圓，基部楔形，全緣或前半部疏刻狀齒緣，上表面光滑，下表面略疏被星狀毛，葉柄長 1 ～ 2 公分。花白色。果實紅至黑色。

產於印度、中南半島、中國南部及菲律賓；在台灣分布於恆春半島海拔 300 ～ 1,500 公尺山區。

果枝下垂

花序

分佈於台灣台灣恆春半島海拔約 300 ～ 1,500 公尺。(郭明裕攝)

全緣或前半部疏刻狀齒緣，上表面光滑。(郭明裕攝)

小葉莢蒾 特有種

屬名	莢蒾屬
學名	*Viburnum parvifolium* Hayata

小灌木，小枝被星狀毛。葉紙質，卵形至長橢圓形或圓形，有時略三裂狀，長 1 ～ 3 公分，先端圓至鈍，基部楔形至圓，不規則寬齒緣，上表面光滑或脈上被星狀毛，下表面脈上疏被星狀毛，側脈 3 ～ 4 對，葉柄長 4 ～ 6 公釐。花冠白色。果實成熟時紅色，長橢圓形或球形，徑 7 ～ 10 公釐。

特有種，分布於台灣中、高海拔之林緣或灌叢中。

花白色

葉長 1 ～ 3 公分

佈於中、高海拔山區林緣或灌叢中。

台灣蝴蝶花 特有種

屬名　莢蒾屬
學名　*Viburnum plicatum* Thunb. var. *formosanum* Y. C. Liu & C. H. Ou

灌木，小枝密被星狀毛。葉卵狀圓形至橢圓形，短枝上者呈不等大，長 4 ～ 10 公分，先端漸尖或銳尖，基部鈍至圓，齒狀鋸齒緣，兩面被短毛，側脈 6 ～ 9 對，葉柄長達 2 公分。不孕性周邊花白色，甚大，可孕花黃白色。花白色。果實紅色。

　　原種產於中國及日本；此為特有變種，分布於台灣中部及東部中海拔山區，如杉林溪、思源埡口、四季林道等地。

花小，黃色。

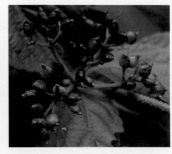
果紅色

葉先端突漸尖或銳尖，基部鈍至圓，齒狀鋸齒緣。

不孕性周方花白色，甚大，可孕花黃白色。

高山莢蒾

屬名　莢蒾屬
學名　*Vibunrum propinquum* Hemsl.

灌木，小枝光滑。葉近革質，橢圓形、卵形至卵狀披針形，長 4 ～ 9 公分，先端銳尖至長漸尖，基部闊楔形，三出脈，全緣或極疏細齒緣，兩面光滑，側脈 6 ～ 8 對，葉柄長 1 ～ 2 公分。花白綠色，裂片展開，先端常反捲。果實藍黑色。

　　產於中國及菲律賓，在台灣分布於中央山脈中高海拔之林緣或灌叢中。

花絲甚長

結果枝，兩面光滑。

三出脈，全緣或極疏細齒緣。

假繡球

屬名	莢蒾屬
學名	*Viburnum sympodiale* Graebn.

灌木或小喬木，冬芽無鱗片，小枝被星狀毛。葉紙質，闊卵形，長 6 ～ 12 公分，先端銳尖，基部心形，鋸齒緣，上表面光滑或脈上被毛，下表面脈上被星狀毛，側脈 6 ～ 8 對，葉柄長 1 ～ 2 公分。花序無總梗，四周具大型白色之不孕性花，中央者為兩性花，花白色或帶紅色。果實紅色。

　　產於中國；在台灣分布於全島中、高海拔之森林中。

四周具大型白色之不孕性花，中央者為兩性花，花白色。

葉紙質，闊卵形，長 6 ～ 12 公分。

果紅色

台東莢蒾

屬名	莢蒾屬
學名	*Viburnum taitoense* Hayata

小灌木，小枝被星狀毛。葉近革質，長橢圓狀披針形，長 5 ～ 9 公分，先端銳尖至鈍，密突尖狀鋸齒緣，兩面光滑，側脈 3 ～ 4 對，葉柄長 5 ～ 10 公釐。短聚繖花序頂生，花白色。果實紅色。

　　產於中國；台灣分布於全島中、高海拔之林緣或灌叢中。

短聚繖花序頂生，花白色。

葉近革質，長橢圓狀披針形。

結果之植株

壺花莢蒾（台灣高山莢蒾）

屬名　莢蒾屬

學名　*Viburnum urceolatum* Sieb. & Zucc.

小灌木，冬芽無鱗片，小枝被星狀毛。葉膜質，長橢圓狀心形至長橢圓狀披針形，長 8 ～ 15 公分，先端漸尖，細鋸齒緣至近全緣，上表面光滑，下表面脈上被星狀毛，側脈 4 ～ 5 對，葉柄長 1 ～ 4 公分。花冠外面紅色，內面白色。果實紅色。

　　產於中國及日本，在台灣分布於中央山脈中至高海拔之森林中。

果序

花冠外面紅色，內面白色。

葉膜質，長橢圓狀心形至長橢圓狀披針形。

忍冬科 CAPRIFOLIACEAE

灌木或木質藤本、草本，稀喬木。單葉或羽狀複葉，對生，稀有輪生，托葉無或小。成對之花組成聚繖花序或密集成頭狀花序，花兩性；花萼四或五裂，與子房合生；花冠筒三至五裂，有時成唇形；雄蕊 1～5，插生於花冠上，與花冠裂片互生；心皮 3～5 枚，合生，下位。果實為漿果、蒴果、瘦果或核果。

　　灌木或木質藤本、草本，稀喬木。單葉或羽狀複葉，對生，稀有輪生；托葉無或小。成對之花組成聚繖花序或密集成頭狀花序。花兩性；萼 4 或 5 裂，與子房合生；花冠筒 3-5 裂，有時成唇形；雄蕊 1-5，插生於花冠上，與花冠裂片互生；心皮 3-5，合生，下位。漿果、蒴果、瘦果或核果。APG IV 將敗醬屬、纈草屬、山蘿蔔屬、雙參屬皆移入此科。

特徵

灌木或木質藤本、草本，稀為喬木。單葉或羽狀複葉，對生，稀為輪生。(六道木)

花兩性；花萼四或五裂，與子房合生；花冠筒三至五裂，有時成唇形；雄蕊 1～5，生於花冠上，與花冠裂片互生。(金銀花)

雄蕊 1～5，插生於花冠上，與花冠裂片互生。(毛敗醬)

六道木屬 ABELIA

灌木。單葉。花冠裂片略不對稱，雄蕊 4，心皮 3。果實具有花後增大而與果等長之萼片。

糯米條

屬名	六道木屬
學名	*Abelia chinensis* R. Br.

低矮灌木，小枝被短毛。葉卵形至長橢圓形，長 0.6 ～ 2 公分，寬 0.2 ～ 1.3 公分，齒至圓齒緣，先端銳尖至圓鈍，基部鈍至圓形，偶心形。聚繖花序生於枝端葉腋，再集成圓錐狀，多花，花白色或紅色。

　　產中國，在台灣分布於北部至東部之海岸一帶。

聚繖花序生於枝端葉腋，再集成圓錐狀，多花；花白色或紅色。

葉卵至長橢圓形

忍冬屬 LONICERA

藤本，少灌木。單葉，全緣，無或稀具托葉。花萼略 5 齒裂；花冠成唇形，五裂，其中 1 裂片略深裂；雄蕊 4 或 5。果實為漿果。

阿里山忍冬

屬名	忍冬屬
學名	*Lonicera acuminata* Wall. *ex* Roxb.

莖蔓性，幼莖被刺毛或有時光滑。葉兩面光滑，紙質，長橢圓狀披針形或披針形，長 4 ～ 8 公分，先端銳尖至漸尖，下表面灰白色，兩面光滑，僅中脈略被毛。花冠白色，帶有粉紅色澤，花冠筒長 1.5 ～ 2 公分，外面光滑無毛，內面密生絨毛，花冠裂片為二唇裂，上唇直立，二至四淺裂，下唇舌形或舌狀披針形，反捲；雄蕊 5，挺出花冠外；花柱細長，柱頭頭狀或不明顯 3 岔；花梗下方小苞片線形。漿果球形，成熟時呈紫黑色。

　　產於印度東部至中國；在台灣分布於全島中、高海拔之林緣或灌叢中。

花冠成二唇形

葉長橢圓狀披針形或披針形，長 4 ～ 8 公分，先端銳尖至漸尖。

初果

無梗忍冬（銳葉忍冬）特有種

屬名　忍冬屬
學名　*Lonicera apodantha* Ohwi

莖蔓性，小枝被疏柔毛。葉革質，卵狀長橢圓或卵形，長 2 ～ 4 公分，先端銳尖，兩面光滑，僅中脈被疏柔毛，下表面綠色。花序近無梗，長僅 1.8 公釐；花冠長約 2 公分，黃色或白色，上端略帶紫暈；花梗下方小苞片卵形。漿果卵圓形，長寬約 5 公釐，成熟時黑色。

　　特有種，產於台灣中部中至高海拔之林緣或灌叢中。

花冠長約 2 公分

葉革質，卵狀長橢圓或卵形，長 2 ～ 4 公分；果黑熟。

裡白忍冬（紅腺忍冬）

屬名　忍冬屬
學名　*Lonicera hypoglauca* Miq.

莖蔓性，小枝被短毛。葉紙質，卵狀長橢圓形，長 6 ～ 8 公分，先端漸尖，兩面光滑，或僅中脈被毛，下表面具紅色腺點。花白色。

　　產於中國、日本；在台灣分布於北部及中部低至中海拔之林緣或灌叢中。

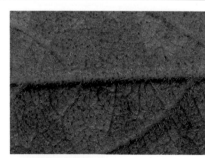

葉下表面具紅色腺點

葉卵狀長橢圓形，長 6 ～ 8 公分。

花兩唇，花冠甚長。

忍冬(金銀花)

屬名　忍冬屬
學名　*Lonicera japonica* Thunb.

莖蔓性，小枝被毛。葉紙質，闊披針形、卵形或橢圓形，長 3 ～ 8 公分，先端銳尖至鈍或圓，兩面被毛，葉緣具毛。花白色。

　　產於中國及日本，在台灣分布於低海拔之林緣或灌叢中。

花白色

果球形

莖蔓性；小枝被毛。

繁花之植株

葉被毛

川上氏忍冬 特有種

屬名　忍冬屬
學名　*Lonicera kawakamii* (Hayata) Masamune

落葉灌木，莖直立，小枝光滑。葉紙質，倒卵形，長 6 ～ 12 公釐，先端圓或鈍，上表面光滑，下表面被直柔毛。花成對，子房部分癒合，花冠淡黃色。漿果球形，成熟時紅色。

　　特有種，產於中央山脈高海拔之灌叢中。

漿果球形，紅熟。

花成對

落葉灌木。莖直立。

葉紙質，倒卵形，長 6-12 公釐。

大花忍冬

屬名　忍冬屬
學名　*Lonicera macrantha* (D.Don) Spreng

藤本，幼枝、葉柄、花序均被黃褐色糙毛及腺毛。葉卵狀橢圓形至卵狀披針形，長 5 ～ 10 公分，先端漸尖，基部圓。繖房狀花序多花，花序梗長 1 ～ 8 公釐，苞片披針形至線形；花冠白漸變為黃色，長 4.5 ～ 7 公分。果球形，成熟時黑色。

　　分布於中國江南，在台灣產於中高海拔山區。

苞片披針形至線形

追分忍冬（玉山忍冬）　特有種

屬名　忍冬屬
學名　*Lonicera oiwakensis* Hayata

莖直立，小枝被短毛。葉革質，橢圓形，長 2.5 ～ 4 公分，先端凹或鈍，兩面疏被短毛。花冠二唇形，長 3 公分，白色，先端微帶薔薇色。果成熟時紅色。

　　特有種，產於中央山脈中至高海拔之灌叢中。

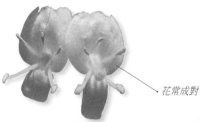

花常成對

果紅熟

葉紙質，倒卵形，長 6 ～ 12 公釐，先端圓或鈍。

結果之枝條

敗醬屬 PATRINIA

單葉羽裂或羽狀複葉。聚繖花序成圓錐狀；花常黃色，有時白色，花冠筒內被長柔毛。果實具翅狀果苞，頂端無冠毛。

台灣敗醬

屬名	敗醬屬
學名	*Patrinia formosana* Kitamura

大型草本，莖直立，高達 150 公分，基部木質化，密被倒生毛。單葉，對生，不裂，莖下方者闊卵形，長 14 ～ 23 公分，寬 4.5 ～ 8 公分，鋸齒緣，兩面被毛；莖上方者橢圓形，長 4 ～ 9 公分，鋸齒緣，被毛。花白色或黃色，雄蕊 2。

　　產於日本，少見；在台灣廣布於中、北部低至中海拔地區。

雄蕊 2

花甚多，形成一大花序，花初開為白色，後轉為黃色。

植株高常超過 1 公尺

禿敗醬 特有種

屬名	敗醬屬
學名	*Patrinia glabrifolia* Yamamoto & Sasaki

莖直立，疏分支，高 25 ～ 60 公分，上方者密被白毛，下方者光滑。基生葉匙形，莖生葉倒披針形或線狀披針形，長 3 ～ 15 公分，齒或圓齒緣，具緣毛，兩面光滑。聚繖花序成圓錐狀，密生白毛；花冠白色，後轉為黃色，先端五裂，裂片展開；雄蕊 4；柱頭頭狀。瘦果具翅。

　　特有種，產於台灣中部及東部之中至高海拔山區。

雄蕊 4

常生於岩壁上或岩屑地上

黃花龍芽草

屬名　敗醬屬
學名　*Patrinia scabiosifolia* Fischer *ex* Trevir.

多年生草本，莖直立，上部光滑，基部略被白毛。基生葉羽狀深裂，對生，頂裂片較大，橢圓形，側裂片很小，兩面光滑或疏被短毛，齒緣，具緣毛。聚繖花序，具許多花，花冠黃色，長 2.5 ～ 3 公釐，喉部具毛；雄蕊 4，柱頭扁壓。果實有小翅。

　　廣布於庫頁島、中國東北至俄羅斯、西伯利亞東部、韓國、日本及琉球；在台灣分布於中、北部中至高海拔山區。

花黃色，雄蕊 4。

長在岩壁上的植株 (沐先運攝)

葉羽狀裂葉

毛敗醬

屬名　敗醬屬
學名　*Patrinia villosa* (Thunb.) Juss. *ex* DC.

多年生草本，莖直立，高可達 100 公分，密被短毛。莖下方之葉羽狀深裂，裂片 3 ～ 5 枚，兩面被短毛；莖上方之葉不裂，披針形或橢圓形，粗鋸齒緣，兩面被短毛。花冠白色或轉為淡黃色，先端五裂，喉部具有毛；雄蕊 4；柱頭頭狀。果實倒卵形，具翅，翅上有明顯小脈。與台灣敗醬（*P. formosana*，見前頁）之區別在於本種的雄蕊 4（vs. 2）。

　　廣布於中國、韓國、日本及琉球；在台灣分布於中海拔之闊葉林中。

本種與台灣敗醬之區別在於本種的雄蕊 4（vs. 2）

葉羽狀裂葉

山蘿蔔屬 SCABIOSA

多年生草本。葉對生，稀輪生，葉多基生，無托葉。花小，兩性，密集成頭狀花序或聚繖花序；總苞片 3 輪，草質；苞片線狀披針形；小總苞四角形，4～5 裂；花萼剛毛狀，與子房合生；花冠五裂；雄蕊 4，生於花冠筒上，與花冠裂片互生；子房下位。果實為瘦果，由具 8 稜及被微毛之小總苞包被。

玉山山蘿蔔 特有種

屬名　山蘿蔔屬

學名　*Scabiosa lacerifolia* Hayata

多年生草本，莖直立，高 10～20 公分；根甚長，呈棒狀。葉生於根的上部，線狀披針形，長 10～14 公分，寬 5～9 公釐，不明顯的羽狀裂或呈撕裂狀，偶亦呈鈍鋸齒狀，上表面呈有光澤的綠色，下表面略帶白粉狀。花序具一長 5～6 公分之花序梗；花大，紫色，呈頭狀花序排列；花冠長 1.5～2 公分，二唇裂，五裂，裂片不整齊，下唇裂片較大，先端鈍；雄蕊 4；花柱細長，線形，光滑或略有毛茸。果實為瘦果，卵形，長 3～5 公釐，包圍在總苞內，先端有殘存的花萼。

　　特有種，產於中央山脈中、高海拔之開闊草生地或岩石地上。

花小，兩性，密集成頭狀花序或聚繖花序。

產於中央山脈中及高海拔山區開闊之草生地或岩石地上

瘦果，由具 8 稜及被微毛之小總苞包被。

雙參屬 (小纈草屬) TRIPLOSTEGIA

多年生草本。單葉，多基生，齒緣至羽狀深裂，無托葉。頂生聚繖花序，被腺毛；花兩性，具 2 小苞片；附萼被腺毛；花冠粉紅色或紫紅色，先端五裂，裂片近同形；雄蕊 4；柱頭頭狀。果實為瘦果，8 稜，被毛，具宿存萼柄。

三萼花草

屬名	雙參屬（小纈草屬）
學名	*Triplostegia glandulifera* Wall. *ex* DC.

多年生直立草本，高 15 ～ 26 公分，上半部被腺毛，下部被毛或近光滑。單葉，對生，羽狀深裂，具 3 ～ 5 對側生裂片，兩面被毛。頂生或腋生聚繖花序；花小；附萼四裂，被腺毛；萼裂小，具不明顯鋸齒；花冠筒白色，先端粉紅暈，長約 3.5 公釐，五裂；雄蕊 4，長約 2 公釐；花柱長約 4 公釐，柱頭頭狀。瘦果有短喙，8 稜，被白毛，具宿存萼柄。

　　廣布於喜馬拉雅山區及中國，在台灣分布於高海拔地區。

喉口具毛狀物

副萼片被腺毛

柱頭頭狀

頂生聚繖花序

單葉，羽狀深裂，具 3-5 對側生裂片，兩面被毛。

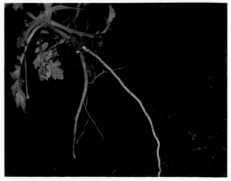
地下根常為二根（雙參屬之名由）

纈草屬 VALERIANA

草本，莖直立，或具走莖。葉對生，羽狀複葉或羽狀深裂，齒或圓齒緣。頂生聚繖花序呈圓錐狀；苞片宿存；花萼於果上裂成多剛毛；花冠五裂，粉紅色或白色；雄蕊 3，稀 4。果呈凸鏡形。

纈草 (吉草)

屬名	纈草屬
學名	*Valeriana fauriei* Briq.

莖明顯具稜，被白色毛。基生葉 1 ～ 3 對，卵形、長橢圓形至披針形，長 2 ～ 5 公分，寬 7 ～ 15 公釐，兩面被白色毛。花序苞片線形，先端具 1 長芒尖；雄蕊 3，花柱 3 岔。

　　產於庫頁島、南千島群島、中國東北、韓國及日本；在台灣分布於中央山脈中至高海拔森林中。

雄蕊 3，花柱三裂。

基生葉具 1 ～ 3 對

嫩莖纈草

屬名	纈草屬
學名	*Valeriana flaccidissima* Maxim.

草本植物，莖圓，具走莖，被細毛。葉膜質，三出複葉或羽狀複葉，具 1 ～ 2 對側生小葉，葉緣有不規則鋸齒，兩面被細毛，葉柄長 5 ～ 7 公分。頂生聚繖花序，花序苞片線形，基部細鋸齒緣；花冠白色，五裂；雄蕊 3，花柱 2 岔。瘦果橢圓形，長 2 ～ 2.5 公釐，宿存的萼片呈羽毛狀。

　　廣布於日本，在台灣分布於中央山脈中至高海拔之森林中。

花白色

開花的植株

許氏纈草 特有種

屬名 纈草屬
學名 *Valeriana hsuii* Jung

多年生草本，根莖短，粗大；匍匐莖多，可長達 50 公分。基生葉蓮座狀或近如此；葉紙質，狹卵形，先端鈍，基部心形，波浪緣，掌狀脈，上表面深綠色，稍毛，下表面具白色及綠色斑塊；葉柄可長達 7 公分，被微柔毛。頂生聚繖花序呈圓錐狀，花序梗甚長；花白色，花冠五裂，有時有粉紅暈；雄蕊 3，花絲白色，光滑；花柱 2 岔。

形態與嫩莖纈草（*V. flaccidissima*，見前頁）相似，但是本種的莖有毛（vs. 光滑），葉表深綠色（vs. 淡綠色），基生葉在葉表上有白斑塊（vs. 白色斑塊缺如），波浪葉緣（vs. 不規則齒緣或鋸齒緣）。

特有種，可見於天長、霞喀羅古道及司馬庫斯。

花序

葉表面具明顯毛，有些族群有白斑。

高山纈草 特有種

屬名 纈草屬
學名 *Valeriana kawakamii* Hayata

矮小草本，高 10～20 公分，無毛，莖圓形，不分支，具走莖。羽狀複葉，具（3）4～5 對側生小葉；頂小葉長橢圓狀披針形，長 0.5～2 公分，寬 3～6 公釐，兩面被細毛或近光滑。聚繖花序頂生，苞片線形，近基部具緣毛；花近無梗，密生；花冠為筒狀鐘形，長約 2.7 公釐；雄蕊 3 或 4；花柱長 1～1.5 公釐，伸出，無毛，柱頭棍棒狀。

特有種，產於台灣高海拔之森林中。

開花植株

中名索引

學名索引

A